高等院校计算机基础教育“十三五”规划教材

C语言程序设计

C YUYAN CHENGXU SHEJI

孙平安◎主　编
丁　潇　蔡闯华◎副主编

中国铁道出版社有限公司
CHINA RAILWAY PUBLISHING HOUSE CO., LTD.

内 容 简 介

本书对 C 语言知识体系进行了系统的规划，并通过相关案例对每个知识点进行了深入分析。全书共分 12 章，内容包括：计算机基础知识，C 语言概述，变量与常量、数据类型，运算符与表达式，程序流程控制，数组，模块化与函数，指针，构造数据类型，文件操作，计算机算法基础，以及国际计算机协会-国际大学生程序设计竞赛的比赛规则和评分标准。本书注重应用性和实践性，并通过对大量案例的解析，加强学生对所学知识的理解，培养学生解决实际问题的能力。

本书适合作为高等院校计算机专业的教材，也可供非计算机专业的科研人员学习参考，还可作为全国计算机等级考试（二级）的参考用书。

图书在版编目（CIP）数据

C 语言程序设计/孙平安主编. —北京：中国铁道出版社有限公司，2021.2（2025.2 重印）

高等院校计算机基础教育“十三五”规划教材

ISBN 978-7-113-24630-3

Ⅰ.①C… Ⅱ.①孙… Ⅲ.①C 语言-程序设计-高等学校-教材 Ⅳ.①TP312.8

中国版本图书馆 CIP 数据核字(2020)第 244984 号

书　　名：C 语言程序设计
作　　者：孙平安

策　　划：李露露　　　　编辑部电话：（010）63549458
责任编辑：祁　云　彭立辉
封面设计：刘　颖
责任校对：孙　玫
责任印制：赵星辰

出版发行：中国铁道出版社有限公司（100054，北京市西城区右安门西街 8 号）
网　　址：https://www.tdpress.com/51eds
印　　刷：北京铭成印刷有限公司
版　　次：2021 年 2 月第 1 版　2025 年 2 月第 4 次印刷
开　　本：850 mm×1 168 mm 1/16　印张：16.25　字数：393 千
书　　号：ISBN 978-7-113-24630-3
定　　价：48.00 元

前 言

在过去的几十年间，大量的程序设计语言被发明、被取代、被修改或组合在一起，但C语言依然长盛不衰，深受广大编程爱好者的喜爱。计算机作为一种现代化工具已被用于社会的各个行业，当代大学生应能够熟练驾驭此工具，以使自己在社会发展的滚滚洪流中成为中流砥柱。通过学习一门程序设计语言理解计算机中数据处理的过程，了解计算机的工作原理，在此过程中培养信息素养为未来工作、学习打下良好基础，

近年来，在国家政策的积极推动和引导下，应用技术型大学成为我国高等教育和职业教育领域的关注和研究热点。应用技术型人才的培养重在突出应用，同时应具有扎实的专业基础，以能够经得起技术的革新和变化，有能力通过再学习快速适应社会发展对人才的要求。在课时普遍压缩的背景下，为了满足应用型人才培养尤其是工科各专业的需要，我们组织编写了本书。本书旨在使读者通过学习，快速掌握C语言基础语法、程序流程控制、函数与模块编写、字符串与指针、构造数据类型，以及文件、常用算法等知识；借助单步调试技术，从变量的定义洞察其本质以及其在程序执行过程中变量值的变化，使读者更加清楚程序的流程控制以及每条语句的功能；通过参阅大量在线技术文档、文章将需要读者掌握的技术背后的知识点彻底交代清楚，使读者知其然更知其所以然；不在古怪、特殊情况下才被迫使用的方法上花费篇章，不钻牛角尖，以系统的全局观使读者快速掌握C语言程序设计，并使用其解决问题；每章的习题是从历年全国计算机等级考试（二级）真题中精心挑选而来，旨在举一反三，不搞题海战。

本书适合作为高等院校计算机专业的教材，也可供非计算机专业科研人员学习参考，亦可作为全国计算机等级考试（二级）的参考用书。读者通过阅读此书会接受另一种视角下的C程序设计。

本书由孙平安任主编，丁潇、蔡闯华任副主编。感谢熊孝存、陈荣旺两位领导以及武夷学院大学计算机基础教研室各位同仁的大力支持；感谢刘瑞军老师对本书提出的宝贵建议；感谢中国铁道出版社有限公司各位编辑老师对本书的辛勤付出以及给予的宝贵意见。

由于时间仓促，编者水平有限，书难免有疏漏与不妥之处，恳请读者和同行批评指正。

编者

2020年10月

目录

第1章 计算机基础知识

计算机中硬件是基础，软件是灵魂。了解计算机体系结构和核心部件的功能，有助于读者快速了解计算机的工作原理；通过二进制及计算机编码的学习，有助于学生理解计算机中不同类型数据存储及运算的原理，为后续章节的学习奠定良好的基础。

课件

计算机基础知识

1.1 计算机硬件基础

只有了解一定的计算机硬件知识，才能更加容易地理解程序运行背后的本质，更有利于理解计算机工作的原理，从而更加有利于学习计算机软件程序设计。

1.1.1 计算机与冯·诺依曼型结构

计算机（俗称“电脑”）运算速度快，计算精度高，逻辑运算能力强，具有强大的数据存储能力，自动化程度高，已成为信息社会重要的基石。1945 年，冯·诺依曼首先提出了“存储程序”的概念和二进制原理。后来，人们把利用这种概念和原理设计的电子计算机系统统称为“冯·诺依曼型结构”计算机。迄今为止，虽然 CPU 内部结构已发生变化（可能使用了哈佛结构），但计算机外部总线结构依然符合冯·诺依曼体系结构（见图 1.1），具有存储器、运算器、控制器、输入设备、输出设备五大部分。

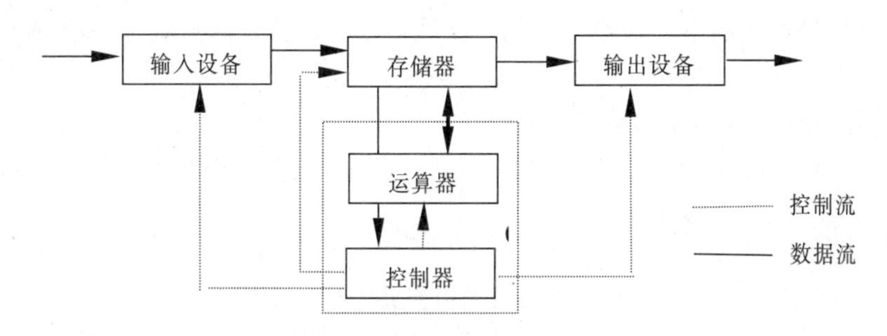

图 1.1　冯·诺依曼体系结构

（1）存储器：存储计算机中所有的程序和数据，分为内存和外存。其中内存存储正在运行的程序及其数据，外存用于存放暂时不用的程序和数据。

（2）运算器：执行算术和逻辑运算，并将中间结果暂存到运算器中。运算器的基本操作包括加、减、乘、除四则运算，与、或、非、异或等逻辑操作，以及移位、比较和传送等操作，亦称算术逻辑部件（ALU）。

（3）控制器：计算机的神经中枢和指挥中心，指挥计算机的各个部件按照指令的功能要求有条不紊的工作。

（4）输入设备：将人们熟悉的信息形式转换为机器能够识别的信息形式的设备，常见的有键盘、鼠标等。

（5）输出设备：将机器运算结果转换为人们熟悉的信息形式输出的设备，如打印机输出、显示器输出等。

计算机的核心部件 CPU 由控制器、运算器、寄存器、时钟、高速缓冲存储器构成。寄存器有通用寄存器、基址寄存器、变址寄存器、程序计数器、标志寄存器、累加寄存器等。

冯·诺依曼体系结构的计算机，其指令和数据均采用二进制码表示；指令和数据以同等地位存放于存储器中，均可按地址寻访；指令由操作码和操作数组成，操作码指明该指令要完成的操作类型或性质，如取数、做加法、输出数据等，操作数是操作对象的内容，通常为操作数所在存储器中的位置（即地址码）；指令在存储器中按顺序存放，通常也是按顺序执行的，特定条件下，可以根据运算结果或者设置的条件改变执行顺序。

1.1.2 内存地址

内存即内存储器，通常指随机存储器（Random Access Memory，RAM），存储正在运行的程序及其相关数据，CPU 直接可访问。内存由一个个称为比特（bit）的最小存储单位组成，因 1 比特位存储能力有限，将连续的 8 个比特位（即 1 字节）划为一组进行统一编址，这个地址称为内存地址。也就是说，字节是内存编址的最小单位，1 字节的存储空间也是计算机中信息存储的基本存储单位。CPU 存取数据时都先要确定内存地址，之后再在控制信号的"指示"下完成数据的存或取操作。

因存储载体不同，如磁盘、内存半导体、U 盘芯片，它们虽然在技术上实现 1 比特数据存储的物理元件的原理不同，但都有如下特性：

（1）具有两种稳定状态。

（2）在外部信号的刺激下，两种稳定状态能够无限次翻转，并且状态一经翻转便能稳定保持。

（3）在外部信号刺激下，能够读出当前的状态。

理论上，只要具有以上的 3 个特性的物质（元件）都可以作为二进制计算机的数据存储物质。

1.1.3 计算机的三大系统总线

冯·诺依曼体系结构计算的五大部件之间采用公共的通信干线——总线（BUS）相连接。按照所传输信息的种类不同，计算机的系统总线可以划分为数据总线、地址总线和控制总线，分别用来传输数据、数据地址和控制信号。

（1）数据总线：用于传输各部件之间的数据信息，它是双向传输总线，其位数称为数据总线宽度，与机器字长、存储字长有关，一般为 8 位、16 位或 32 位。例如，Intel 8086 CPU 有 16 条数据总线。

（2）地址总线：用于指出数据总线上的源数据或目的数据在内存中的地址或 I/O 设备的地址，也就是说，地址总线上的代码用来指明 CPU 欲访问的存储单元或 I/O 端口的地址，由 CPU 输出，单向传输。地址总线的位数决定了能够访问的内存地址的总数，如 Intel 8086 CPU 地址总线为 20 条，其对应的内存可访问的存储单元个数为 2^{20} 个，即 2^{20} B=1 MB。

（3）控制总线：用于发出各种控制信号，通常对任一控制线而言，它的传输是单向的，如存储器读/写命令都是由 CPU 发出的，但对控制总线总体而言，又可认为是双向的，如当某设备准备就绪时，便可通过控制总线向 CPU 发送中断请求。常用的控制信号有时钟、复位、总线请求、总线允许、中断请求、中断响应、主存读/写、I/O 读/写和传输响应等。

1.1.4　CPU 指令系统

指令系统指一个 CPU 所能够处理的全部指令的集合，是 CPU 的根本属性。指令系统决定了一个 CPU 能够运行什么样的程序。所有采用高级语言编出的程序，都需要翻译（编译或解释）成机器语言后才能运行，这些机器语言中所包含的就是一条条的指令。

1.1.5　计算机工作原理

计算机的工作过程是程序执行的过程，如图 1.2 所示。计算机在运行时，先从内存中取出第一条指令，通过控制器的译码分析，并按指令要求从存储器中取出数据进行指定的运算或逻辑操作，然后按照程序的逻辑结构有序地取出第二条指令，在控制器的控制下完成规定操作。依次执行，直到遇到结束指令。

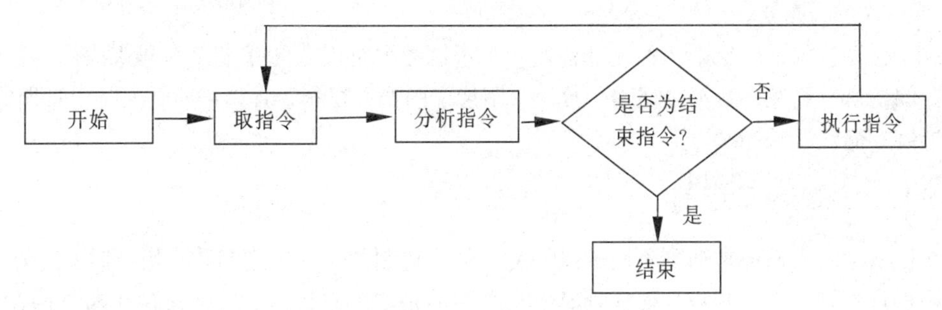

图 1.2　程序中指令执行过程

下面详细介绍指令的执行过程，如图 1.3 所示。

（1）取指令：按照程序计数器中的地址（0100H）从内存储器中取出指令（070270H），并送往指令寄存器。

（2）分析指令：对指令寄存器中存放的指令（070270H）进行分析，由指令译码器对操作码（07H）进行译码，将指令的操作码转换成相应的控制电位信号；由地址码（0270H）确定操作数地址。

（3）执行指令：由操作控制线路发出完成该操作所需要的一系列控制信息，去完成该指令所要求的操作。例如，做加法指令，取内存单元（0270H）的值和累加器的值相加，结果还是放在累加器中。

指令执行完成，程序计数器加 1 或将转移地址码送入程序计数器，继续重复执行下一条指令。

一般把计算机完成一条指令所花费的时间称为 1 个指令周期。指令周期越短，指令执行越快。通常所说的 CPU 主频或工作频率，就反映了指令执行周期的长短。

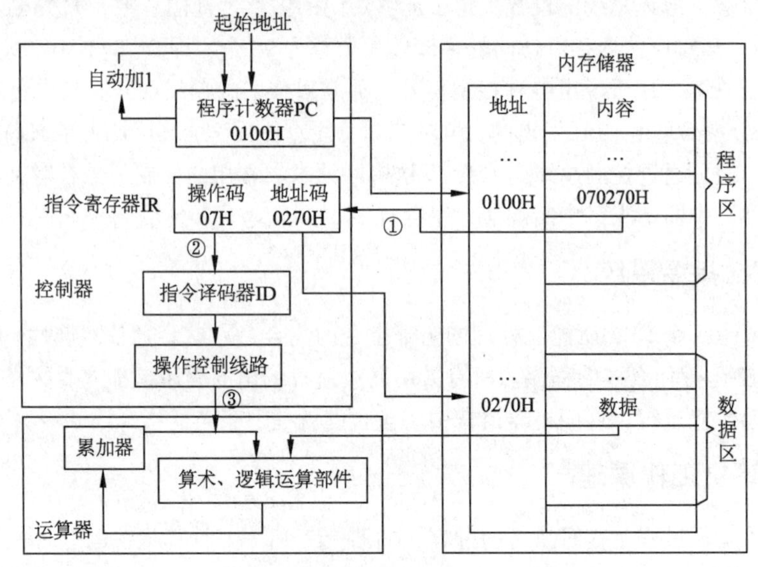

图 1.3 指令的执行过程

1.2 二进制及计算机编码

二进制是计算技术中广泛采用的一种数制。二进制数据是用 0 和 1 两个数码来表示的数。计算机内存储的所有程序、数据（文本、数字、图形、图像、视频、音频、动画、时间日期等）均使用二进制存储。

1.2.1 进位计数制与二进制

在日常生活中，人们经常遇到不同的进制数，如十进制数、六十进制数（用于时间计算）。平时人们用得最多的是十进制数，而在计算机中采用的是二进制数。二进制只有 0 和 1 两个数码，具有运算规则简单、符合电子元器件特性、易于物理实现、通用性强、可用于逻辑运算和机器可靠性高等优点。然而二进制数也存在书写冗长的明显缺点，为了便于书写及表示方便，人们还引入了八进制数和十六进制数。无论哪种数制，其共同之处都是进位计数制，表 1.1 列出了计算机中常用的几种进位计数制。

表 1.1 计算机中常用的几种进制数的表示

进位制	二进制	八进制	十进制	十六进制
规则	逢二进一	逢八进一	逢十进一	逢十六进一
基数	r=2	r=8	r=10	r=16
基本符号	0,1	0,1,2,…,7	0,1,2,…,9	0,1,…,9,A,B,…,F
位权	2^i	8^i	10^i	16^i
角标	B(Binary)	O(Octal)	D(Decimal)	H(Hexadecimal)

在采用进位计数的数字系统中，如果只用 r 个基本符号（0,1,2,⋯, r–1）表示数值，则称其为 r 进制数，进位规则为逢 r 进一，r 称为该进制数的基数，这些基本符号即 0,1,2,⋯, r–1 称为该进制数的数码。例如，十进制数中，只用 0，1，2,⋯,9 这 10 个基本符号（即数码），其基数为 10。

在 r 进制数中，同一数码在不同数位时所代表的数值是不同的，每个数码所表示的值等于该数码本身乘以一个与所在数位有关的常数，这个常数就称为位权，简称“权”。在 r 进制数中，小数点左边第一位位权为 r^0，左边第二位位权为 r^1，左边第三位位权为 r^2,⋯⋯小数点右边第一位位权为 r^{-1},小数点右边第二位位权为 r^{-2}⋯⋯任意一个 r 进制数 N 都可以写成按其位权展开的多项式之和。例如：

$$(N)_r=a_{n-1}xa_{n-2}x\cdots a_1xa_0.a_{-1}x\cdots xa_{-m}$$

$$=a_{n-1}\times r^{n-1}+a_{n-2}\times r^{n-2}+\cdots+a_1\times r^1+a_0\times r^0+a_{-1}\times r^{-1}+\cdots+a_{-m}\times r^{-m}$$

例如：$(123.45)_D=123.45$

$$=1\times 10^2+2\times 10^1+3\times 10^0+4\times 10^{-1}+5\times 10^{-2}$$

图 1.4 所示为 1 个字节内二进制数的位权示意图，熟悉此位权关系，对数制之间的转换很有帮助。

2^7	2^6	2^5	2^4	2^3	2^2	2^1	2^0		2^{-1}	2^{-2}
1	1	1	1	1	1	1	1	.	1	1
128	64	32	16	8	4	2	1		0.5	0.25

图 1.4　二进制数的位权示意图

例如：$(110111.01)_B=32+16+0+4+2+1+0.25=(55.25)_D$

1.2.2　不同进位计数制间的转换

1．r 进制数转换成十进制数

把任意 r 进制数按位权展开后，各位数码乘以各自的权值累加，就可得到该 r 进制数对应的十进制数。例如：

$$(110111.01)_B = 1\times 2^5+1\times 2^4+1\times 2^2+1\times 2^1+1\times 2^0+1\times 2^{-2}=(55.25)_D$$

$$(456.4)_O = 4\times 8^2+5\times 8^1+6\times 8^0+4\times 8^{-1}=(302.5)_D$$

$$(A12)_H = 10\times 16^2+1\times 16^1+2\times 16^0=(2578)_D$$

2．十进制数转换成 r 进制数

将十进制数转换成 r 进制数时，可将此数分成整数与小数两部分并分别进行转换，然后再拼接起来即可。整数部分采用“除以 r 取余”法，即将十进制整数不断除以 r 取余数，直到商为 0。每次相除所得余数便是对应的 r 进制数各位的数字，第一个余数为最低有效位，最后一个余数为最高有效位。

小数部分采用“乘 r 取整”法，即将十进制小数不断乘以 r 取积的整数部分，再对积的小数部分乘 r；重复此步骤，直到小数部分为 0 或达到要求的精度为止（小数部分可能永远不会得到 0）。首次得到的整数为最高位，最后一次得到的整数为最低位。

例如：将 $(100.345)_D$ 转换成二进制数，其转换过程如图 1.5 所示，转换结果为：$(100.345)_D$

$\approx(1100100.01011)_B$

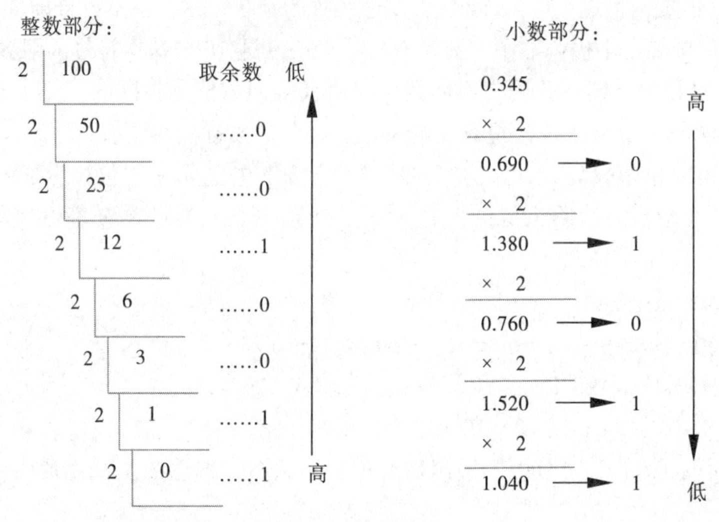

图 1.5 十进制数转二进制数过程举例

注意：小数部分转换时可能是不精确的，要保留多少位小数，主要取决于用户对数据精确的要求。

3．二、八、十六进制数间的相互转换

实现这几种数制间的转换，让大家自然想到的是引入十进制数作为中介，即先将某 r 进制数转换成十进制数，再将此十进制数转换成另一种 r 进制数。此法虽然可行但是非常烦琐，不可取。

用二进制数编码，存在这样一个规律：n 位二进制数最多能够表示 2^n 种状态，如 $8^1=2^3$、$16^1=2^4$，即 1 位八进制数相当于 3 位二进制数，1 位十六进制数相当于 4 位二进制数，如表 1.2 所示。

表 1.2 八进制数与二进制数、十六进制数与二进制数间的对应关系

八进制	二进制	十六进制	二进制	十六进制	二进制
0	000	0	0000	8	1000
1	001	1	0001	9	1001
2	010	2	0010	A	1010
3	011	3	0011	B	1011
4	100	4	0100	C	1100
5	101	5	0101	D	1101
6	110	6	0110	E	1110
7	111	7	0111	F	1111

根据这种对应关系，将一个二进制数转换为八进制数时，只要以小数点为中心分别向左、向右每三位划分为一组，两头不足 3 位以 0 补充，而后每组三位二进制数代之以一位等值的八进制数即可。同样，二进制数转换十六进制数时，只要按每 4 位为一组进行划分，两头不足 4 位是也以 0 补充。

例如：将二进制数（1101101110.110101）$_B$转换为八进制数和十六进制数。

$$(\underbrace{001}_{1}\ \underbrace{101}_{5}\ \underbrace{101}_{5}\ \underbrace{110}_{6}.\underbrace{110}_{6}\ \underbrace{101}_{5})_B = (1556.65)_O$$

$$(\underbrace{0011}_{3}\ \underbrace{0110}_{6}\ \underbrace{1110}_{E}.\underbrace{1101}_{D}\ \underbrace{0100}_{4})_B = (36E.D4)_H$$

同样，将八（或十六）进制数转换成二进制数，只要将 1 位八（或十六）进制数代之以 3（或 4）位等值的二进制数即可。

例如：将（2C1D.A1）$_H$和（7123.14）$_O$分别转换为二进制数。

$$(2C1D.A1)_H = (\underbrace{0010}_{2}\ \underbrace{1100}_{C}\ \underbrace{0001}_{1}\ \underbrace{1101}_{D}.\underbrace{1010}_{A}\ \underbrace{0001}_{1})_B$$

$$=(10110000011101.10100001)_B$$

$$(7123.14)_O = (\underbrace{111}_{7}\ \underbrace{001}_{1}\ \underbrace{010}_{2}\ \underbrace{011}_{3}.\underbrace{001}_{1}\ \underbrace{100}_{4})_B$$

$$=(111001010011.0011)_B$$

提示：整数前的高位 0 和小数后的低位 0 可取消，八进制与十六进制数间的转换可以二进制为桥梁。

1.3　二进制数值表示与计算

前面讨论了十进制转换成二进制的方法。在实际应用过程中，还存在如下问题：数值的正负如何区分？如何确定实数中小数点的位置？如何对正、负符号进行编码？如何进行二进制数的算术运算？

1.3.1　整数的计算机表示

如果二进制数的全部有效位都用以表示数的绝对值，即没有符号位，这种方法表示的数称为无符号数。大多数时候，一个数既包括数的绝对值部分，又包括表示数的符号部分，这种方法表示的数称为符号数。在计算机中，通常把一个数的最高位定义为符号位，用 0 表示正，1 表示负，称为数符；其余位表示数值。

例如：一个 8 位二进制数-0101100，它在计算机中可表示为 10101100，如图 1.6 所示。

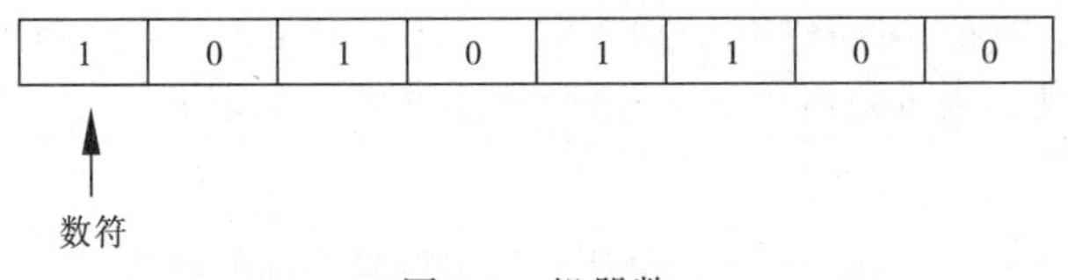

图 1.6　机器数

这种把符号数值化了的数称为“机器数”，而它代表的数值称为此机器数的“真值”。在上例中，10101100 为机器数，–0101100 为此机器数的真值。

数值在计算机内采用符号数字化表示后，计算机就可识别和表示数符。但如果符号位和数值同时参加运算，有时会产生错误的结果。

例如：（-5）+4 的结果应为-1，但在计算机中若按照上述符号位和数值同时参加运算，则运算结果如下：

```
      10000101        …………-5的机器数
  +   00000100        …………4的机器数
  ------------
      10001001        …………运算结果为-9
```

若要考虑对符号位的处理，则运算变得复杂。为了解决此类问题，在机器数中，符号数有多种编码表示方式，常用的是原码、反码和补码，其实质是对负数表示的不同编码。

为了简单，下面以 8 位字长的二进制数为例进行说明。

1. 原码

整数 X 的原码指其数符位以 0 表示正，1 表示负；其数值部分就是 X 绝对值的二进制表示。通常用$[X]_{原}$表示 X 的原码。例如：

$[+1]_{原}$=00000001　　　　$[+127]_{原}$=01111111

$[-1]_{原}$=10000001　　　　$[-127]_{原}$=11111111

由此可知，8 位原码表示的最大值为 127，最小值为-127，表示数的范围为-127～127。

当采用原码表示时，编码简单，与其真值的转换方便。但原码也存在一些问题：

（1）0 的原码表示不唯一，给机器判 0 带来了麻烦，即

$[+0]_{原}$=00000000　　　　$[-0]_{原}$=1000000

（2）用原码做四则运算时，符号位需要单独处理，增加了运算规则的复杂性。例如，当两个数作加法运算时，若两个数的符号相同，则数值相加，符号不变；若两个数的符号不同，数值部分实际上是相减，这时必须比较两个数中哪个数的绝对值大，才能决定运算结果的符号位及值。所以，用原码不便于运算。

2. 反码

整数 X 的反码是：对于正数，反码与原码相同；对于负数，数符位为 1，其数值位 X 的绝对值取反。通常用$[X]_{反}$表示 X 的反码。例如：

$[+1]_{反}$=00000001　　　　$[+127]_{反}$=01111111

$[-1]_{反}$=11111110　　　　$[-127]_{反}$=10000000

在反码表示中 0 也有两种表示形式，即

$[+0]_{反}$=00000000　　　　$[-0]_{反}$=11111111

由此可知，8 位反码表示的最大值、最小值和表示数的范围与原码相同。

反码运算也不方便，很少使用，一般用作求补码的中间码。

3. 补码

整数 X 的补码是：对于正数，补码与原码、反码相同；对于负数，数符位为 1，其数值位 X 的绝对值取反最右加 1，即为反码加 1。通常用$[X]_{补}$表示 X 的补码。例如：

$[+1]_{补}$=00000001　　　　$[+127]_{补}$=01111111

$[-1]_{补}$=11111111　　　　$[-127]_{补}$=10000001

在补码表示中，0 有唯一的编码，即

$[+0]_{补}$=$[-0]_{补}$=00000000

因此，可以用多出来的一个编码 10000000 来扩展补码所能表示的数值范围，即将最小值 –127 扩大到–128。这里的最高位 1 既可看作符号位，又可看作数值位，其值为–128。这就是补码与原码、反码最小值不同的原因。

利用补码可以方便地进行运算。

例如：计算（–5）+4 的值。

```
      11111011        …………–5 的补码
+     00000100        …………4 的补码
--------------------------------
      11111111
```

运算结果为 11111111，符号位为 1，即为负数。已知负数的补码，要求其真值，只要将数值位再求补就可得出其原码 10000001，再转换为十进制数，即为–1，运算结果正确。

例如：计算（–9）+（–5）的值。

```
      11110111        …………–9 的补码
+     11111011        …………–5 的补码
--------------------------------
     1 11110010
```

丢弃高位 1，运算结果机器数为 11110010，与上例求法相同，获得–14 的运算结果。

由此可见，利用补码可方便地实现正、负的加法运算，规则简单，在数的有效表示范围内，符号如同数值一样参加运算，也允许产生最高位的进位（被丢弃），所以使用较广泛。

当然，当运算结果超出其表示范围时，会产生不正确的结果，实质是“溢出”。

例如：计算 60+70 的值。

```
      00111100        …………60 的补码
+     01000110        …………70 的补码
--------------------------------
      10000010
```

两个正整数相加，从结果的符号位可知运算结果是一个负数，原因是结果超出了该数的有效表示范围（一个 8 位符号整数，其最大值为 127，产生“溢出”）。当要表示很大或很小的数时，要采用浮点数形式存放。

采用补码运算具有如下两个特征：

（1）因为使用补码可以将符号位和其他位统一处理，同时减法也可以按加法来处理，即如果是补码表示的数，加减法都直接用加法运算即可实现。

（2）两个用补码表示的数相加时，如果最高位（符号位）有进位，则进位被舍弃。

这样的运算有两个好处：

（1）使符号位能与有效值部分一起参加运算，从而简化运算规则及运算器的结构，提高运算速度。（减法运算可以用加法运算表示出来）

（2）加法运算比减法运算更易于实现。将减法运算转换为加法运算，可进一步简化运算器线路设计。

1.3.2　实数的计算机表示

在自然描述中，人们把小数问题用一个“.”表示，但是对于计算机而言，除了 1 和 0 没有别的形式，而且计算机“位”非常珍贵，所以小数点位置的标识采取“隐含”策略。这个隐含的小数点位置可以是固定的或者是可变的，前者称为定点数，后者称为浮点数。

1．定点数表示法

（1）定点小数表示法：将小数点的位置固定在最高数据位的左边，如图 1.7 所示。定点小数是纯小数，即所有数的绝对值均小于 1。

（2）定点整数表示法：将小数点的位置固定在最低有效位的右边，如图 1.8 所示。定点整数是纯整数。

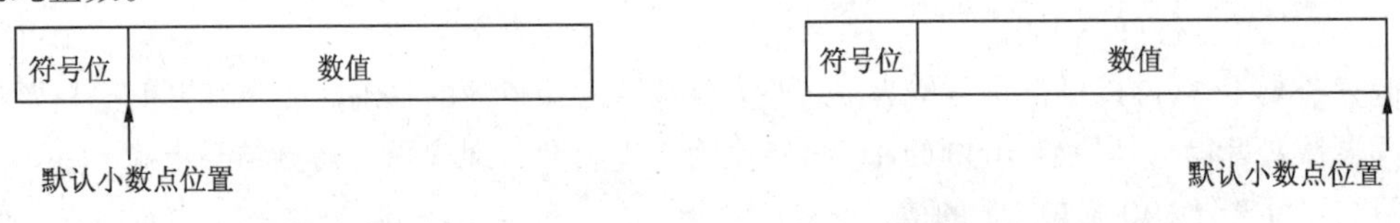

图 1.7　定点小数表示法　　　图 1.8　定点整数表示法

定点数表示法具有直观、简单、节省硬件等优点，但表示数的范围较小，缺乏灵活性，一般很少使用这种表示方法。

2．浮点数表示法

实数通常可有多种表示方法，例如 3.1415926 可表示为 0.31415926×10、0.031415926×10^2 等，即一个数的小数点位置可以通过乘以 10 的幂次来调整。二进制也可采用类似方法，例如 $0.01001=0.1001\times2^{-1}=0.001001\times2^1$,即在二进制中，一个数的小数点位置可以通过乘以 2 的幂次来调整，这就是浮点数表示的基本原理。

假设有任意一个二进制数 N 可以写成：$M\times2^E$。式中，M 称为数 N 的尾数，E 称为数 N 的阶码。由于浮点数中是用阶表示小数点实际位置的，同一个数可以有多种浮点表示形式。为了使浮点数有一种标准表示形式，也为了使数的有效数字尽可能多地占据尾数部分，以便提高表示数的精度，规定非零浮点数的尾数最高位必须为 1，这种形式称为浮点数的规格化形式。

计算机中尾数 M 通常采用定点小数形式表示，阶码 E 采用整数表示，其中都有一位（数符和阶符）用来表示其正负，但具体的系统在表示阶符时可能采取不同的策略。浮点数的一般格式如图 1.9 所示。

阶符	阶码	数符	尾数

图 1.9　浮点数的一般格式

阶码和尾数可以采用原码、补码或其他编码方式表示。在程序设计语言中，最常见的有单精度浮点数和双精度浮点数两种类型，单精度浮点数占 4 字节（32 位，其中阶码占 7 位，尾数占 23 位，阶符和数符各占 1 位），双精度浮点数占 8 个字节（64 位，其中阶码占 10 位，尾数占 52 位，阶符和数符各占 1 位）。

在计算机中按规格化形式存放浮点数时，阶码的存储位数决定了可表示数值的范围，尾数的存储位数决定了可表达数值的精度。对于相同的位数，用浮点法表示的数值范围要比定点法大得多，为此目前的计算机都采用浮点数表示方法，也因此称为浮点机。

例如：26.5 作为单精度浮点数在计算机的表示（阶码和尾数均用原码表示）。

格式化表示：26.5=（11010.1）$_2$=0.110101×2^5

其中阶码：5_{10}=（101）$_2$

为此，26.5 在计算机中的存储方式如图 1.10 所示。

阶符	阶码	数符	尾数
0	0000101	0	11010100000000000000000

图 1.10　26.5 作为单精度浮点数的存储方式

1.3.3　字符编码

计算机要处理的信息除了能进行算术运算的数值型数据，还包括各类字符、图形、声音、图像、视频、音频等非数值型数据。为了交流方便，通常将非数值型数据简单地称为字符型数据。字符型数据是如何在计算机中表示呢？当然非二进制莫属，因为不需要数值计算，没有符号问题，就不需要原码、补码等表示方法，而是根据各种字符型数据的特点建立起相应的编码规则和方法。这些规则和方法就称为字符信息的数字化方法。

字符信息的数字化方法很简单，可以为每一个字符规定一个唯一的数字编码，对应每一个编码建立相应的图形，这样只需要保存每一个字符的编码就相当于保存了这个字符。当需要显示该字符时，取出保存的编码，通过查找编码表就可以查到该字符对应的图形。用来规定每一个字符对应的编码的集合即称为编码表。常用的字符编码包括西文字符编码、汉字字符编码等。

1．西文字符编码

西文字符编码最常用的是 ASCII 码（American Standard Code for Information Interchange，美国信息交换标准代码）。ASCII 是用 7 位二进制编码，它可以表示 2^7 即 128 个字符，如表 1.3 所示。每个字符用 7 位基码表示，其排列次序为 $d_6d_5d_4d_3d_2d_1d_0$，d_6 为高位，d_0 为低位。

在 ASCII 码表中，十进制码制 0～32 和 127（即 NUL～SP 和 DEL）共 34 个字符称为非图形字符（又称为控制字符）；其余 94 个字符称为图形字符（又称为普通字符）。在这些字符中，从'0'～'9'、'A'～'Z'、'a'～'z'都是顺序排列的，且小写字母比对应的大写字母码值大 32，即 d5 位 0 或 1，这有利大、小写字母之间的编码转换。

表 1.3　7 位 ASCII 代码表

$d_3\,d_2\,d_1d_0$ 位	$d_6\,d_5d_4$ 位							
	000	001	010	011	100	101	110	111
0000	NUL	DEL	SP	0	@	P	`	p
0001	SOH	DC1	!	1	A	Q	a	q
0010	STX	DC2	"	2	B	R	b	r
0011	ETX	DC3	#	3	C	S	c	s
0100	EOT	DC4	$	4	D	T	d	t
0101	ENQ	NAK	%	5	E	U	e	u
0110	ACK	SYN	&	6	F	V	f	v
0111	BEL	ETB	'	7	G	W	g	w
1000	BS	CAN	(	8	H	X	h	x
1001	HT	EM	)	9	I	Y	i	y

续表

$d_3d_2d_1d_0$位	$d_6d_5d_4$位							
	000	001	010	011	100	101	110	111
1010	LF	SUB	*	:	J	Z	j	z
1011	VT	ESC	+	;	K	[	k	{
1100	FF	FS	,	<	L	\	l	|
1101	CR	GS	-	=	M	]	m	}
1110	SO	RS	.	>	N	↑	n	~
1111	SI	US	/	?	O	←	o	DEL

需要记住下列特殊字符的编码及其相互关系：

- 字符'a'的编码为 1100001，对应的十、十六进制数分别是 97 和 61H。
- 字符'A'的编码为 1000001，对应的十、十六进制数分别是 65 和 41H。
- 数字字符'0'的编码为 0110000，对应的十、十六进制数分别是 48 和 30H。
- 空格字符' '的编码为 0100000，对应的十、十六进制数分别是 32 和 20H。

计算机的内部存储与操作通常以字节为单位，即以 8 个二进制位为单位，因此一个字符在计算机内实际是用 8 位表示的。正常情况下，最高位 d_7为 0，在需要奇偶校验时，这一位可用于存放奇偶校验的值，此时称这一位为校验位。

2. 汉字字符编码

汉字个数繁多，字形复杂，其信息处理与字母、数字类信息有很大差异，需要解决汉字的输入/输出及汉字处理等问题。

- 键盘上无汉字，不能直接利用键盘输入，需要输入码来对应。
- 汉字在计算机内的存储需要机内码来表示，以便存储、处理和传输。
- 汉字量大、字形变化复杂，需要用相应的字库来存储。

由于汉字具有特殊性，计算机在处理汉字时，汉字的输入、存储、处理和输出过程中所使用的汉字编码不同，之间要进行相互转换，以“中”字为例的汉字处理过程如图 1.11 所示。

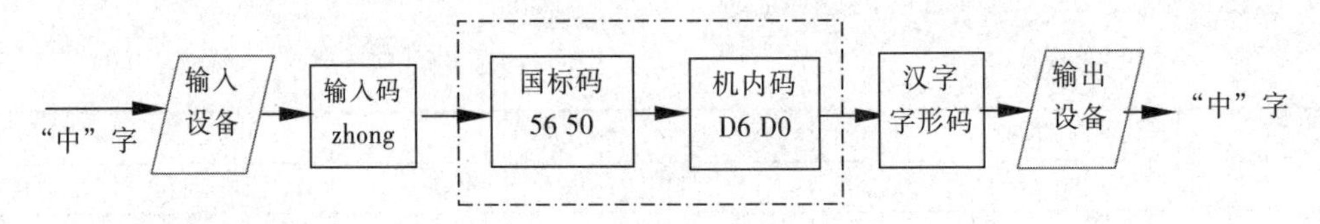

图 1.11 汉字信息处理过程

（1）汉字输入码：

汉字输入码就是利用键盘输入汉字时所用的编码。目前常用的输入码主要分为以下两类：

- 音码类：主要是以汉语拼音为基础的编码方案，如智能 ABC、全拼码等。优点是不需要专门学习，与人们习惯一致，但由于汉字同音字太多，输入重码率很高，影响了输入速度。
- 形码类：根据汉字的字形或字义进行编码，如五笔字型输入法、表形码等。五笔字型输入法使用广泛，适合专业录入员，基本可实现盲打；但必须记住字根，学会拆字和形成编码。

当然，还有根据音形结合的编码（如自然码），基于模式识别的语音识别输入、手写输入或扫描输入等。不管哪种输入法，都是操作者向计算机输入汉字的手段，而在计算机内部都是以汉字机内码表示。

（2）汉字国标码：

汉字国标码是指我国 1980 年发布的《信息交换用汉字编码字符集 基本集》，代号为 GB 2312—1980，简称国标码。

根据统计，把最常用的 6 763 个汉字和 682 个非汉字图形符号分成两级：一级汉字有 3 755 个，按汉语拼音顺序排列；二级汉字有 3 008 个，按偏旁部首排列。每个汉字的编码占 2 个字符，使用每个字节的低 7 位，总共 14 位，最多可编码 2^{14} 个汉字及符号。根据汉字国标码编码规定，所有的国标汉字和符号组成一个 94 × 94 的矩阵，即 94 个区和 94 个位，由区号和位号共同构成区位码。例如，“中”位于第 54 区 48 位，区位码为 5448，十六进制为 3630H。

汉字国标码与区位码的关系是：因为 ASCII 编码的前 32 个（0 ~ 31）为控制字符和不可见字符，常用于设备的控制与通信，所以在构造汉字编码时没有必要再对这部分字符的编码进行重新构造，直接使用即可。为此，在汉字的区号和位号各加 32（20H）就构成了国标码。国标码的每个字节值均大于 32（0 ~ 32 为非图形字符码值）。所以，“中”的国标码为 5650H。

（3）汉字机内码：

一个国标码占 2 个字节，每个字节最大不超过 94+32=126，每个字节的最高位为 0；英文字符在计算机中是 7 位 ASCII 码，最高位也为 0，这样国标码就和 ASCII 编码冲突，计算机无法识别哪个是 ASCII 码，哪个是国标码的一部分。

为了使计算机区分汉字编码和 ASCII 码，把国标码的每个字节的最高由 0 变为 1，变换后的国标码称为汉字机内码。最高位由 0 变为 1 后，根据二进制位权值的知识，实际上是在国标码上加了 128，由此可知汉字机内码每个字节的值均大于 128，而每个西文字符的 ASCII 码值均小于 128。因此，它们之间的关系如下：

汉字机内码=汉字国标码+8080H=区位码+A0A0H

汉字国标码=区位码+2020H

（4）汉字字形码：

汉字字形码又称汉字字模，用于汉字的显示输出或打印机输出。汉字字形码通常有两种表示方式：点阵和矢量表示方式。

用点阵表示字形时，汉字字形码指的就是这个汉字字形点阵的代码。根据输出汉字的要求不同，点阵的多少也不同。简易型汉字为 16×16 点阵，提高型汉字为 24×24 点阵、32×32 点阵、48×48 点阵等。图 1.12 所示为“英”字的 16×16 字形点阵及代码。

点阵规模越大，字形越清晰美观，所占存储空间也越大。以 16×16 点阵为例，每个汉字就要占用 32 B，一、二两级汉字库大约占用 256 KB。因此，字模点阵只能用来构成“字库”，而不能用于机内存储。字库中存储了每个汉字的点阵代码，当显示输出时再检索字库，输出字模点阵得到字形。

矢量表示方式存储的是描述汉字字形的轮廓特征，当要输出汉字时，通过计算机的计算，由汉字字形描述生成所需大小和形状的汉字。矢量化字形描述与最终文字显示的大小、分辨率无关，因此可产生高质量的汉字输出。

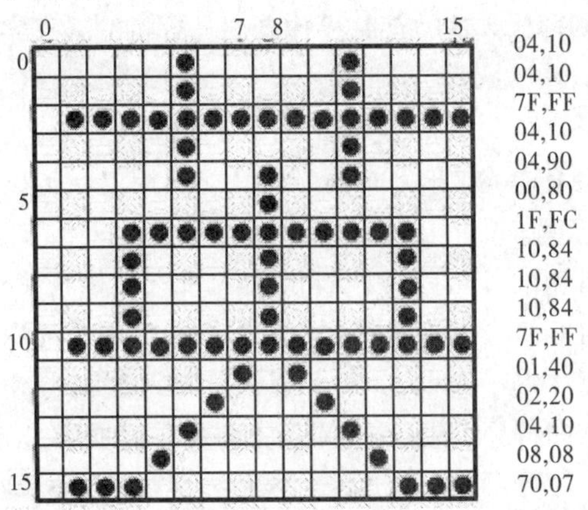

图 1.12 字形点阵及代码

点阵和矢量方式的区别是：前者编码、存储方式简单，无须转换直接输出，但字形放大后产生的效果差；矢量方式的特点正好与前者相反。

（5）其他汉字内码：

- UCS 码（通用多八位编码字符集）是国际标准化组织（ISO）为各种语言字符制定的编码标准。ISO/IEC 10646 字符集中的每个字符用 4 字节（组号、平面号、行号和字位号）唯一地表示，第一个平面（00 组中的 00 平面）称为基本多文种平面（BMP），包含字母文字、音节文字以及中、日、韩（CJK）的表意文字等。
- Unicode 码是另一个国际编码标准，为每种语言中的每个字符（包括西文字符）设置了唯一的二进制编码，便于统一地表示世界上的主要文字，以满足跨语言、跨平台进行文本转换和处理的要求，其字符集内容与 UCS 码的 BMP 相同。Windows 的内核支持 Unicode 字符集，这表明内核可以支持全世界所有的语言文字。
- GBK 码（扩充汉字内码规范）由我国制定，是 GB 2312 码的扩充，对 21 003 个简繁汉字进行了编码。该编码标准向下与 GB 2312 编码兼容，向上支持国际标准，起到承上启下过渡的作用，Windows 简体中文操作系统使用的就是 GBK 内码。这种内码仍以 2 字节表示一个汉字，第一字节为 81H ~ FEH，第二字节为 40H ~ FEH。第一字节最左位为 1，而第二字节的最左位不一定是 1，这样就增加了汉字编码数，但因为汉字内码总是 2 字节连续出现的，所以即使与 ASCII 码混合在一起，计算机也能够加以正确区别。
- GB 18030 是取代 GBK 1.0 的正式国家标准。该标准收录了 27 484 个汉字，同时还收录了一些少数民族文字，采用单字节、双字节和四字节 3 种方式编码。
- BIG5 码是一种繁体汉字的编码标准，广泛应用于计算机行业和因特网中。它包括 440 个符号，一级汉字 5 401 个、二级汉字 7 652 个，共计 13 060 个汉字。

（6）汉字乱码问题：

当收到的邮件或使用 IE 浏览器显示乱码时，主要是因为它们使用了与系统不相同的汉字内码。解决这个问题的方法有两种：

- 查看网上信息：选择“查看”→“编码”命令进行正确的汉字编码选择。
- 写网页：在 HTML 网页文件中指定 charset 字符集。

注意：目前大部分非 IE 浏览器，为了提供用户体验度取消了编码查看功能，查看内容编码需要切换到 IE 兼容模式或使用 IE 浏览器。

1.3.4　其他非数值型数据编码

除了文字信息，图形、图像、音频、视频等多媒体信息如何进行数字化和编码呢？限于篇幅，有兴趣的读者可参考其他相关书籍。

1.4　计算机程序设计语言的发展

语言是交流的工具，人类使用自然语言，如汉语、英语、德语、法语、俄语、西班牙语等。为了实现与计算机的交流，让计算机明白人的意图，帮人们完成各种数据处理、事务管理等任务，人们设计了各种计算机程序设计语言。计算机程序设计语言随着计算机的硬件发展以及应用场景的需要而不断发展演化，它经历了从机器语言、汇编语言到高级语言的发展过程。C 语言是程序设计的高级语言之一。

1.4.1　机器语言

机器语言也称为二进制代码语言，由二进制 0、1 代码指令构成，计算机能够直接理解并执行，不需要进行任何翻译，故也称为面向机器的语言。它是第一代的计算机语言。

机器语言程序具有难编写、难修改、难维护，需要用户直接对存储空间进行分配，编程效率极低等缺点。因为不同的 CPU 具有不同的指令系统，在一种计算机上执行的程序，不能在另一种计算机上执行。第一代计算机出现的前几年主要使用机器语言，后来随着操作系统的出现，机器语言被汇编语言及以后的高级语言替代，但机器语言仍在现代的少数领域被使用。

在 Intel 8086 CPU 计算机中，完成一次加法的几条机器指令可能会像下面的样子：

1000 0001 0000000000000000

1000 0010 0000000000000010

1100 0001 0010

1001 0001 0000000000000100

以上指令，左边的高 4 位为操作码即要进行的操作，如加法、乘法、数据的复制操作指令等，其余的部分为操作数。

第一条指令，高 4 位为 1000 表示数据传送指令，将数据从内存复制到寄存器的操作。紧接着的 0001 表示 CPU 中的 1 号寄存器，最右边的 0000000000000000 表示数据来源于起始内存地址为 0000000000000000 的一个或若干个存储单元中。

第二条指令表示把内存起始地址为 0000000000000010 的若干个内存单元中的数据复制到 CPU 中的 0010 号寄存器，即 2 号就寄存器。

第三条指令，高 4 位的 1100 表示加法操作指令，而被加数与加数分别位于 1 号寄存器和 2 号寄存器，加出来的结果要放到 1 号寄存器中。

第四条指令，高4位的1001表示要进行的操作是将寄存器的内容复制到内存。后面的部分则说明要将1号寄存器的内容复制到内存起始地址为0000000000000100的一个或若干个存储单元中。

1.4.2 汇编语言

汇编语言（Assembly Language）是一种用于计算机、微处理器、微控制器或其他可编程器件的低级语言，亦称为符号语言。在汇编语言中，用助记符（Mnemonic）代替机器指令的操作码，用地址符号（Symbol）或标号（Label）代替指令或操作数的地址。因为是机器指令的符号化表示，在不同的设备中，汇编语言对应着不同的机器语言指令集，通过汇编过程转换成机器指令。普遍地说，特定的汇编语言和特定的机器语言指令集是一一对应的，不同平台之间不可直接移植。

汇编语言同样存在着难学难用、容易出错、维护困难等缺点。但是，汇编语言也有自己的优点：可直接访问系统接口，可有效地访问、控制计算机的各种硬件设备，如磁盘、存储器、CPU、I/O端口等，且占用内存少，执行速度快，是高效的程序设计语言。汇编语言不像其他大多数程序设计语言一样被广泛用于程序设计。在目前的实际应用中，它通常被应用在底层硬件操作和高性能要求的程序优化场合。驱动程序、嵌入式操作系统和实时运行程序都用到汇编语言。

```
mov bx,1000H
mov ds,bx         ;数据段起始地址为1000H
mov ax,[0000H]    ;以上2条汇编指令的作用是把内存起始地址为10000H(即1000H*16+000H)
                  ;的连续2个字节的数据存储在了ax寄存器中
mov bx,[0002H]    ;把内存起始地址为10002H的连续2个字节的数据存储在bx寄存器中
add ax,bx         ;ax寄存器中的值与bx寄存器中的值相加后存储在ax寄存器中
mov [0004H],ax    ;将ax寄存器中的值存储在以10004H为起始地址的连续2个字节的
                  ;存储单元中
```

1.4.3 高级语言

高级语言是面向用户的、基本上独立于计算机种类和结构的语言。其最大优点是：形式上接近于算术语言和自然语言，概念上接近于人们通常使用的概念。高级语言的一个命令可以代替几条、几十条甚至几百条汇编语言的指令。因此，高级语言易学易用，通用性强，应用广泛。

高级语言并不是特指的某一种具体的语言，而是包括很多编程语言，如流行的Java、C、C++、C#、VB、Pascal、Python等，这些语言的语法、命令格式都不相同。以下是C语言的代码片段：

```
int a,b,c;
a=100;
b=200;
c=a+b;
```

1.4.4 程序启动运行过程

计算机中安装的所有程序都存储外存储器中（通常都存储在硬盘中）。用户根据需要使用某个程序时才启动该程序，由操作系统为其分配内存并将该程序及其数据加载入内存，然后，执行程序中的一条条指令，运行该程序，显示相应的运行结果或显示不同的窗体。程序一旦加

载到内存并运行起来，便有一个与该程序相对应的进程存在，直到该程序退出进程才会被操作系统结束。由此可见，程序是静态的，而进程是动态存在的。进程根据任务需要可能将处理任务分为若干个线程来完成，操作系统是以线程为单位进行 CPU 资源分配的。同一个进程中的多个线程共享该进程的内存。通过 Windows 操作系统中的任务管理器可以查看当前所有进程的运行情况，以图 1.13 为例，Visual C++ 6.0 集成发环境（IDE）占用 4 184 KB 内存，共有 6 个线程。

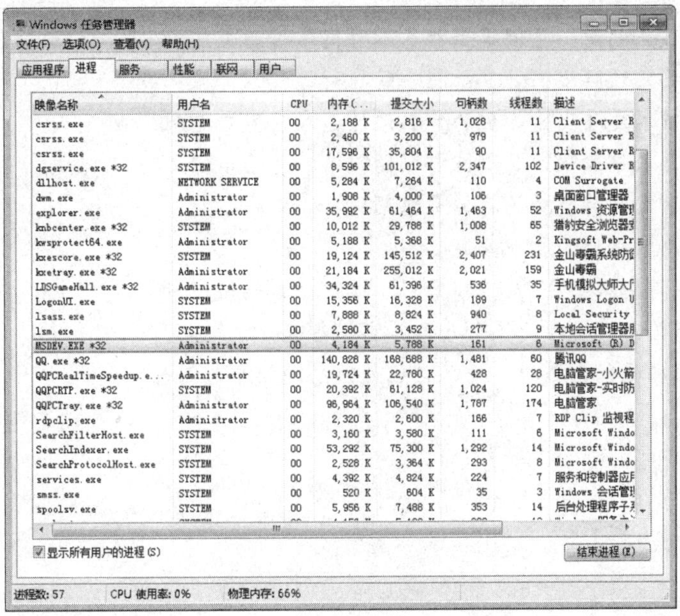

Windows 任务管理器
文件(F)　选项(O)　查看(V)　帮助(H)
应用程序　进程　服务　性能　联网　用户

映像名称	用户名	CPU	内存(...	提交大小	句柄数	线程数	描述
csrss.exe	SYSTEM	00	2,188 K	2,816 K	1,028	11	Client Server R
csrss.exe	SYSTEM	00	2,460 K	3,200 K	979	11	Client Server R
csrss.exe	SYSTEM	00	17,596 K	35,804 K	90	11	Client Server R
dgservice.exe *32	SYSTEM	00	8,596 K	101,012 K	2,347	102	Device Driver R
dllhost.exe	NETWORK SERVICE	00	5,284 K	7,264 K	110	4	COM Surrogate
dwm.exe	Administrator	00	1,908 K	4,000 K	106	3	桌面窗口管理器
explorer.exe	Administrator	00	35,992 K	61,464 K	1,463	52	Windows 资源管理
knbcenter.exe *32	SYSTEM	00	10,012 K	29,788 K	1,008	65	猎豹安全浏览器
kwsprotect64.exe	Administrator	00	5,188 K	5,368 K	51	2	Kingsoft Web-Pr
kxescore.exe *32	SYSTEM	00	19,124 K	145,512 K	2,407	231	金山毒霸系统防
kxetray.exe *32	Administrator	00	21,184 K	255,012 K	2,021	159	金山毒霸
LDSGameHall.exe *32	Administrator	00	34,324 K	61,396 K	536	35	手机模拟大师大
LogonUI.exe	SYSTEM	00	15,356 K	16,328 K	189	7	Windows Logon U
lsass.exe	SYSTEM	00	7,888 K	8,824 K	940	8	Local Security
lsm.exe	SYSTEM	00	2,580 K	3,452 K	277	9	本地会话管理器
MSDEV.EXE *32	Administrator	00	4,184 K	5,788 K	161	6	Microsoft (R) D
QQ.exe *32	Administrator	00	140,828 K	168,688 K	1,481	60	腾讯QQ
QQPCRealTimeSpeedup.e...	Administrator	00	19,724 K	22,780 K	428	28	电脑管家-小火箭
QQPCRTP.exe *32	SYSTEM	00	20,392 K	61,128 K	1,024	120	电脑管家-实时防
QQPCTray.exe *32	Administrator	00	96,964 K	106,540 K	1,787	174	电脑管家
rdpclip.exe	Administrator	00	2,320 K	2,600 K	166	7	RDP Clip 监视程
SearchFilterHost.exe	SYSTEM	00	3,160 K	3,580 K	111	6	Microsoft Windo
SearchIndexer.exe	SYSTEM	00	53,292 K	75,300 K	1,292	14	Microsoft Windo
SearchProtocolHost.exe	SYSTEM	00	2,528 K	3,364 K	293	8	Microsoft Windo
services.exe	SYSTEM	00	4,392 K	4,824 K	224	7	服务和控制器应
smss.exe	SYSTEM	00	520 K	604 K	35	3	Windows 会话管
spoolsv.exe	SYSTEM	00	5,956 K	7,488 K	353	14	后台处理程序子

显示所有用户的进程(S)　结束进程(E)
进程数：57　CPU 使用率：0%　物理内存：66%

图 1.13　Windows 任务管理器中各进程信息

小　结

冯·诺依曼体系结构的计算机，其指令和数据均采用二进制码表示，指令和数据以同等地位存放于存储器中，均可按地址寻访；因 1 bit 存储能力有限，将连续 8 bit（即 1 字节）划为一组进行统一编址，这个地址称为内存地址。CPU 存取数据时都先要确定内存地址，之后再在控制信号的“指示”下完成数据的存或取操作；计算机中有符号整数采用补码表示；实数使用定点小数或浮点小数来表示；ASCII 字符编码是很重要的一种字符编码，它的前 32 个字符为不可见或控制字符，字符'0'~'9'和数字 0~9 因为类型不同，它们在计算机中存储的方式也不同；汉字有区位码、输入码、国标码、机内码、字形码之分；机器语言是计算机能够直接理解并执行的二进制代码语言，其他高级语言都要由相应的编译器或解释器对程序源码进行处理后才能被计算机执行；任何程序都要由操作系统分配内存并在获得 CPU 资源的使用权后才能得以运行；程序一旦运行起来便有一个相应的进程存在，进程又有可能分为多个线程，各线程共享所属进程的内存资源，操作系统以线程为单位分配 CPU 资源，一旦线程获得 CPU 的使用权便开始运行。

习　　题

简答题

1. 冯·诺依曼体系结构由哪几个部分组成？简述各部分的功能。
2. 简述冯·诺依曼的“二进制原理”和“程序存储原理”。
3. 什么是内存地址？
4. 简述计算机的最小存储单位和基本存储单位的关系。
5. 根据自己的理解谈谈计算机指令的执行过程。
6. 计算机技术发展飞速，但为什么依然还在使用二进制？
7. 谈谈计算机中原码、反码、补码的关系，并用示例说明。
8. 有符号和无符号整数的存储有何不同？
9. 简述浮点数存储的原理。
10. 英文字符和汉字分别是如何存储在计算机中的？
11. 计算机语言大概经历了哪几代？它们各有什么特点？
12. 简述程序运行的过程，并以自己最熟悉的程序为例进行说明。

第2章

C语言概述

C语言是20世纪70年代初期在贝尔实验室开发出来的一种用途广泛的编程语言。在深入学习C语言这门课程之前，先回顾一下C语言的起源、C语言的设计目标，以及其后续的转变历程，然后讨论C语言的特点，并且了解一下如何最佳地使用C语言。

课件

C语言概述

2.1 C语言的发展历程

2.1.1 C语言的起源

C语言是贝尔实验室的肯·汤普森（Ken Thompson）、丹尼斯·里奇（Dennis Ritchie）及其他同事在开发UNIX操作系统过程中的副产品。Thompson独自动手编写了UNIX操作系统的最初版本，这套系统运行在DEC PDP-7计算机上。这款早期的小型计算机仅有16 KB内存。

与同时代的其他操作系统一样，UNIX系统最初也是用汇编语言编写的。用汇编语言编写的程序往往难以调试和改进，UNIX系统也不例外。Thompson意识到需要用一种更加高级的编程语言来完成UNIX系统未来的开发，于是他设计了一种小型的B语言。Thompson的B语言是在BCPL语言基础上开发的。BCPL语言是20世纪60年代中期产生的一种系统编程语言，它的起源又可以追溯到一种最早，并且影响更深远的AlGOL60语言。

不久，Ritchie也加入到UNIX项目，并且开始着手用B语言编写程序。1970年，贝尔在实验室为UNIX项目争取到一台PDP-11计算机。当B语言经过改进并且运行在PDP-11计算机上时，Thompson就用B语言重新编写了部分UNIX代码。1971年，B语言已经暴露出非常不适合PDP-11计算机的问题，于是Ritchie开始开发B语言的升级版。他最初将新开发的语言命名为NB语言（意为NewB），但后来新语言越来越脱离B语言，于是他决定将其改名为C语言。1973年，C语言已经足够稳定，可以用来重新编写UNIX系统，Ken Thompson和Dennis Ritchie合作将90%以上的UNIX代码用C改写，随着改写UNIX操作系统的成功，C语言逐渐被人们接受。用C语言编写程序具有一个非常重要的优点：可移植性。1987年以后，C语言先后被移植到大、中、小、微型计算机上，并独立于UNIX和PDP，从而得到了广泛应用。

2.1.2 C语言的标准化

整个20世纪70年代，特别是1977—1979年之间，C语言一直在持续发展。1978年，Brian Kernighan和Dennis Ritchie合作编写并出版了《C程序设计语言》（*The C Programming Language*）

一书，此书一经出版就迅速成为C程序员的宝典。由于当时缺少C语言的正式标准，所以这本书就成为了事实上的标准，编程爱好者将其称为K&R。

20世纪70年代，C程序员相对较少，而且他们中的大多数都是UNIX系统的用户。到了20世纪80年代，C语言已经超越了UNIX领域的界限，运行在不同操作系统下的多种类型的计算机都开始使用C语言编译器。特别是迅速壮大的IBM PC平台也开始使用C语言。

1983年，美国国家标准学会（ANSI）根据C语言问世以来的各种版本对C语言的发展和扩充制定了新的标准，称为ANSI C。1987年又公布了新标准，称为87 ANSI C，此后多种版本的C语言编译系统都是以此作为基础的。

在ANSI标准化后，C语言的标准在相当一段时间内都保持不变，直到20世纪90年代才进行了改进，形成ISO/IEC 9899:1999（1999年出版），这个版本就是通常提及的C99。它于2000年3月被ANSI采用。

2.1.3 C语言和C++语言的交融发展

由于C语言是面向过程的结构化和模块化的程序设计语言，当处理的问题比较复杂、规模庞大时，就显现出一些不足。虽然自采纳了ANSI标准后的C语言自身不再变化，但是从某种意义上来说，C语言的演变还在继续，由此面向对象的程序设计语言C++应运而生。C++的基础是C，它保留了C的所有优点，并增加了面向对象机制，且与C语言完全兼容，绝大多数C语言程序可以不经修改直接在C++环境中运行。

2.2 C语言的主要特点、应用场合

C语言是一种结构化的程序设计语言，它简明易懂，功能强大，可使程序员不必关注程序在何种机器上运行，而致力于问题本身的处理。C语言集高级语言和低级语言的功能于一体，适合于各种硬件平台，既可用于系统软件的开发，也适用于应用软件的开发。

2.2.1 C语言的主要特点

C语言具有丰富的运算符和数据类型，便于实现各种复杂类型的数据结构；它可以直接访问内存的物理地址，直接对硬件的底层进行操作，能实现汇编语言的大部分功能，因此，也有人把C语言称为中级语言；C语言还可以进行位（bit）运算，实现对数据的“位”操作。另外，C语言还具有效率高、可移植性强等特点。

1．程序设计结构化

结构化的程序语言（或者称为模块化语言）将程序的功能进行模块化，每一个模块具有不同的功能，通过模块之间的相互协同工作，共同完成程序所要完成的任务。C语言程序将一些不同功能的模块有机地组合在一起，这种模块化的程序设计使得C语言易于调试和维护。

2．运算符丰富

C语言共有34种运算符。它把括号、赋值、逗号等都作为运算符处理，从而使C语言的运算类型极为丰富，可以实现其他高级语言难以实现的一些运算。

3．数据结构类型丰富

C 语言除了具有自身规定的一些数据类型外，还允许用户定义自己的数据类型，以满足程序设计的需要。

4．书写灵活

只要符合C语言的语法规则，书写程序时所受的限制并不严格。

注意：编写程序时并不提倡这种做法。

5．适应性广

C语言程序生成的目标代码质量高，程序执行效率高。与汇编语言相比，用C语言编写的程序可移植性好。

6．关键字简洁

ANSIC 规定 C 语言共有 32 个关键字。而其他语言则关键字较多，如 BASIC 包含 159 个关键字。

7．控制结构灵活

C 语言的程序结构简洁高效，使用方便、灵活，程序书写自由。C 语言一共有 9 种控制结构，可以完成复杂的计算。9 种控制结构及作用如表 2.1 所示。

表 2.1　C 语言的九种控制结构及作用

关键字	作用	关键字	作用	关键字	作用
goto	无条件转移	for	循环语句	break	跳出循环或分支
if	条件分支	do	循环语句	continue	结束当前循环，开始下一轮循环
switch	多路分支	while	循环语句	return	返回

表 2.1 中的 continue 只能用于循环，而 break 可用于循环或 switch 多路分支。

当然，C 语言也有自身的不足，和其他高级语言相比，其语法限制不太严格。例如，对变量的类型约束不严格，影响程序的安全性，对数组下标越界不进行检查等。从应用角度来看，C语言比其他高级语言较难掌握。

2.2.2　C语言的应用场合

目前，使用C语言的场合主要包括以下几个：

（1）C语言仍然是编写操作系统的最佳选择。C语言能最直接与计算机的底层打交道，精巧、灵活、高效。最重要的是操作系统的开发者都是最顶尖的程序员，他们有足够的能力和经验驾驭C语言。

（2）在对程序的运行效率有苛求的地方。比如，现在最火爆的“云计算”领域，云平台作为基础架构，对性能的要求非常高，C语言就是首选。因为C语言是目前执行效率最高的高级语言。

（3）在需要继承和维护已有的C代码的场合。有很多影响深远的软件和程序库最早都是用C语言开发的，所以还要继续应用C语言。

（4）因为学过C语言的人众多，熟悉C语言风格和语法的人更多，所以C语言成为编程思想交流的首选语言。例如，书籍中如果必须要出现程序，最常见的就是C语言程序；在涉及编程能力考查的笔试、面试中，C语言通常都是必考的。

（5）C语言能够直接和计算机硬件打交道，是单片机开发的首选语言。以后想从事单片机、嵌入式系统开发的人员必须要掌握C语言。

2.2.3 如何学好C语言

既然C语言在人们的生活和工作中必不可少，那么，如何才能学好C语言？首先要做到以下几点：

1. 学习C语言一定要有耐心

从开始接触到喜欢上一个新事物，到能够驾驭它，中间需要经过一段枯燥而乏味的过程，所以，读者必须好好学习基础知识。

2. 要多读别人的程序，以充实自己的头脑

在学习C语言的过程中，很多人急于求成，程序还不能完全读懂，就想自己独立写出程序，这是学好C语言的禁忌。因为这会给自己带来负面影响，影响继续学习的信心。所以，刚开始编不出程序不要紧，重要的是能读懂别人的程序，后面再慢慢练习编程，千万不要急于求成。C语言是面向内存编程的计算机语言，在读程序的过程中想象系统为各变量分配内存、CPU对各条语句进行处理的过程并根据程序处理流程紧盯各变量值的变化、更有利于理解程序的设计思想示意图。编写程序后，学会单步调试程序是一项必须掌握的基本技能。

3. 勤做练习，勤思考

编写程序是讲究实干的工作，光说不练不行。刚开始可以多练习书上的习题。对于自己不明白的地方，编写一个小程序实验一下是最好的方法，这样能给自己留下深刻的印象。在自己动手编程的过程中也要不断纠正不好的习惯，同时熟悉程序调试过程中出现的错误，有一定基础以后可以尝试编写一些代码更多的程序。当基础很扎实的时候，就可以编写一些算法和数据结构方面的程序。

4. 选择一个好的编译器

这里建议读者使用Visual C++ 6.0或者Dev C++作为编译环境。Visual C++ 6.0使用很方便，调试也很直观，而Dev C++使用gcc编译器，对C99的标准支持良好。如果学习C语言后参加全国计算机二级考试，最好选用Visual C++ 6.0编译环境。

5. 养成良好的规范化编程习惯

作为初学者，逐步培养自己良好的编程习惯是非常重要的，提高程序的可读性。前面从几个不同的侧面向读者介绍了一下C语言的大概情况，下面就开始深入学习C语言。

2.3 开始C语言之旅

通过前面章节的学习，我们已经了解了计算机五大部分的功能、二进制、计算机编码以及

C 语言的历史及特点，下面真正开始 C 语言之旅。

2.3.1　第一个 C 语言程序

计算机程序设计语言是程序开发人员与计算机之间交流的工具，其作用类似于人类之间的自然语言，下面就开始第一个 C 语言程序之旅。

```
#include <stdio.h>  /*包含库文件进来*/
int main()          /*C 语言程序主函数*/
{                   /*函数、复合语句开始标识*/
    printf("Hello everyone,welcome to C world\n"); /*调用 stdio.h 中声明的
                                                    printf()函数输出字符串*/
    return 0;       /*主函数返回*/
}                   /*函数、复合语句结束标识*/
```

各类程序设计语言都将用户在程序设计时常用的一些功能进行了封装，并分门别类地放在不同的库文件中开放接口以便用户使用。上面 C 程序代码中的第一行#include <stdio.h>是用户将标准输入/输出库文件 stdio.h 包含到自己的源程序文件中，以便在 main( )主函数中能够使用 printf( )函数。当然，根据程序处理任务的需要还可以再包含其他的库文件以便使用其他某些函数。

//、/*…*/为注释符号，编译器编译时会忽略注释，/*…*/可对多行进行注释，//只能对其后的一行进行注释。

一个 C 语言源程序可以由一个或一个以上的文件组成，每个文件中至少有一个函数，函数是 C 语言的最基本单位。C 语言程序中必须有且只能有一个 main( )函数，程序从 main( )开始执行，最后回到 main( )函数。

2.3.2　Visual C++ 6.0 开发平台

通过上一小节的学习，我们了解了 C 语言中的第一个源程序，那么程序如何运行并查看其结果呢？下面以 Visual C++ 6.0 为开发平台，介绍如何进行 C 语言程序的编辑、编译、连接、运行。

Visual C++ 6.0 为程序员提供了良好的可视化开发环境，主要包括文本编辑器、资源编辑器、工程创建工具、Debugger 调试器等。程序员可以在集成开发环境中创建和打开工程，创建、打开和编辑文件，编译、连接、运行和调试应用程序。

Visual C++ 6.0 兼容 C 语言与 C++编程，两种源程序的扩展名分别为*.c 和*.cpp，开发平台根据扩展名自动选择编译器对源程序进行编译。

操作步骤如下：

（1）打开 Visual C++ 6.0，进入其主界面如图 2.1 所示。

（2）选择“文件”→“新建”命令，新建 C 源文件，如图 2.2 所示

（3）编写 C 语言源程序，如图 2.3 所示。

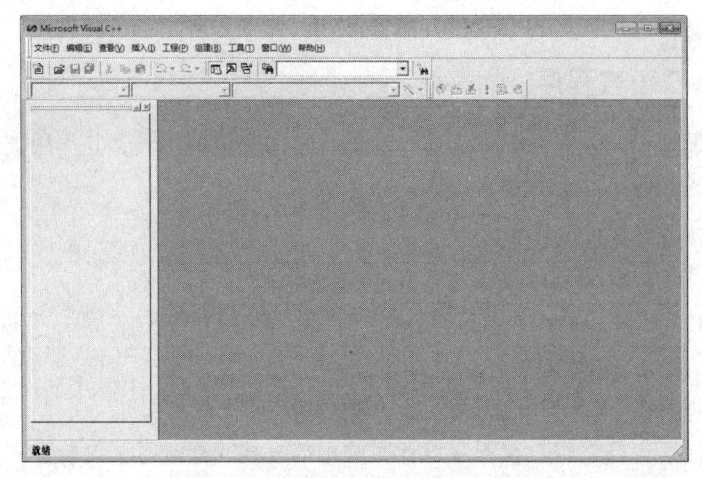

图 2.1 Visual C++ 6.0 主界面

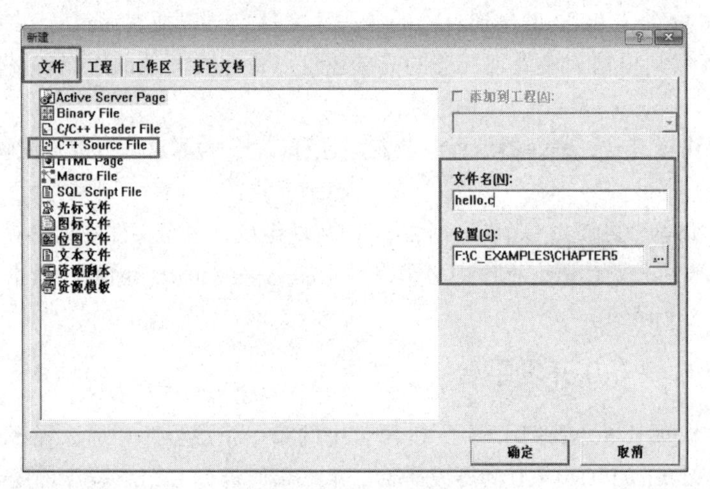

图 2.2 新建 C 源文件

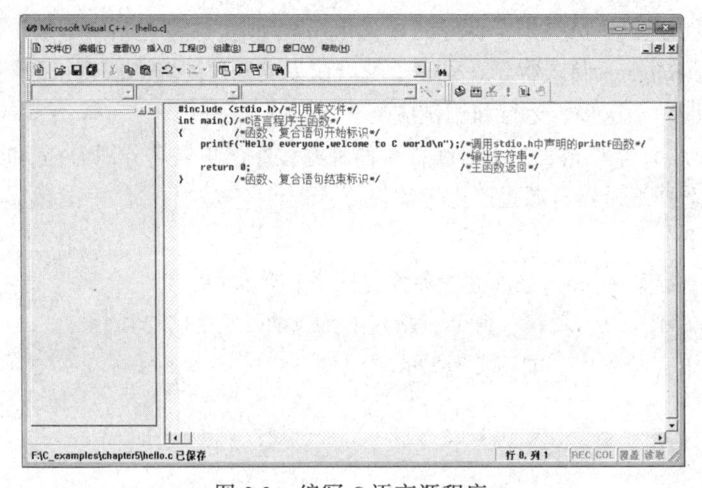

图 2.3 编写 C 语言源程序

（4）选择“组建”→“编译”命令，进行程序的编译，如图 2.4 所示。

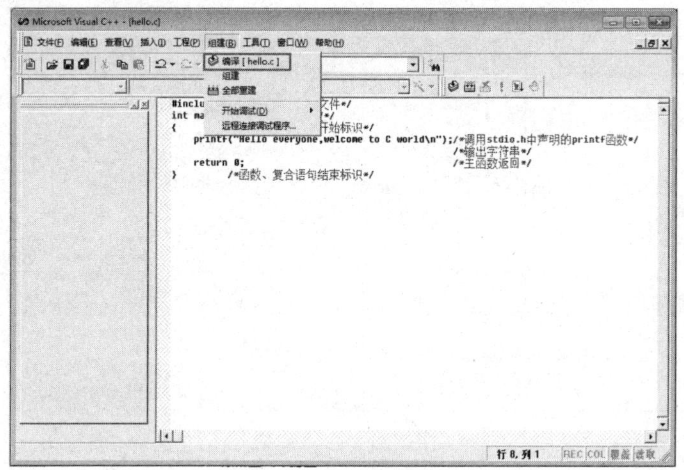

图 2.4　C 源程序的编译

（5）查看编译结果或错误提示，如果有错误，可根据错误提示信息修改源程序，如图 2.5 所示。

注意：编译程序仅对源程序进行预处理、词法检查、语法检测，所以如果编写的程序在算法上有错误，编译器是无法检测出来的，运行时就得不到正确的结果。

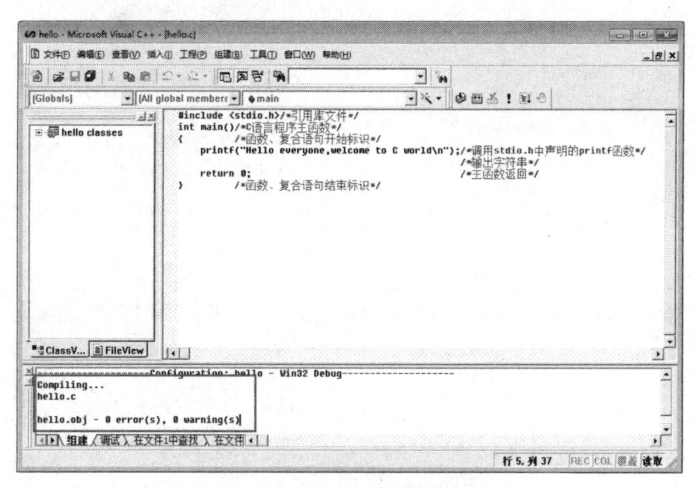

图 2.5　编译结果和错误问题查看

（6）选择“组建”→“组建”命令，完成程序的连接，如图 2.6 所示。

（7）查看连接结果信息，如果有错误，可根据问题或错误提示修改源程序，如图 2.7 所示。

（8）选择“组建”→“执行”命令，运行程序，如图 2.8 所示。

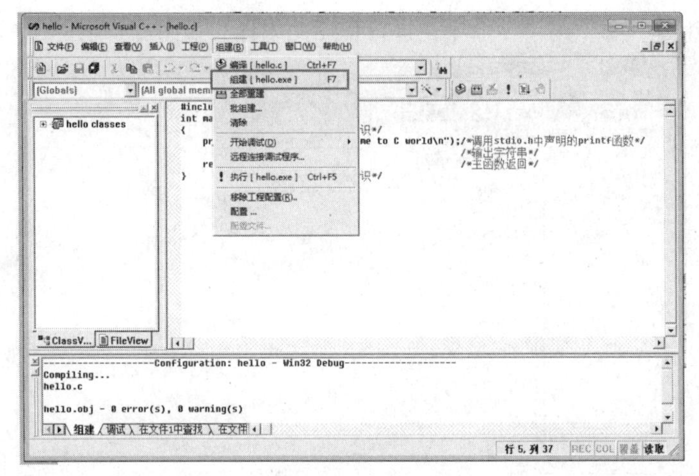

图 2.6 程序连接

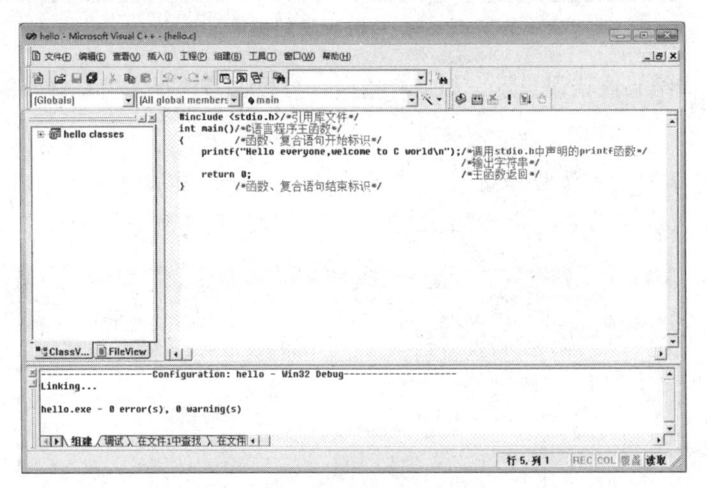

图 2.7 程序连接结果查看

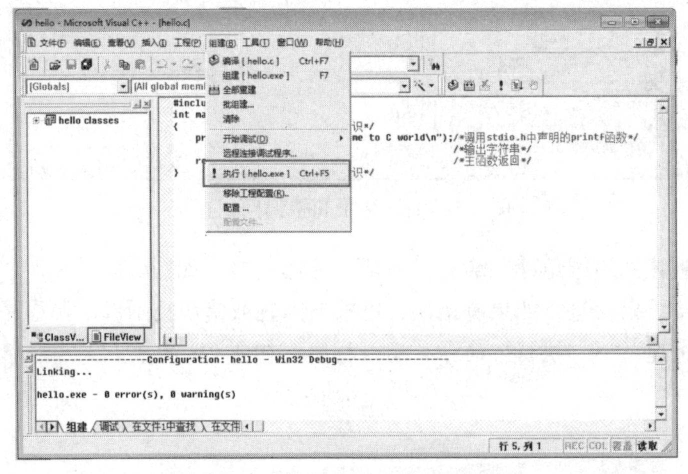

图 2.8 运行并查看程序运行结果

运行结果如图 2.9 所示。

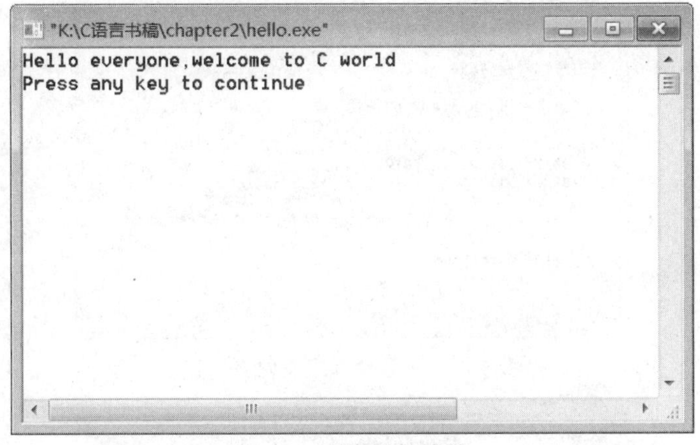

图 2.9　程序运行结果

2.3.3　C 语言程序编译、连接、执行的过程（以 Windows 操作系统为例）

通过上面的学习，已经了解了如何在 Visual C++6.0 集成开发平台中编写 C 语言程序，实际上 C 语言程序从源代码到最终的执行需要经过编译、连接、运行 3 个过程，如图 2.10 所示。通过集成开发平台将 3 个过程集成在一起，为程序开发提供了良好的编程环境，提高了程序开发效率。

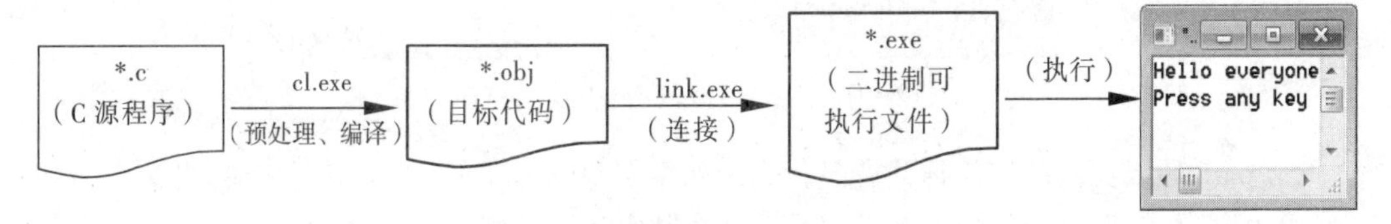

图 2.10　C 程序编译、连接与运行

为了进一步了解此过程，下面按照图 2.10 的步骤使用命令行完成第一个 C 程序 hello.c 的编译、连接和执行。

（1）启动 cmd 命令行。选择“开始”→“运行”命令，输入 cmd，打开 cmd 命令行窗口，如图 2.11 所示。

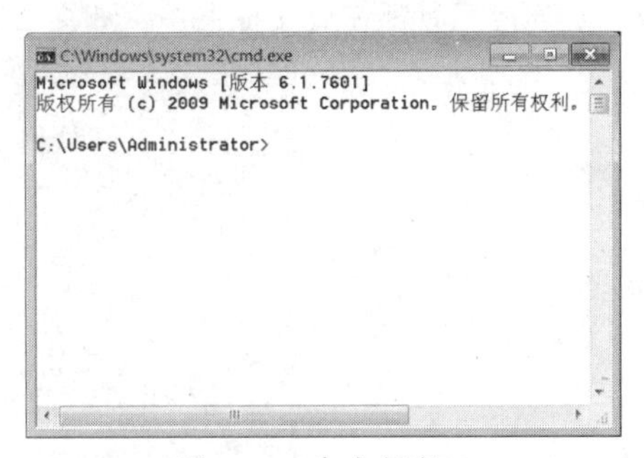

图 2.11　命令行窗口

（2）源程序文件夹内容查看。切换到源程序所在文件夹（根据自己的源程序文件夹所在路径，使用 dir 命令查看），查看要编译的源程序 hello.c，如图 2.12 所示。

（3）使用 Visual C++ 6.0 内部 cl.exe 编译器对源程序 hello.c 进行编译。使用 cl.exe、link.exe 分步编译、连接 C 源程序需要进行 patch、include、lib 环境变量配置，如果未配置环境变量，将导致如图 2.13 所示的错误。

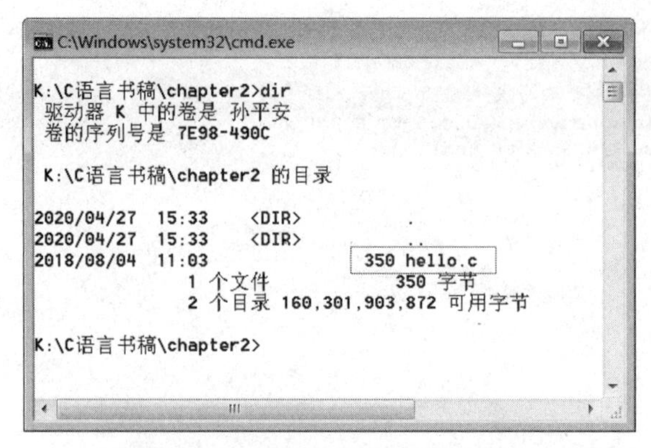

图 2.12　查看源程序文件夹内容

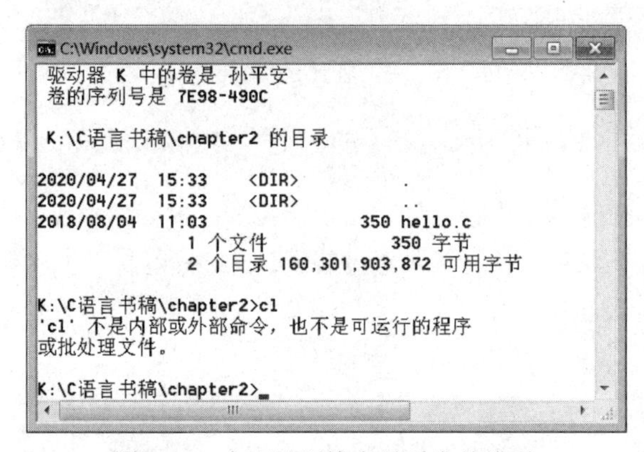

图 2.13　未配置环境变量引发的错误

关于 path 环境变量的作用请读者自行查阅网络资料学习了解。

（4）配置 path 环境变量配置（以 Windows 7 操作系统为例）：

- 查看 cl.exe 编译工具所在位置。可以使用 Windows 搜索 cl.exe，后续所有用到的编译、连接工具都在此文件夹中，如图 2.14 所示。

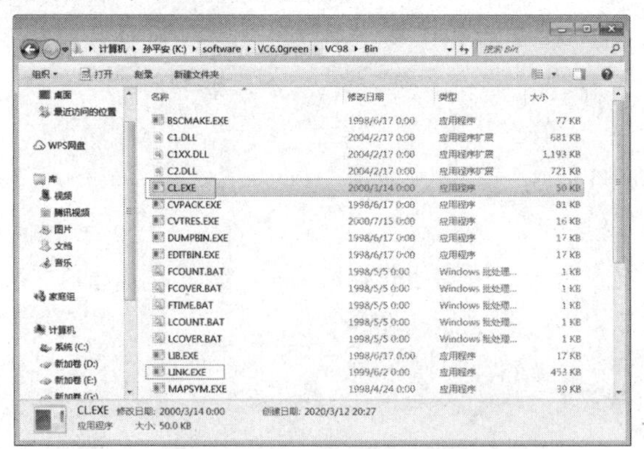

图 2.14　CL 编译工具所在位置

- 右击“计算机”，从弹出的快捷菜单中选择“属性”命令，打开“系统属性”对话框，如图 2.15 所示。

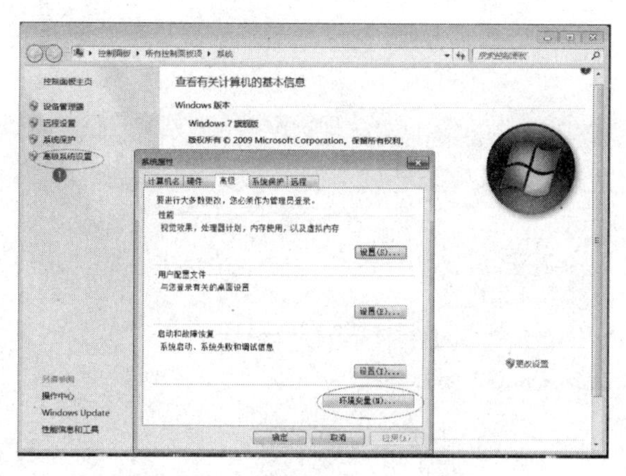

图 2.15　“系统属性”对话框

- 单击“系统变量”按钮，打开“环境变量”对话框，如图 2.16 所示。
- 编辑 path 环境变量。选择系统变量 Path，单击“编辑”按钮，打开“编辑系统变量”对话框（见图 2.17），在“变量值”文本框中，将光标移到最后，添加英文状态下的分号“;”，之后将编译工具文件 cl.exe 所在路径粘贴到原有内容末尾（千万不要改变原有内容）。

图 2.16　“系统变量”对话框

图 2.17　“编辑系统变量”对话框

- 单击“确定”按钮，结束 Path 环境变量编辑。类似地，将..\Common\MSDev98\Bin 的路径也添加到 path 环境变量中。

注意：根据 Visual C++ 6.0 安装版本是完整安装还是绿色安装的不同，可能还需要自建环境变量 Include 和 LIB，并分别将 Visual C++ 6.0 安装目录下的 Include 和 Lib 目录的路径设置为自建环境变量的值。

（5）编译源程序。使用 cl.exe 对 C 语言源程序进行编译（见图 2.18），注意编译选项“/c”

的使用，意思是只做编译而不连接。否则，cl.exe 会把连接过程一起执行，直接生成相应的*.ob 文件及*.exe 文件。

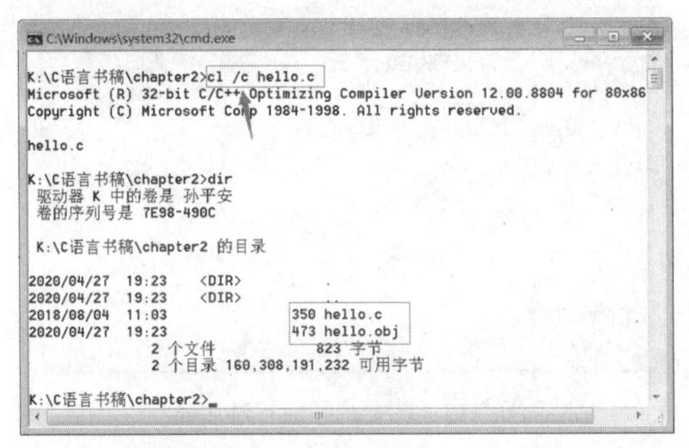

图 2.18 用 cl 编译工具编译 C 语言源程序

（6）对象的连接与可执行文件的执行。使用 Visual C++ 6.0 内部 link.exe 连接器对编译生成的 hello.obj 文件以及一些内部库文件一起进行连接，生成二进制可执行文件 hello.exe 并运行，如图 2.19 所示。

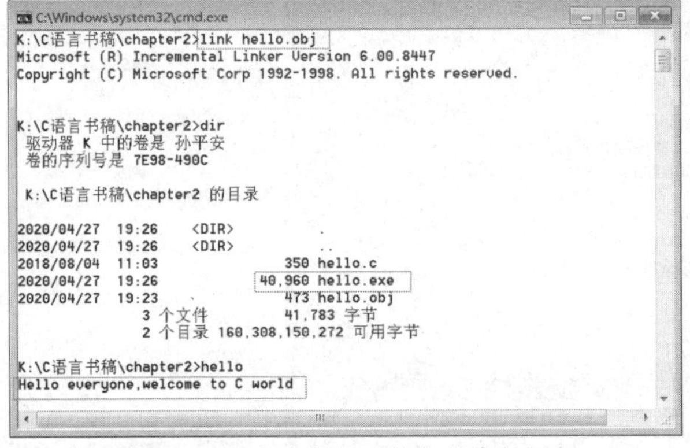

图 2.19 对象文件的连接与程序的运行

2.3.4 计算机如何帮助人类计算

当今，计算机的应用早已远远超出了人们通常用“计算”这个词所描述的范围，在科学计算、实时控制、数据管理、人工智能、大数据等领域，计算机“神通广大”；然而，计算机无法直接处理现实世界中的事物，需要人的大脑对事物进行抽象并提取描述事物的各个属性，再经过数据采集、修改更新属性的值以反映事物的动态变化，进而达到对事务管理的目的。例如，计算机中记录的某位同学的信息为“张磊,20191311001,男,1992-10-05,19 计科 1 班”，对应的就是现实世界中张磊同学的基本信息。随着时间的推移，张磊同学选修的课程越来越多，计算机应用系统应该能够动态反映这一变化，这就需要应用系统的操作人员及时地对相应的信息进行采集、修订并录入系统，以反映张磊同学的相关选课信息。这个例子只是计算机在数据管理中的一个简单例子，在电子政务、电子商务、医疗、金融、公共安全等方面，计算机能够帮人们处理的事情更多。计算机及信息技术的发展与应用普及，彻底改变了人们的生活、学习、工作、思维模式。

C 语言是一种面向过程的程序设计语言，面向过程是一种以过程为中心的编程思想，其核心就是分析出解决问题所需要的步骤，从上往下步步求精，再运用模块化的思想方法对这些步骤逐步用函数实现，使用时再逐个依次调用，最终完成复杂任务的处理。通过学习 C 语言程序设计，能够更加深入地了解计算机的工作原理、数据处理的一般方法，并能够对计算机算法有一定的了解。

计算机帮助人们计算的程序设计过程如下：

（1）确定数据结构。分析问题所涉及的边界，确定问题的范围；分析问题域中需要存储的量，确定这些量所使用的数据结构。

（2）确定算法。解决同一个问题有多种不同的算法，选用其中最有效的一个。

（3）编码。对选定的算法，选用合适的计算机程序设计语言进行编码实现。

（4）调试。编码调试，发现程序模块中的问题并进行修改，直到所有的问题得到解决。

（5）运行。运行程序处理问题。

（6）整理文档。整理程序设计过程中的各种文档，以便于未来的维护、升级等需要。

小　结

C 语言是 20 世纪 70 年代初期在贝尔实验室开发出来的一种用途广泛的编程语言，它是为 UNIX 操作系统而生；20 世纪 70 年代至 80 年代前期，C 语言发展迅速并不断变化，为了保证 C 语言程序的可移植性，美国国家标准学会（ANSI）对 C 语言进行了标准化；C 语言是面向内存编程的计算机语言，在读程序的过程中想象系统为各变量分配内存、CPU 负责处理各条语句的过程更有利于对程序的理解，学习 C 语言编程要养成良好的规范化编程习惯；C 语言是一种编译型程序语言，源程序要经过编译、连接后最终生成可执行程序；迄今为止，计算机还不能直接处理现实世界中的事物，需要经过人类大脑的抽象并提取描述事物的各个属性，再经过采集、修改更新属性的值以反映事物的动态变化，进而达到对事物的管理。

习　题

一、选择题

1. 软件是指（　　）。

A. 程序　　B. 程序和文档

C. 算法加数据结构　　D. 程序、数据与相关文档的完整集合

2. 下列叙述中，不符合良好程序设计风格要求的是（　　）。

A. 程序的效率第一、清晰第二　　B. 程序的可读性好

C. 程序中要有必要的注释　　D. 输入数据前要有提示信息

3. 下列叙述中正确的是（　　）。

A. C 语言程序将从源程序中第一个函数开始执行

B. 可以在程序中由用户指定任意一个函数作为主函数，程序将从此开始执行

C. C语言规定必须用 main 作为主函数名，程序将从此开始执行，在此结束

D. main 可作为用户标识符，用以命名任意一个函数作为主函数

4. 以下叙述中正确的是（　　）。

A. C程序中的注释只能出现在程序的开始位置和语句的后面

B. C程序书写格式严格，要求一行内只能写一条语句

C. C程序书写格式自由，一条语句可以写在多行

D. 用C语言编写的程序只能放在一个程序文件中

二、简答题

1. 简述C语言诞生的过程。
2. 简述ANSI进行C语言标准化的背景及原因。
3. 阅读C语言程序时，如何才能有利于快速理解程序的设计意图？
4. 简述C语言从源代码直至可执行程序的过程。
5. 计算机如何帮助人们做管理工作？

第3章

变量与常量、数据类型

使用机器语言编程时，程序员要指定数据在内存中的地址以及需要存取多少字节。使用汇编语言编程时，程序员要指定寄存器或数据所在的内存地址。使用高级语言编程，程序员不必关心数据存放的内存地址，只要使用变量来存储即可。

课件

变量与常量、数据类型

3.1 变量与常量

3.1.1 变量

变量就是程序中的一个代号，其值在程序运行过程中是可变的，程序运行时系统会自动为变量分配内存空间。变量代表系统为它分配的那块内存空间，对变量的访问就是对其所代表的那块内存空间的访问。C 语言中，所有变量必须先定义后使用，并且变量定义必须在所有其他执行语句之前，否则编译时会出错。

变量有变量的类型和变量名称两个属性。不同的变量名称就代表了内存中的不同地址，而变量的类型决定了它所能占用的内存空间的大小。也就是说，系统为不同类型的变量分配的内存空间大小不同。

C 语言中定义变量的语法如下：

```
变量类型 变量名称1,变量名称2;
```

例如：

```
char c;          //定义字符型变量c
int x,y;         // int 为C语言中的整型数据类型，x、y 分别为变量的名称
```

以上语句定义了一个字符型变量和两个整型变量。变量的名称 c、x、y 分别由程序员给出，变量名称必须符合 C 语言标识符定义规则，建议每个变量名称应该有意义，从而见其名知其意，使程序代码具有良好的可读性。

3.1.2 常量

在程序运行过程中，其值不可改变的量称为常量，以下列出程序解释变量、常量。

【例 3-1】 变量、常量定义及应用示例。

```
#include <stdio.h>
#define PI 3.1415926 //用宏定义的方式定义符号常量，在编译预处理时进行替换
int main()
```

```
{
    const float r=1.8f;  //定义只读变量 r，本质上是变量在定义时初始化其后值不能改变
    float s,c;           //定义 2 个实型单精度变量
    s=PI*r*r;            //计算半径为 r 的圆的面积
    c=2*PI*r;            //计算半径为 r 的圆的周长
    printf("s=%f\n",s); //调用库函数 printf()输出面积
    printf("c=%f\n",c); //调用库函数 printf()输出周长
}
```

程序运行结果：

```
s=10.178760
c=11.309733
```

以上例子中用到了变量、常量。变量 r 因为有 const 关键字的修饰成为只读变量，s、c 为普通变量，都为 float 类型。用到的常量有：符号常量 PI，字面常量（也称直接常量）3.1415926、1.8f。

以上程序虽然能运行，但是编译时出现警告“convertion form ‘double’ to ‘float’,possible loss data”，如图 3.1 所示。此问题将在 3.3.2 节为大家解析。

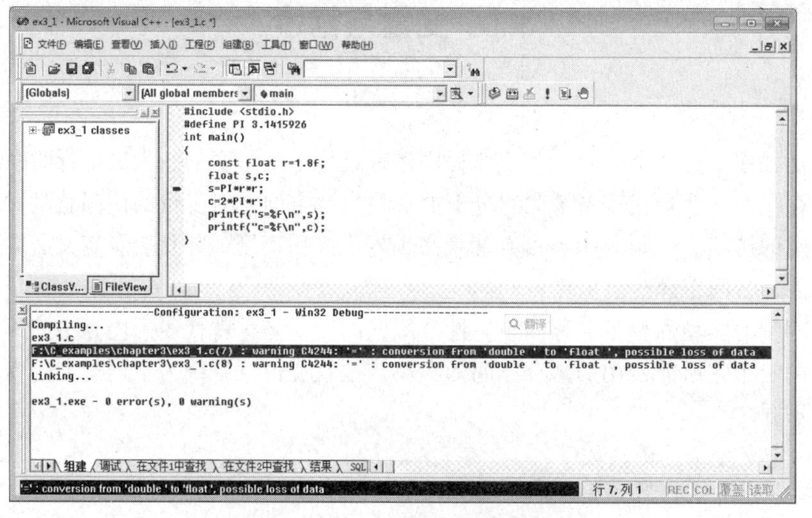

图 3.1　程序运行警告与错误信息

以上仅用整型（int）、单精度浮点型（float）为例，给出了其变量定义、常量形式。综上所述，变量有普通变量、只读变量，常量有符号常量、字面常量之分，字面常量又根据其数据类型分为数值常量和字符常量。字面常量是程序运行过程中直接能够使用的立即数，其占用的是程序代码段的空间，不使用数据段的空间，所以程序无法用“&”获取数值常量、字符常量的内存地址。

数值常量为各种数值类型的立即数，如 1、123.56、-100 等；字符常量指用一对英文单引号(' ')括起来的一个字符，如'a'、'b'等，其中单引号只是字符与其他部分的分隔符，不属字符常量的一部分。字符常量在计算机中使用它相应的编码——ASCII 码值存放，如字符常量'a'在 ASCII 码表中的编排顺序为第 97 号，即它的编码为十进制的 97，它在内存中的存储形式和整数 97 的存放形式一样，因此在 C 语言中字符类型的数据可以和整型数据一样参与各种算术逻辑运算，

也可以用整数形式输出。

字符串常量指用一对英文双引号（" "）括起来的若干个字符，如"China"、"C 语言"。'a'和"a"一个为字符常量，一个为字符串常量。字符串常量存储在程序的文字常量区，可以用“&”获取其地址。

3.2　C语言的关键字、保留字和标识符

变量、常量、自定义函数的名称都可以由程序员自定义给出，但并不是任意给出的名称 C 语言都接受。变量、常量以及自定义函数等的名称必须符合标识符定义规则。

3.2.1　C语言的关键字

关键字（Keywords）是 C 语言系统内用于程序功能、程序结构说明而使用的一些英文单词或单词缩写的所有标识符的总称。这些标识符被程序设计语言本身使用，具有特定的意义，不能用作变量名、函数名等其他用途，且所有关键字均为英文小写。ANSI C 规定 C 语言共有 32 个关键字，可分为以下四大类：

（1）数据类型关键字 12 个。

（2）控制语句关键字 12 个。

（3）存储类型关键字 4 个。

（4）其他关键字 4 个。

C 语言关键字及作用如表 3.1 所示。

表 3.1　C 语言关键字及作用

类　型	关键字	用　途	关键字	用　途	关键字	用　途	关键字	用　途
数据类型（12个）	char	声明字符型变量或函数	short	声明短整型变量或函数	int	声明整型变量或函数	long	声明长整型变量或函数
	float	声明浮点型变量或函数	double	声明双精度变量或函数	unsigned	声明无符号类型变量或函数	signed	声明有符号类型变量或函数
	struct	声明结构体变量或函数	union	声明共同体数据类型	enum	声明枚举类型	void	声明函数无返回值或无参数，声明无类型指针
控制类型（12个）	if	条件分支	else	条件语句否定分支（与if连用）	switch	开关语句	case	开关语句分支
	for	循环语句	while	循环语句	do	循环语句	default	开关语句中的“其他”分支
	break	跳出当前循环或分支	continue	结束当前循环，开始下一轮循环	return	函数返回语句	goto	无条件转移语句
存储类型（4个）	auto	声明自动变量（不可用）	extern	声明外部变量	register	声明寄存器变量	static	声明静态变量
其他类型（4个）	const	声明只读变量	sizeof	计算数据类型长度	typedef	给数据类型取别名等	volatile	变量在程序执行中可被隐含地改变

3.2.2 C语言的保留字

C语言中为用户提供了大量库函数供用户调用，而这些库函数都声明在一个个头文件（*.h）中。这些头文件及库函数的名称称为保留字，保留字已被C语言内部所使用，不建议用户自定义变量、函数等的名称与保留字相同。

3.2.3 标识符

标识符（Identifier）是指用来标识某个实体的符号。在不同的应用环境下有不同的含义。日常生活中，标识符是用来指定某个东西或者人，要用到相应的名字；在数学中解方程时，也经常用到这样或那样的变量名或函数名；在编程中，标识符是用户编程时使用的名字，对于变量、常量、函数、语句块也有名字，统称为标识符。

在C语言程序中，将用于变量、函数、类型、符号常量等名称的字符序列称为标识符。标识符的组成规则如下：

（1）必须以字母或下画线（_）开头。

（2）只能包含字母、数字或下画线，不允许空格或其他字符出现。

例如，area、Day、_Date、lesson_1、s1均为合法的标识符；93Salary（不能以数字开头）、Peter.Ding（不能使用小数点）、Perter Ding（不能有空格）、#5f68（不能使用符号#），r<d（不能使用关系运算符<），这些标识符都是不合法的。

（3）标识符的有效长度根据C语言编译系统的不同而不同。

3.3 C语言的数据类型

计算机是为人类服务的，C语言中所有基本数据类型都是以符合人类世界和自然世界的逻辑而出现的。依照冯·诺依曼体系，计算机中并没有这些int、float等，而全部都是0和1表示的二进制数据，并且计算机只能理解这些0和1的数据。因此，符合人类思维的数据都要通过一定的转换才能被正确地存储到计算机中。计算机中所有的数据，根据其能够参与的运算以及内部存储方式的不同，可分为多种不同的数据类型。就C语言而言，总体上分为基本数据类型、构造数据类型、指针数据类型和空类型四类。

3.3.1 C语言数据类型

1. 字符类型

字符类型定义的变量称为字符型变量，用来存储字符常量。字符型变量在内存空间中占1字节，取值范围为-128~127。字符数据在内存中存储的是字符的ASCII码，即一个无符号的整数，其形式与整数的存储形式一样，所以C语言中允许字符型数据与整型数据之间通用。如果字符变量声明为unsigned char则为无符号字符类型，表示范围为0~255。C语言的数据类型如图3.2所示。

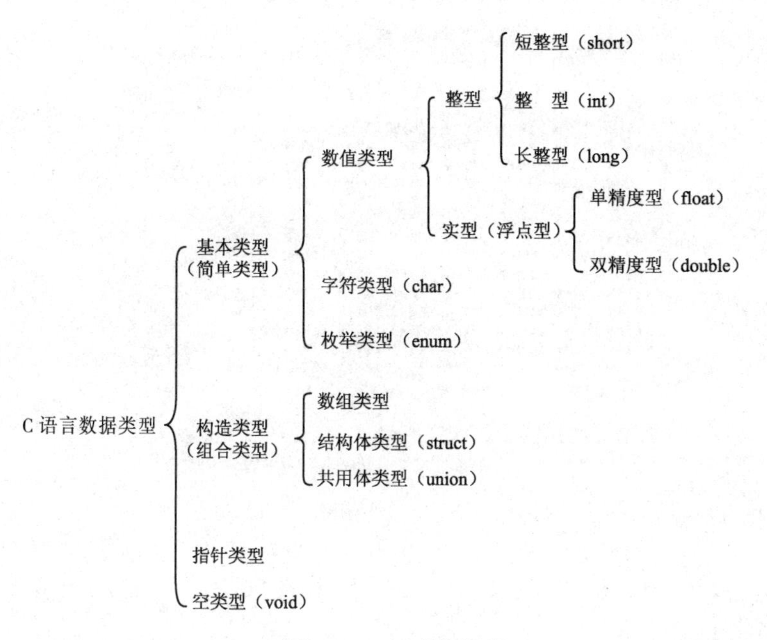

图 3.2　C 语言数据类型

【例 3-2】输出 ASCII 码表。

```
#include <stdio.h>
int main()
{
    int i;
    int k=1;
    for(i=0;i<128;i++)
    {
        printf("%4d=%1c",i,i);
        if((k++%8)==0)          //每输出 8 个字符后换行
            printf("\n");
    }
    return 0;
}
```

程序运行结果如图 3.3 所示。

从图 3.3 可以看出，ASCII 前 32 个字符，即编码为 0~31 的字符，是一些不可见字符或控制字符，这些字符在计算机与外围设备通信或控制中、网络设备通信中有特殊的意义，这部分字符编码在汉字编码中也是通用的。常用的数字字符'0'~'9'，其编码区间为 48~57；而同一个字母的大小写字母的编码之间相差 32（0x20H）。

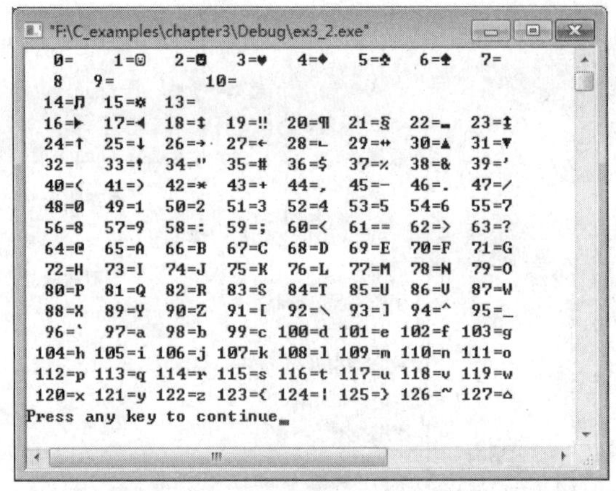

图 3.3　ASCII 编码表的输出结果

【例 3-3】字符的应用示例。

```
/*功能:
    1. 英文字母大小写之差
    2. 字符类型与整型之间的通用
    3. 字符类型为有符号类型；字符常量的 3 种表示方式
    4. 变量的溢出
*/
#include <stdio.h>
int main()
{
   char c1,c2,c3;    //定义 3 个字符变量
   c1=97;            //字符类型与整型之间的通用，将字母 a 的 ASCII 值赋给字符变量 c1
   c2='\101';        //使用转义字符以八进制形式将大写字母'A'的值赋给 c2
   printf(" 'a'-'A'=%d \n",c1-c2);
   c3='\x7a';        //使用转义字符以十六进制形式将小写字母 z 的值赋给 c3
   printf("c3=%c\n",c3);
   c3=c3+8;          //字符类型为有符号类型，加 8 后已超出其存储范围即溢出
   printf("c3=%d\n",c3);  //字符类型以整型格式输出
   return 0;
}
```

程序运行结果如图 3.4 所示。

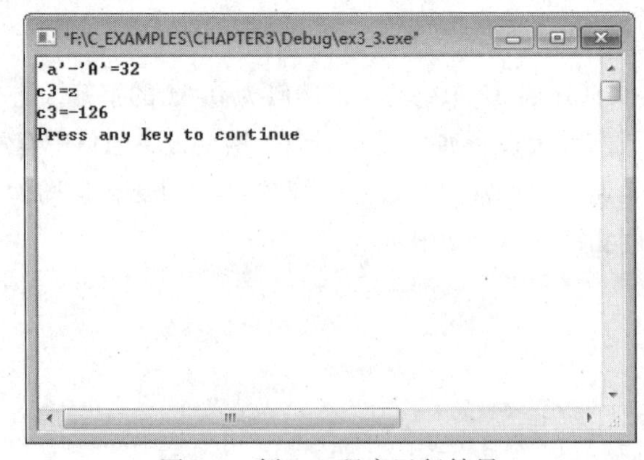

图 3.4　例 3-3 程序运行结果

以上程序验证了英文字母大小写之差为 32，并且同一字母小写的值比大写的大；字符类型与整型之间的通用性，可以直接参与到相互的运算中；字符类型的存储范围为-128~127，当字符变量 c3+8 后，其值为 122+8=130，结果用二进制表示为 1000 0010，超出了字符类型能够表示的最大数值范围，因字符类型为有符号数，最高位为 1，因此这时 1000 0010 被认为是一个负数，而负数在计算机中用补码表示，转换为原码后其真值正好是-126。还应该注意的是，在一个字节长度范围内，-128 的补码为 1000 0000。

字符型变量可以直接用如'a'、'b' 直观的字面常量方式赋值外，还可以用字符的转义字符方式给其赋值。转义字符是已经失去其本来意义的字符，如 printf("c3=%d\n")中的 \n，字符 "\" 之后的 n 已经失去了本来的意思，整个 '\n' 代表换行。转义字符可以使用八进制形式 '\ddd'、十六进制形式'\xhh'表示，ddd 为一个 3 位八进制数，hh 为一个 2 位的十六进制数。常用的转义字符及其意义如表 3.2 所示。

表 3.2　常用的转义字符及其意义

转 义 字 符	意　义	ASCII 码值（十进制）
\a	响铃（BEL）	007
\b	退格（BS），将当前位置移到前一列	008
\f	换页（FF），将当前位置移到下页开头	012
\n	换行（LF），将当前位置移到下一行开头	010
\r	回车（CR），将当前位置移到本行开头	013
\t	水平制表（HT）（跳到下一个 TAB 位置）	009
\v	垂直制表（VT）	011
\\	代表一个反斜线字符''\'	092
\'	代表一个单引号（撇号）字符	039
\"	代表一个双引号字符	034
\?	代表一个问号	063
\0	空字符（NULL）	000
\ddd	1～3 位八进制数所代表的任意字符	3 位八进制
\xhh	1～2 位十六进制所代表的任意字符	2 位十六进制

2．整型

整型用来存储整数类型的数据，整型变量就是用来存储整型数值的变量，根据其所占用字节数的不同分为 short、int、long 三种，可以在整型变量的基础上加上符号修饰符 signed、unsigned 来进行修饰，默认为 signed，通常有 6 种类型。整型变量表示的范围如表 3.3 所示。

表 3.3 整型变量表示的范围

类　型	字 节 数	范　围
(signed) short	2	−32 768 ~ 32 767
(signed) int	根据系统而定，可能是 2 或 4	−32 768 ~ 32 767 或 −2 147 483 648 ~ 2 147 483 647
(signed) long	4	−2 147 483 648 ~ 2 147 483 647
unsigned short	2	0 ~ 65 535
unsigned int	根据系统而定，可能是 2 或 4	0 ~ 65 535 或 0 ~ 4 294 967 295
unsigned long	4	0 ~ 4 294 967 295

整型数值在计算机中存储与运算都是以其真值的二进制补码形式进行的，通过前面的章节学习可知正数的原码、反码、补码相同。当计算机遇到一个十进制整型的负数时，首先将其转化成二进制（原码），接着最高位（即最左边一位）的符号位不变，其余位按位取反（反码），然后整体再加 1（补码），补码的符号位也参与运算，因此可能会被进位。例如，有符号整型数据“+10”，在计算机中存储为 00000000 00000000 00000000 00001010，直接用其原码也就是其补码，有符号整型数据“−10”存储时，先求出其原码 10000000 00000000 00000000 00001010，再得到其反码 11111111 11111111 11111111 11110101，反码末尾加 1 后得到其补码 11111111 11111111 11111111 11110110，将其作为有符号整型数据“−10”在计算机中的存储编码存储在计算机中。

【例 3-4】数据的输出、转换和截断示例。

```
/*功能:
   1. 无符号数的输出
   2. 数据类型的隐式转换
   3. 数据的截断
*/
#include <stdio.h>
int main()
{
   unsigned short srt=65535;
   unsigned int x=4294967295;
   unsigned long lng=4294967295;
   printf("srt unsigned short=%hu\n",srt);  //以无符号短整型格式%hu 输出
   printf("srt signed short=%hd\n",srt);    //以有符号短整型格式%hd 输出
   printf("srt signed int=%d\n",srt);       //将 srt 以有符号整型格式%d 输出时
                                            //发生了隐式类型的转换
   printf("x unsigned int=%u\n",x);         //以无符号整型格式%u 输出
   printf("x signed int=%d\n",x);           //以有符号整型格式%d 输出
   printf("lng unsigned long=%lu\n",lng);   //以无符号长整型格式%lu 输出
   printf("lng signed long=%ld\n",lng);     //以有符号长整型格式%ld 输出
```

```
    lng=x;                                      //将 x 赋给 lng
    printf("new lng unsigned int=%u\n",lng);
    srt=x;  //把 x 赋给 srt，即把一个占用字节多的变量赋给占用字节少的变量发生了数据的截断
    printf("new srt unsigned=%u\n",srt);
}
```

程序运行结果如图 3.5 所示。

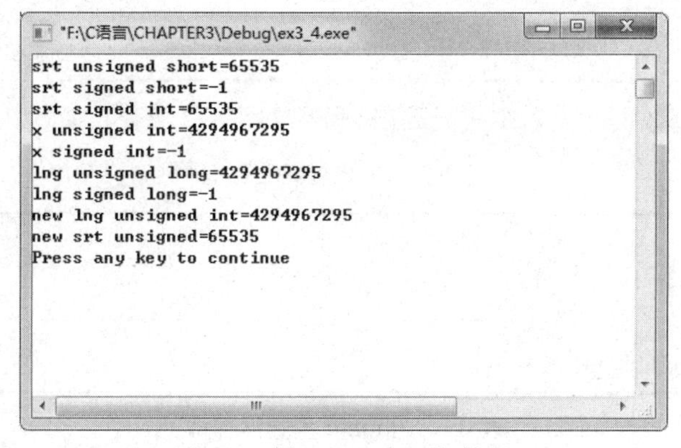

图 3.5　例 3-4 程序运行结果

结果分析：

unsigned short 型变量 srt=65535 的内存存储结构如下：

1111 1111 1111 1111

共 2 字节（16 位）

以无符号格式输出，则把最高位（即最左边的 1 位）看作是具体数值的一部分；如果以有符号格式输出，则把最高位看作是符号位。符号位为 1 为负数，负数在计算机中以补码形式存储，把 1111 1111 1111 1111 再做一次补码运算，得到其原码为 1000 0000 0000 0001，也就是-1。变量 x、lng 同理。

srt=x，把一个整型变量赋给一个短整型变量，计算机中短整型占 2 字节，整型占 4 字节，即把占用字节数多的数据类型赋值给占用字节数少的数据类型，会发生数据的截断。

变量 x 在内存中的存储结构如下：

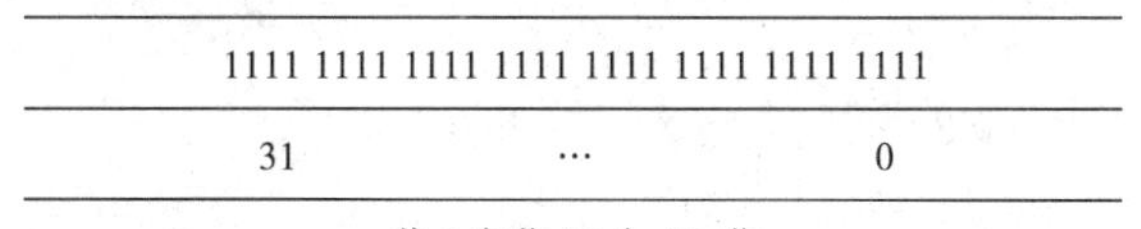

共 4 字节 32 个 bit 位

由于 srt 只有 2 字节，而 x 为 4 字节，将 x 赋给 srt，变量 srt 只能接收 x 的高 16 位或低 16 位（不同系统有不同的规定），Windows7 64 位+Visual C++ 6.0 中，接收了低 16 位。因此，srt 获得 x 的低 16 位后，以无符号整型格式输出为 65 535。

3. 实型数据类型

实型又称浮点型，用来存储实型数值。实型数值由整型和小数两部分组成，实型变量分为 3 种类型：单精度型、双精度型和长双精度型。实型变量数据类型所占字节数、表示范围及其精度如表 3.4 所示。

表 3.4 实型变量数据类型所占字节数、表示范围及其精度

类型	字节数	范围	精度（有效数字）
float	4	$-3.4 \times 10^{38} \sim 3.4 \times 10^{38}$	6 ~ 7 位
double	8	$-1.7 \times 10^{308} \sim 1.7 \times 10^{308}$	15 ~ 16 位
long double	根据系统而定，可能是 4 或 8	$-1.7 \times 10^{308} \sim 1.7 \times 10^{308}$ 或 $-1.2 \times 10^{4932} \sim 1.2 \times 10^{4932}$	15 ~ 16 位 或 18 ~ 19 位

float 型、double 型数据在内存中按照数符、阶码、尾数三部分存储，如表 3.5 和表 3.6 所示。

表 3.5 float 型数据存储

	符号位	阶码（指数）部分	尾数部分
float	1 位	8 位	23 位
	31	30 ~ 23	22 ~ 0

表 3.6 double 型数据存储

	符号位	阶码（指数）部分	尾数部分
double	1 位	11 位	52 位
	63	62 ~ 52	51 ~ 0

float 和 double 的精度由尾数的位数决定。浮点数在内存中按科学计数法存储，其整数部分始终隐含着一个 1，由于它是不变的，故不能对精度造成影响。float 型数据尾数部分占用 23 个位，2^{23} = 8 388 608，一共 7 位十进制，这意味着 float 最多能有 7 位有效数字，但绝对能保证的为 6 位，即 float 的精度为 6~7 位有效数字；double 尾数位为 52 个位，2^{52}= 4 503 599 627 370 496，一共 16 位，同理，double 的精度为 15~16 位。实型数据可以使用科学计数法表示，如 3.14158e2、6.18e-1、2.71828e05 等，由三部分组成：

a + E + b

（1）a：由一个浮点数组成，如果写成整数，编译器会自动转化为浮点数。

（2）E：可以大写 E，也可以小写 e。

（3）b：使用一个十进制整数表示幂，这个数可以是负数，也可以是正数，且正数可以省略正号。

float 和 double 的取值范围由指数部分决定，为了避免引入正负号，指数部分在存储时会分别加上一个 127 和 1 023 的偏移量（可参照 IEEE 754 标准）。负指数决定了浮点数所能表达的绝对值最小的非零数；而正指数决定了浮点数所能表达的绝对值最大的数，即决定了浮点数的取值范围。float 的范围为$-2^{128} \sim +2^{128}$，也即-3.40E+38 ~ +3.40E+38；double 的范围为$-2^{1024} \sim +2^{1024}$，也即-1.79E+308 ~+1.79E+308。

【例 3-5】输出给定 float 型数据的内存各位。

```
/*为了程序简单化使用了 C++类库 bitset,程序扩展名为 cpp*/
#include <iostream>
```

```
#include <bitset>
using namespace std;
int main()
{
   float f=1.625f;            //定义 float 型变量，并用 float 型字面常量为其初始化
   unsigned long memF=*(unsigned long *)&f;
                              //将 float 变量的内存表示按位赋给长整型变量
   cout<<memF<<endl;          //输出长整型变量
   bitset<32>mybit(memF);     //定义 mybit 对象，并用 memF 初始化
   cout<<mybit<<endl;
        //输出长整型变量 memF 的二进制表示，实际上就是浮点型变量 f 的内存表示
   return 0;
}
```

程序运行结果：

```
1070596096
00111111110100000000000000000000
```

结果分析：

二进制位序列 00111111110100000000000000000000，共 32 位，按照 float 型数据存储的规则，最高位为 0，表示正数；接下来的 8 位 01111111 为指数部分，十进制位 127，其余的 23 位为尾数部分，还有在此别忘了整数部分隐含的 1，所有实际整数与尾数为 1.10100000000000000000000。此数的二进制真值为：

$+1.10100000000000000000000 \times 2^{127-127}=1.625$

3.3.2　数据类型的自动转换

通过前面的章节了解了 C 语言的数据类型，并详细学习了数值类型、字符类型、常量、变量。下面学习 C 语言中的赋值以及在运算中的数据类型自动转换。

1. 赋值操作与左值问题

计算机程序设计中的赋值符号“=”是把其右边的值赋给左边的变量。

【例 3-6】赋值语句与左值问题示例。

```
#include <stdio.h>
int main()
{
   int x,y,z,k;
   x=10;
   y=20;
   30=k;
   z=x+y;
   printf("z=%d",z);
}
```

编译以上程序，编译器给出以下错误，如图 3.6 所示。

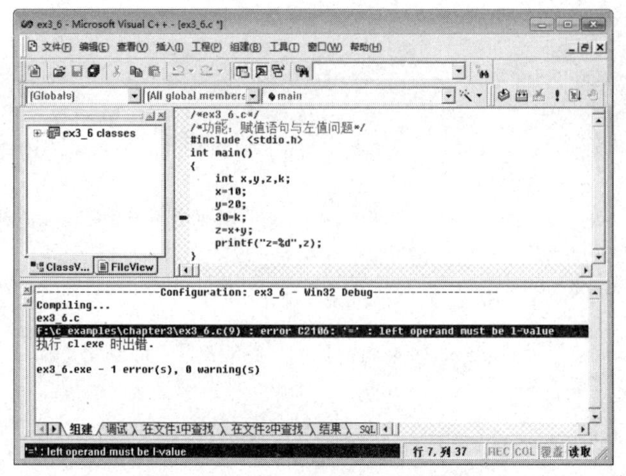

图 3.6　C 语言左值问题和赋值规则

问题出在“30=k;”这一句，错误提示为 left operand must be l-value，意思为赋值号（=）左边的操作数必须是一个左值。通俗地说：左值就是其值可以改变的变量。发生这个错误的原因是把常量（或不可改变值的变量）放到了赋值号的左边。由于 30 是一个字面常量，其值不能被修改，把一个变量的值赋给常量当然会导致错误。类似的，为一个符号常量赋值、为一个只读变量赋值，以及直接为一个数组名字赋值均会导致类似错误。

z=x+y，将变量 x+y 的结果赋给 z，计算机中赋值“=”符号始终是把它右边的值或运算结果赋给左边。这与在数学中的书写和理解有别，数学中人们习惯从左到右书写，并且所有运算式子的计算主体为人，通过一步步从左到右计算得到结果；计算机程序设计中，虽然数学式子的影子还在，但计算的主体由人变成了计算机，计算机为人“做事”，需要把运算结果存放在内存的某个地方，以便后面的运算再次使用或直接输出。

2.不同类型数据之间的自动转换

为了解决某一问题，实际使用中经常会用到不同类型变量、常量的赋值问题。赋值过程中就有可能需要进行不同数据类型的强制转换或发生数据类型的自动转换。

【例 3-7】不同兼容数据类型之间的自动转换。

```
#include <stdio.h>
int main()
{
   char c;
   int x,y,z,r;
   float k1,k2;
   c=1378;          //整型字面常量赋值给字符型变量发生数据的截断，字符型只接收了整型
                    //数据的低 8 位，编译器警告数据损失
   x=c;             //字符类型赋值给整型变量，编译器没有任何警告
   x=10;
   y=3;
   z=5.6;           //double 型数据 5.6 赋值给整型变量，编译器警告数据精度损失
   r=x/y;           // x/y 整型数值相除，结果仍为整型
   k1=x/y;          // x/y 整型数值相除，结果仍为整型，赋值给 float 型时进行了自动类型转
```

```
                  //换，编译器警告数据损失
    k2=x/3.0;     // 整型变量 x 除以 double 型字面常量时首先进行了一次转换，将整型变
                  //量 x 转换为 double 类型，计算的结果为 double 型，赋值给 float 型又进
                  //行了一次自动转换，但编译器会警告数据精度损失
    printf("c=%c\n",c);
    printf("z=%d\n",z);
    printf("r=%d\n",r);
    printf("k1=%f\n",k1);
    printf("k2=%f\n",k2);
}
```

程序运行结果：

```
c=b
z=5
r=3
k1=3.000000
k2=3.333333
```

结果分析：

以上的例子用到的所有的数据类型都是相互兼容的，占用字节数小的数据类型值赋值给占用字节数大的数据类型变量时编译器未给出任何警告，但将占用字节数大的数据类型值赋值给占用字节数小的数据类型变量时编译器会给出相关警告。大家在编译该例子时请留心观察编译器给出的警告信息，以对数据类型的自动转换现象的本质有进一步的理解。

在 C 语言中，自动类型转换遵循以下规则：

（1）若参与运算量的类型不同，则先转换成同一类型，然后进行运算。

（2）转换按数据长度增加的方向进行，以保证精度不降低。例如，int 型和 long 型运算时，先把 int 型转成 long 型后再进行运算。

- 若两种类型的字节数不同，转换成字节数高的类型。
- 若两种类型的字节数相同，且一种有符号、一种无符号，则转换成无符号类型。

（3）所有的浮点运算都是以双精度进行的，即使仅含 float 单精度量运算的表达式，也要先转换成 double 型，再进行运算。

（4）char 型和 short 型（在 Visual C++等环境下）参与运算时，必须先转换成 int 型。

（5）在赋值运算中，赋值号两边量的数据类型不同时，赋值号右边量的类型将转换为左边量的类型。如果右边量的数据类型长度比左边长，将丢失一部分数据，这样会降低精度，丢失的部分会被直接舍去。

（6）把大的整型值赋值给 float 型变量时，虽然两种类型占用字节数相同，但因内部存储原理不同，可能导致整型精度损失。

C 语言数据类型自动转换图如图 3.7 所示。

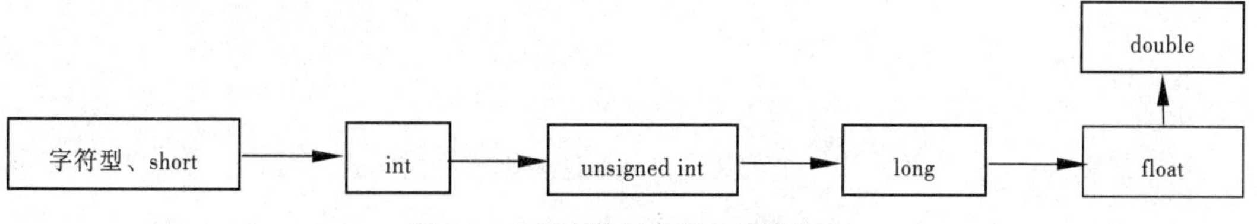

图 3.7　C 语言数据类型自动转换图

【例 3-8】求三门功课的平均分。

```
#include <stdio.h>
int main()
{
   int chinese,mathematics,english;
   int sum;
   float average=0.0f;
   printf("please input scores:\n");
   scanf("%d,%d,%d",&chinese,&mathematics,&english);//输入85,86,88
   sum=chinese+mathematics+english;
   average=sum/3;  // sum/3结果为整型，舍弃了小数部分，赋值给average时进行
                   //了自动类型转换
   //average=sum/3.0;
   printf("average=%.2f\n",average); //输出时，保留2位小数。
}
```

程序运行结果：

```
please input scores:
85,86,88
average=86.00
```

当 average=sum/3.0; 时，结果为：

```
please input scores:
85,86,88
average=86.33
```

3.3.3 格式化输入/输出

C语言 stdio.h 头文件中提供了格式化输入/输出、文件访问、二进制输入/输出、非格式化输入/输出、文件定位、错误处理、文件操作等函数，为用户与计算机之间的交互提供了友好接口。

1. 格式化输出函数 printf()

用法：`printf("格式串" [,表达式1,表达式2,···]);`

其中，格式串的字符有三类：

- 以%开头引导的格式符，用于控制表达式的输出格式（通常有多少个表达式，就有多少个格式符），如果格式控制符个数少于表达式个数，则从左到右只输出与格式控制符一一对应的表达式。
- 非格式符：原样显示在屏幕上。
- 转义字符：指明特定的操作，如\n 换行、\t 横向跳格。

（1）字符串常量的输出：无表达式，格式串中无格式符。例如：

```
printf("We are students.\n");
```

（2）格式符的语法：

```
%[flag][width][.precision][h|l|L]type
```

- [h|l|L]type：type 字段采用一个英文字母来表达数据类型与格式，相关说明如表 3.7 所示。

表 3.7　type 字段数据类型与格式说明

type	说　明
d	按十进制有符号整数形式输出
i	按十进制有符号整数形式输出（同 d 格式）
u	按十进制无符号数形式输出
o	按八进制无符号数形式输出
x	按十六进制无符号数形式输出，输出时使用小写字母（a, b, c, d, e, f）
X	按十六进制无符号数形式输出，输出时使用大写字母（A, B, C, D, E, F）
f	按十进制小数形式输出浮点数，输出格式为:[-]ddd.dddddd（默认输出 6 位小数）
e	按十进制指数形式输出浮点数，输出格式为：[-]d.dddde[+/-]ddd,(e 后面是指数)
E	按十进制指数形式输出浮点数，输出格式为：[-]d.ddddE[+/-]ddd,(E 后面是指数)。用 e 和 E 格式输出浮点数时，输出的是科学计数法形式，即小数点前面的整数部分固定为 1 位整数
g	按十进制形式输出浮点数，自动选择 f 或 e 格式中输出长度小的格式输出；g 格式不输出无用的 0
G	按十进制形式输出浮点数，自动选择 f 或 E 格式中，输出长度小的格式输出；G 格式不输出无用的 0
c	输出单个字符
s	输出字符串
p	以 8 位的十六进制输出指针，输出格式为××××××××，如果表达式的值不够 8 位，则左边补充 0，通常用来输出指针或地址值。例如：int i,*p;p=&i;printf("%p,%p",&i,p); 输出结果为：0018FF44,0018ff44
%	输出字符%（%用于引导格式控制符，在格式串中输出%号时，必须采用格式%%）

前缀修饰符：

L: 输出 long double 类型表达式必加。

l: 输出长整型表达式必加。

h: 输出短整型表达式必加。

- [width]：width 字段用来指定输出的数据项占用的字符列数，也称为输出域宽。缺省该字段，输出宽度按数据的实际位数输出；如果指定的输出宽度小于数据的实际位数，则突破域宽的限制，按实际位数输出；如果指定的域宽大于数据的实际位数，则默认在输出数据的左边输出空格，使输出的字符数等于列宽，也就是说，输出的数据在输出域中自动向右对齐。

width 有 3 种情况，如表 3.8 所示。

表 3.8　width 的 3 种情况

width	说　明
n	一个非负整型常数，指定输出占用 n 列宽度
0n	n 为一个整型常数，输出占用 n 列，如果实际位数不足 n 列，数据前面补 0，填满 n 列
*	输出域宽来自待输出表达式前面的一个整型表达式

```
printf("%*d", 10, -5);
```

其中，“*”就好比一个占位符，取得了上面语句中第一个表达式的值，即 10 的值。

- [.precision]：precision 有 4 种情况，如表 3.9 所示。

表 3.9　precision 的 4 种情况

precision	说　明
默认	对于 f lelE 格式，表示小数点后输出 6 位小数,对于 g lG 格式，表示最多输出 6 位有效数字
m	m 为非负整型常数，对于浮点格式，指定小数点后面输出 m 位小数；对于字符串输出格式%s，表示只输出字符串的前面 m 个字符。例如，char *s="abcdef"; printf("%.3s",s);结果为 abc
0	对于 f lelE 格式，表示不输出小数点和小数，按整数形式输出
*	表示 precision 来自待输出表达式前面的一个整型表达式

【例 3-9】格式输出示例。

```
#include "stdio.h"
int main()
{
   double a=12.34578,b=0.1256;
   int n=9,m=4;
   printf("%.2f,%10.2E,%f,%e,%10g",a,a,a,a,a);
   printf("\n");
   printf("a=%.0f,a=%*.*f",a,n,m,a);
   printf("\n");
   printf("%.2f%%",b*100);
   printf("\n");
   printf("%s%6s%6.3s","ABCD","ABCD","ABCD");
   printf("\n");
   return 1;
}
```

程序运行结果如图 3.8 所示。

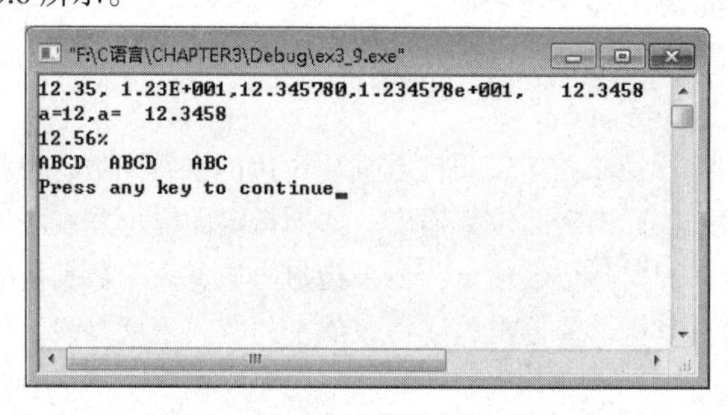

图 3.8　例 3-9 程序运行结果

- [flag]：flag 有 4 种情况，如表 3.10 所示。

表 3.10　flag 的 4 种情况

flag	说　明
缺省	输出正数时不输出正号;域宽大于数据实际位数时，域中左边补空格，数据靠右对齐
+	输出正数时要输出正号
-	域宽大于数据实际位数时，域中右边补空格，数据靠左对齐
#	用于 x lX 格式：输出 0x（格式 x）或 0X（格式 X）

2. 格式化输入函数 scanf()

用法: scanf("格式串" ,地址 1,地址 2,…);

格式符语法：

```
%[*][width][h|l|L]type
```

- [h|l|L]type：type 字段采用一个英文字母来表达数据类型与格式，如表 3.11 所示。

表 3.11　type 字段的数据类型与格式

type	说　明
d	以十进制有符号整数形式转换输入数据
i	以十进制有符号整数形式转换输入数据（同 d 格式）
u	以十进制无符号整数形式转换输入数据
o	以八进制有符号整数形式转换输入数据
x|X	以十六进制有符号整数形式转换输入数据(x 和 X 等效)
e|E|f|g|G	以十进制浮点数形式转换输入数据，输入数据时，可以输入整型常量、小数形式实型常量或指数形式实型常量
c	输入一个字符（可输入控制字符）
s	输入字符串（遇到第一个空格、Tab 或换行符结束转换）

前缀修饰符：

L: 输入 long double 类型变量必加。

l: 输入长整型变量或者 double 型变量必加。

h: 输入短整型变量必加。

- [width]：width 字段用来指定输入数据的转换宽度，它必须是一个十进制非负整型常量。width 表示读入多少个字符就结束本数据项的转换。如果没有指定 width，遇到空格、Tab 键、回车/换行符、非法输入则结束数据项的转换（%c 格式除外）。例如：

```
float a;int b;double c;
scanf("%f%3x%lf",&a,&b,&c);
```

若输入为-2.8AE159，则 a=-2.8, b=0xAE1, c=59.0。

- [*]：表示数据输入项要按指定格式进行转换，但不保存变量，即该格式符%没有对应的变量。 一般用%*c 来吸收字符。例如，scanf("%*c");表示读入一个字符，但是这个字符不保存到变量中。

3.3.4　字符数据的输入/输出

1. 字符输出函数 putchar()

putchar()函数的功能是向显示器等标准输出设备输出一个字符。格式如下：

```
putchar (ch);
```

其中，ch 是一个字符变量名或常量。例如：

```
putchar(c);            //输出字符变量 c 的值
putchar(A);            //输出大写字母 A
putchar('\101');       //转义八进制表示，输出大写字母 A
putchar('\n');         //换行
```

2. 字符输入函数 getchar()

getchar()函数的功能是从键盘输入一个字符，通常把输入的字符赋值给一个字符变量，构成赋值语句，如 c=getchar();getchar()函数只能接受单个字符。

【例 3-10】输入单个字符并显示示例。

```
#include <stdio.h>
main()
{
    char c;
    c=getchar();
    putchar(c);
    putchar('\n');
}
```

程序运行结果:

b↙

b

3.3.5 字符串数据的输入/输出

1. 字符串输出函数 puts()

puts()函数的功能是向显示器等标准输出设备输出一个字符串。格式如下:

```
puts(字符串名);
```

字符串名常为字符数组名。

【例 3-11】puts()函数的用法示例。

```
#include <stdio.h>
int main()
{
    char c[]="Java\nC++";
    puts(c);
    return ;
}
```

程序运行结果:

```
Java
C++
```

2. 字符输入函数 gets()

gets()函数的功能是从键盘输入一个字符串。通过本函数得可到一函数值，它是该字符串（字符数组）的首地址。

【例 3-12】gets()函数的用法示例。

```
#include <stdio.h>
main()
{
    char st[20];
    printf ("input string:\n");
    gets(st);          /* 输入带空格的 I am a boy 的值，用回车键结束*/
    puts(st);
    scanf("%s",st);   /*输入 I love my hometown 的值，用回车键结束*/
    puts(st);          /*只输出了 I */
}
```

程序运行结果：

```
input string:
I am a boy↙
I am a boy
I love my hometown↙
I
```

使用 scanf()函数输入字符串时，scanf()函数遇到空格、tab（制表符）就结束了；当需要输入含有空格、tab（制表符）的字符串时，必须用 gets()函数才可以。

3.3.6　C 函数库帮助文档的查阅

能记住所有的函数以及它的参数列表的人几乎不存在，所以学习任何程序设计语言都有必要掌握如何查阅相关帮助文档的方法。解决实际问题时，相关的帮助文档往往比教科书更实用与高效。

在如图 3.9 所示窗口的索引中输入函数名称，或从函数名称列表框中选择所要查看的函数，在右边显示函数的功能、用法及例程。

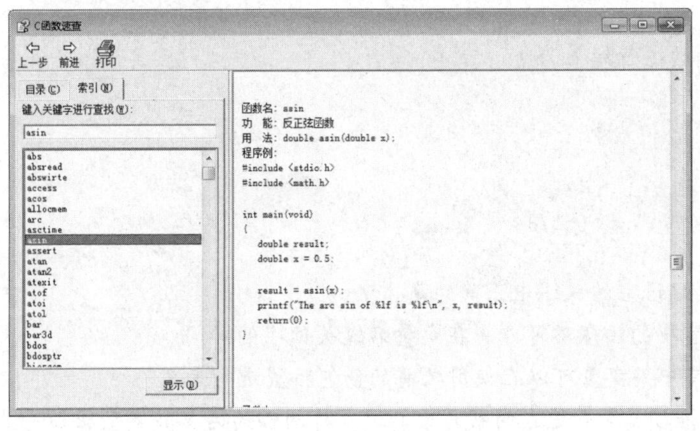

图 3.9　C 语言函数帮助文档

要使用某个函数时，先查看其位于哪个头文件中，再查看此函数的形参列表（即需要向它传递什么类型数据和数据的个数），最后看其返回结果的类型，以便将其放在合适的表达式中。

小　　结

变量就是程序中的一个代号，其值在程序运行过程中是可变的，程序运行时系统会自动为变量分配内存空间，对变量的访问就是对其所代表的那块内存空间的访问；C 语言中，所有变量必须先定义后使用，并且变量定义必须在所有其他执行语句之前，否则编译出错；在程序运行过程中，其值不可改变的量称为常量，常量有字面常量和符号常量之分；字面常量是程序运行过程中直接能够使用的立即数，其占用的是程序代码段的空间，不使用数据段的空间，所以程序无法用“&”获取数值常量、字符常量的内存地址；关键字（Keywords）是 C 语言系统内用于程序功能、程序结构说明而使用的一些英文单词或单词缩写的所有标识符的总称，这些标识符被程序语言本身使用，具有特定的意义，不能用作变量名、函数名等其他用途，且所有关键字均为英文小写；C 语言中为用户提供了大量库函数供用户调用，而这些库函数都声明在一个个头文件（*.h）中，这些头文件以及库函数的名称称为保留字，保留字已被 C 语言使用，用户自定义变量、函数等的名称不建议其与保留字相同；标识符（Identifier）是指用来标识某个实体的符号，在编程中，标识符是用户编程时使用的名字，对于变量、常量、函数、语句块也有名字，统称为标识符；C 语言所支持的数据类型，总体上分为基本数据类型、构造数据类型、指针数据类型和空类型四类；计算机中的赋值操作“=”，是把等号右边表达式的值送到等号左边变量所在内存，这与数学中的代数表达式有着根本的不同；表达式中如有不同的兼容数据类型，会发生数据类型的自动转换，低精度会向高精度类型转换，字符类型向整型转换，等号右边转换为左边的类型，有符号整型转为无符号整型；格式化输出函数 printf()和格式化输入函数 scanf()是程序与用户的基本接口。

习　题

一、选择题

1. 下面程序的运行结果为（　　）。

```
#include<stdio.h>
main()
{
    unsigned int i=3;
    printf("%u",i*(-1));
}
```

2. 以下关于C语言的叙述中正确的是（　　）。
   A. C 语言中的注释不可以夹在变量名或关键字的中间
   B. C 语言中的变量可以在使用之前的任何位置进行定义
   C. 在 C 语言算术表达式的书写中，运算符两侧的运算数类型必须一致
   D. C 语言的数值常量中夹带空格不影响常量值的正确表示

3. 以下 C 语言用户标识符中，不合法的是（　　）。
   A. _1　　B. AaBc　　C. a_b　　D. a--b

4. 以下关于C 语言数据类型使用的叙述中错误的是（　　）。
   A. 若要准确无误差地表示自然数，应使用整数类型
   B. 若要保存带有多位小数的数据，应使用双精度类型
   C. 若要处理如“人员信息”等含有不同类型的相关数据，应自定义结构体类型
   D. 若只处理“真”和“假”两种逻辑值，应使用逻辑类型

5. 下列不能定义的用户标识符是（　　）。
   A. Main　　B. _0　　C. _int　　D. sizeof

6. 下列选项中，不能作为合法常量的是（　　）。
   A. 1.234e04　　B. 1.234e0.4　　C. 1.234e+4　　D. 1.234e0

7. 数字字符 0 的 ASCII 值为 48，运行下列程序的输出结果是（　　）。

```
#include<stdio.h>
main( )
{
    char a='1',b='2';
    printf("%c,", b++);
    printf("%d\n", b-a);
}
```

A. 3,2　　B. 50,2　　C. 2,2　　D. 2,50

8. 有定义语句 int b; char c[10];，则正确的输入语句是（　　）。

A. scanf("%d%s",&b,&c);　　B. scanf("%d%s",&b,c);

C. scanf("%d%s",b,c);　　D. scanf("%d%s",b,&c);

9. 下列关于 long、int 和 short 类型数据占用内存大小的叙述中正确的是（　　）。

A. 均占 4 个字节　　B. 根据数据的大小来决定所占内存的字节数

C. 由用户自己定义　　D. 由 C 语言编译系统决定

10. 若变量均已正确定义并赋值，下列合法的 C 语言赋值语句是（　　）。

A. x = y == 5;　　B. x = n%2.5;　　C. x + n = i;　　D. x = 5 = 4+1;

11. 下列不能正确计算代数式 $\frac{1}{3}\sin^2\left(\frac{1}{2}\right)$ 值的 C 语言表达式是（　　）。

A. 1/3 *sin(1/2)*sin(1/2)　　B. sin(0.5)*sin(0.5)/3

C. pow(sin(0.5),2)/3　　D. 1/3.0*pow(sin(1.0/2),2)

二、简答题

1. 什么是变量，什么是常量？
2. 什么是 C 语言的关键字、保留字？
3. C 语言中标识符的命名规则是什么？
4. 谈谈 C 语言中数据类型的自动转换和强制转换。

第4章 运算符与表达式

● 课件

运算符与表达式

在计算机硬件知识学习中，已经学习了CPU由控制器、运算器构成。运算器由算术逻辑单元（ALU）、累加器、状态寄存器、通用寄存器组等组成。ALU的基本功能为加、减、乘、除四则运算，与、或、非、异或等逻辑操作，以及移位、求补等操作。计算机中硬件是基础，软件是灵魂，软硬件相辅相成，完成数据处理等人们指定的处理任务。

C语言中提供了算术运算、位运算符、赋值运算符、逗号运算符、关系与逻辑运算符等。用运算符将变量、常量、函数连接起来的式子称为表达式。

C语言中根据运算符所需操作数的个数将运算符分为单目运算符、双目运算符和三目运算符。

4.1 算术运算符号

算术运算符主要完成算术运算，C语言中共7个，如表4.1所示。

表4.1 C语言中的算术运算符

类别	符号	功能	示例	表达式的值	备注
双目运算符	+	加法	5+3	8	
	–	减法	5–2	3	
	*	乘法	3*5	15	
	/	除法	5.2/4 5/4	1.3 1	整型除以整型结果为整型
	%	模运算（取余）	10%3	1	操作数必须都是整型；两个操作数符号不一致时，结果的符号与第一操作数一致
单目运算符	++	自增	i++,++i	i=i+1	
	––	自减	j––、––j	j=j–1	

4.1.1 加减乘除、取余运算符

根据数学中四则运算的经验可知，同一个表达式中有乘除加减混合运算时，先乘除后加减，运算的优先级别不同，不同运算符与它所加工处理的操作数的结合顺序也不同。

a+b、a–b、a*b三个表达式的值为a和b做算术运算的结果，a/b为a除以b的商。表达式值的类型与操作数中精度高的一致，例如9/2=4，而不是4.5，2*0.5=1.0，为double型，而不是1。

算术运算中要特别注意运算结果是否在数据类型可存储的范围，超出了数据类型所能表示的范围就发生了溢出现象。例如，unsigned short s=65535，s=s+3，即 0xffff+3=0x10002，超出了 16 位 unsigned int 所表示的范围，超过 16 位的值将被舍弃变成 0x0002，即+2。每种数值类型都有其表示范围，在算法设计中应该考虑选用合适的数据类型，如果数据实在大得无法存放，可以用数组的方式存放。

【例 4-1】 算术运算中的结果类型及溢出示例。

```
#include <stdio.h>
int main()
{
   unsigned short s=65535;
   printf("9/2=%d \n",9/2);      //被除数、除数同为整型，结果也为整型
   printf("9/2.0=%f \n",9/2.0); //被除数为整型、除数为 double，运算中发生自动类型
                                //转换，结果为 double
   printf("s=%x \n",s);
   s=s+3;                       //s+3 并存入 s 中时发生了溢出，溢出部分被舍弃
   printf("s=%x \n",s);
   printf("-7%%2=%d \n",-7%2);  //取余运算两个操作数符号不一致时，结果的符号与第一
                                //操作数一致
   printf("7%%-2=%d \n",7%-2);
   printf("-7%%-2=%d \n",-7%-2);
}
```

程序运行结果：

```
9/2=4
9/2.0=4.500000
s=ffff
s=2
-7%2=-1
7%-2=1
-7%-2=-1
```

4.1.2　自加、自减运算符

自加、自减是变量自身加 1 与减 1 的简化表达，分前置用法与后置用法共 4 种，如表 4.2 所示。

表 4.2　自加与自减的前置与后置运算

表　达　式	等价表达式	结　果　分　析	备注
x=i++	x=i;i=i+1;	不论前置使用还是后置使用，最终 i 的值都会加 1，但因 x 接收 i 的时机有别会影响 x 的值	自加、自减的对象只能是变量
x=++i	i=i+1;x=i;		
y=j--	y=j;j=j-1;	不论前置使用还是后置使用，最终 j 的值都会减 1，但因 y 接收 j 的时机有别会影响 y 的值	
y=--j	j=j-1;y=j;		

自加和自减均适用于单个变量，而不能用于常量、其他表达式。例如，2++或（a+b)++等形式都是不合法的，自加自减的结合性都是自右向左的。又如，-i++，若先计算-i，再使(－i)++这是不合法的，因此在运用自加或自减时要注意区分变量的值和表达式的值不同，特别是当它

们出现在复杂的表达式时，时常难以弄清，因此要注意仔细分析。

【例 4-2】自加、自减示例。

```
#include <stdio.h>
int main()
{
   int x,y,i,j;
   i=10;
   j=20;
   x=i++;             //先将 i 结果赋给 x 后，i 再自加
   printf("i=%d\n",i);
   printf("x=%d\n",x);
   y=-i++;            //取 i 的值与它前面的"-"号结合后赋给 y，然后再 i=i+1
   printf("y=%d\n",y);
   printf("i=%d\n",i);
   i=10;              //i 的值重新置为 10
   x=++i;             //i 先自加后将结果赋值为 x
   printf("i=%d\n",i);
   printf("x=%d\n",x);
   y=++i+j++;         //i 自加后的值与 j 相加后赋给 y，然后 j 自加
   printf("y=%d\n",y);
   printf("i=%d\n",i);
   printf("j=%d\n",j);
   return 0;
}
```

程序运行结果：

```
i=11
x=10
y=-11
i=12
i=11
x=11
y=32
i=12
j=21
```

4.2 赋值运算符与逗号运算

4.2.1 赋值运算符

赋值运算符的作用是将常量、变量或表达式的值赋值给某一变量。它分为简单赋值运算符和复合赋值运算符。简单的赋值运算符的格式如下：

变量=表达式

其中，“=”是赋值符号，不是比较两个量是否相等的等于号。在 C 语言中等于符号用“==”来表示，赋值语句中的变量必须要先声明为相应的类型，然后才能使用。它的方向为从右向左，即将右边表达式计算出来的值赋给左边的变量。

例如，x=10+5 先将右边表达式的值算出来等于 15，然后再赋值给 x，这时 x 的值也变成 15。

在简单赋值运算符之前加上其他双目算术运算符可构成复合赋值运算符。例如，+=、-=、*=、/=、%=等这些都为复合赋值运算符。

x+=y;等价于 x=x+y;

x-=y;等价于 x=x-y;

x*=y;等价于 x=x*y;

x/=y;等价于 x=x/y;

x%=y;等价于 x=x%y;

在 C 语言中允许在一个表达式中使用一个以上的赋值类运算符，称为复合赋值运算符。但是这种灵活性给程序带来简洁性的同时有时也会引起一些副作用。例如：

```
c=a+=t*2;
x=i+++j;
```

对于这些问题，在 C 语言编译处理时根据符号的结合方向尽量多地将若干个字符组成一个表达式。对于上面的第一个式子，因为总体来看是赋值运算，而赋值符号的结合顺序为从右向左，因此先计算左边的表达式 a+=t*2；接着继续向右取出 c=a，最终其结果是把第一个式子看成 a+=t*2,c=a。第二个式子总体也是一个赋值运算，“=”右边从左到右为自加与加法，“++”为单目运算找其左右的操作数构成自加，其左边为变量 i，右边为“+”当然找 i 作为其操作数，所以第二个式子可看成 x=(i++)+j。

这种简洁的写法为程序的理解造成了一定的困难，使程序的可读性下降。编程中尽量不要使用这类写法，而应尽量把程序写得易懂一些，在设计程序时应采用的基本原则是：可靠性第一，效率第二。

4.2.2　赋值表达式与赋值语句、空语句

C 语言中把用赋值符号连接变量和表达式的式子称为赋值表达式。例如，a=b+c 就是一个赋值表达式。

使用赋值运算符和赋值表达式应注意以下几点：

（1）赋值运算符具有自右向左的结合性，它的优先级只高于逗号运算符，比其他运算符的优先级都要低。

（2）赋值语句后面如带分号，就变成一条完整的语句，可以参与编译。

（3）赋值表达式 x=y 的作用是将变量 y 所代表的存储单元中的内容赋给变量 x 所代表的存储单元，x 中原有的数据被替换掉而 y 的值保持不变。这一点初学者一定要注意，初学者往往有这样的错误思维，y 的值都给了 x，那 y 的值就不在（没有）了。

（4）赋值运算符的左侧只能是变量，不能是常量或表达式。

（5）赋值运算符右侧的表达式也可以是一个赋值表达式，编译器处理时从右向左依次处理各个赋值表达式。

（6）赋值表达式和赋值语句的区别：赋值表达式后面加一个“;”之后就变成了赋值语句。

（7）只有一个分号的语句称为空语句，即不做任何运算。

4.2.3 逗号运算符与逗号表达式

在C语言中，有一种特殊的运算符，常用它将两个表达式连接起来，这就是逗号运算符。可以用逗号运算符将多个表达式分隔开，逗号分隔的表达式会被从左到右分别计算，并且整个表达式的值是最后一个表达式的值。因此，它又称为顺序求值运算符，其应用的格式如下：

表达式1，表达式2，…，表达式*n*

它的求解过程是：先求表达式1，再求表达式2，一直求到表达式*n*，最后这个表达式的值就是表达式*n*的值。例如：

```
i=2+3, 5*4, (3-2)*7
```

上述表达式i的最终结果为5，而不是7，那么为什么不是7而是5呢？原因是符号的运算优先级的问题。由于赋值语句的优先级比逗号运算符的优先级高，所以先执行赋值运算。如果要先执行逗号运算，可以使用括号运算符来增加它的运算优先级。例如：

```
i=(2+3, 5*4, (3-2)*7 )
```

此时运算的结果为7。因此，逗号运算符的优先级别最低，它的结合方向是自左向右。

4.3 字节数运算符、按位运算符

4.3.1 求字节数运算符 sizeof

求字节数运算符 sizeof 是一个比较特殊的单目运算符，用它可以求各种数据类型所占的字节数。某一个数据类型在不同的计算机系统中可能占有不同长度的内存空间，使用求字节数运算符 sizeof，就可以了解在程序所使用的计算机系统中各种数据类型所占用的内存空间大小。

【例4-3】字节运算符的使用。

```
#include <stdio.h>
int main()
{
   int i;
   float f;
   double d;
   char c;
   printf("sizeof:i=%d,f=%d,d=%d,c=%d\n",
           sizeof(i),sizeof(f),sizeof(d),sizeof(c));
   printf("sizeof:int=%d,unsigned int=%d,long int=%d\n",
          sizeof(int),sizeof(unsigned int),sizeof(long int));
   printf("sizeof:char=%d,float=%d,double= %d\n ", sizeof(char),
          sizeof(float),sizeof(double));
   return 0;
}
```

程序运行结果：

```
size of:i=4,f=4,d=8,c=1
size of:int=4,unsigned int=4,long int=4
size of:char=1,float=4,double=8
```

在此应注意的是 sizeof 使用形式上虽然像函数，但其实质为运算符。不仅可以对以上的基本数据类型求其占用字节数，还可用于指针类型、结构体、共同体等构造数据类型。

4.3.2　位运算符

位运算符顾名思义，就是按二进制位进行运算的运算符。C 语言中的常用位运算符如表 4.3 所示。

表 4.3　C 语言中常用的位运算符

位运算符	含　义	位运算符	含　义
&	按位与	^	按位异或
|	按位或	<<	左移
~	按位取反	>>	右移

1．按位与运算符

运算符“&”要求有两个运算量，其作用是将这两个运算量中的各个位对应进行“与”运算。与运算的规则“两个位都为 1 时结果为 1，否则为 0”。例如：

```
        a=1 0 1 1
  &     b=0 1 0 1
  ---------------
结果为    0 0 0 1
```

2．按位或运算符

接位或运算符“|”要求两个运算量。或运算的规则“两个位之中有一个为 1，则运算结果为 1，否则为 0。”

```
        a= 1 0 1 0
  |     b= 0 1 0 0
  ----------------
结果为     1 1 1 0
```

3．按位异或运算符

按位异或运算的作用是判断两个相应位的值是否不同，若不同，则结果为 1，否则为 0。异或运算的规则“对应为位相同为 0，不同为 1”，即 0^0=0、0^1=1、1^0=1、1^1=0。

```
        a= 1 0 1 0
  ^     b= 1 1 0 0
  ----------------
结果为     0 1 1 0
```

4．接位取反运算符

“~”是一个单目运算符，运算量写在运算符之后。取反运算的作用是使一个数据中所有位都取其反值。即 0 变成 1，1 变成 0。

```
a=0 0 0 0 0 0 1 1
~a=1 1 1 1 1 1 0 0
```

5．左移运算符

将一个数中各个位全部左移若干位，在机器操作中，左移 1 位相当于乘以 2，左移两位相当于乘 4，在程序运行时，左移比乘法运算要快得多，如果左边高位溢出，右边补 0。例如：

a=1 0 0 0 0 1 0 1　　　　(十进制中的数 133)

a<<2= 0 0 0 1 0 1 0 0　　　　(十进制中的数 20)

它会将高位中的第一个 1 和第二个 0 丢失，而在末位补两个零，即十六进制中的 20。

6．右移运算符

与左移相反，“>>”的作用是使一个数的各个位全部右移若干位，右移 1 位相当于除以 2，右移出去的位丢失，左边补什么？分为两种情况：

（1）对于无符号的整型和字符型来说，右移时左端补零。例如：

a=1 0 0 0 0 1 0 1　　　　(十进制中的数 133)

a>>2=0 0 1 0 0 0 0 1　　　　(十进制中的数 33)

第 1 位、第 2 位补零，最后两位 0 和 1 丢失。

（2）对有符号的整型和字符型来说，如果符号位为 0（正数），则左边也补入 0；如果符号位为 1（负数），则左边补入的全是 1，这是为了保持数原来的符号并实现右移一位相当于除以 2。例如：

a= 1 1 0 0 0 1 0 0　　　　(十进制中的数-60，补码的表示方法)

a>>2= 1 1 1 1 0 0 0 1　　　　(十进制中的数 – 15)

4.4　强制类型转换

在 C 语言中数据在不同情况下可以自动进行转换，但是有时候编译器会提示相应的警告。如果这时候进行强制转换，机器就不会发出警告。C 语言中的数据类型转换分为隐式转换和显式转换两种。

4.4.1　隐式转换

在隐式转换中一般分为一般算术转换、赋值转换和输出转换这几种类型，下面具体介绍转换规则。

（1）一般算术转换：在计算一个同时出现多种数据类型的表达式时，将所有数据类型都转换为同一种数据类型，这一转换规则为“低级数据向高级的转换”，不同类型数据的转换规律如图 4.1 所示。

【例 4-4】浮点型转化为整型。

```
#include <stdio.h>
main()
{
  int r =2;
  float PI=3.1415,s;
  s=PI*r*r; //表达式中类型不同，自动将 int 的 r 转
            //换为 float 型
  printf("s=%f\n",s);
}
```

程序运行结果：

```
s=12.566000
```

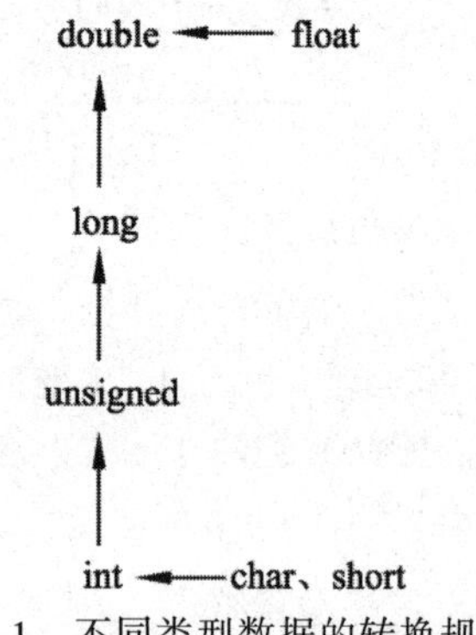

图 4.1　不同类型数据的转换规律

当一个运算符两端的运算量类型不一致时，按“向高看齐”的原则对“较低”的类型进行提升，一般算术运算在运算的过程中对不同的数据类型自动进行转换，不需要人工进行干预。

（2）赋值转换：C 语言中允许通过赋值号将其右边表达式值的类型自动转换为其左边变量的类型，赋值语句的转换具有强制性。当把占用字节位数少的数据类型变量 s 的值赋值给占用字节位数较多的数据类型变量 l 时，变量 s 的值会升级为与 l 相同的类型，数据信息不会丢失。但是，如果把 l 的值赋值给 s 时，数据就会被降低级别表示，可能会造成数据精度的损失；如果 l 的值超过了变量 s 这种类型表示的范围，将会发生数据截断。

（3）输出转换：当一个 long 型数在 printf()函数中指定用%d 的格式输出时，相当于先将 long 转换为 int 型后输出，一个 int 型数也可按无符号方式输出（使用%u 转换等）。

【例 4-5】赋值转换与输出转换示例。

```
#include <stdio.h>
main()
{
    float f;
    int p;
    char a='A';
    f=3;              //int 类型数据赋值给了 float 类型，发生了数据的提升
    p=3.1415926;      //float 类型数据赋值给了 int 类型，发生了数据的截断
    printf("f=%f;p=%d\n",f,p);
    printf("a=%d\n",a);
}
```

程序运行结果：

```
f=3.000000;p=3
a=65
```

4.4.2　显式转换

在 C 语言中，同一个表达式中存在不同数据类型参与运算时会发生数据类型的自动隐式转换，在转换时编译器可能会提示警告信息。此时，如果使用显式的强制类型转换告诉编译器，就不会出现警告。强制类型转换的一般形式为：

（类型名） 表达式

注意：在对一个变量进行强制转换后，得到一个新的类型的数据，但原来表达式中的变量的类型不变。

例如：

```
double x=1.35;
i=(int)x;
```

执行后得到一个 1，并把它赋给整型变量 i，但 x 仍为实型，值依然是 1.35。

4.5　关系与逻辑运算符

两个量的大小关系比较以及多个逻辑量的组合使得计算机能够根据条件选择不同模块执行，实现了一定的“智能”。

4.5.1 关系运算符

关系运算符也称为比较运算符，有==、!=、>、>=、<、<=共6种，关系运算符的优先级低于算术运算符，高于逻辑运算中的“&&”和“||”。关系运算符中==、!= 的优先级相同，>、>=、<、<= 的优先级相同，前2个的优先级低于后4个。

关系运算为双目运算符，参与关系运算符的两个量均为数值类型或可转换为数值类型的量。运算的结果即比较的结果只能是真或假，真代表关系成立，假代表关系不成立。C语言中用0代表假，非0代表真。例如：表达式2>6其值为0，代表关系不成立；表达式2==2，其值为非0，通常用1表示，代表关系成立。C语言中关系运算的结果也可以看作是整数类型。

【例4-6】关系运算符应用示例。

```
#include <stdio.h>
int main()
{
    int n1,n2,n3;
    n1=5,n2=8;
    n3=(n1>n2);
    printf("%d,",n3);       //输出 0
    n3=(n1==n2);
    printf("%d,",n3);       //输出 0
    n3=(n1<n2);
    printf("%d,",n3);       //输出非 0
    n3=(n1==5);
    printf("%d,",n3);       //输出非 0
    n3=(n1!=5);
    printf("%d\n",n3);      //输出 0
}
```

程序运行结果：

```
0,0,1,1,0
```

4.5.2 逻辑运算符与短路现象

逻辑本身就是进行判断，而逻辑运算就是对多个“简单判断”进行组合。所以，参与逻辑运算的量必须能够看作是“判断”的量，也就是可以“区分（或定义）真、假”的量。关系运算的结果就是这样的量，所以关系表达式是可以作为逻辑运算的运算量。

逻辑运算符可以将多个关系运算表达式进行组合，实现复杂条件下的判断。逻辑运算符共有3个，分别为与（&&）、或（||）、非（！）。“!”运算符的优先级高于“&&”和“||”。

1. 与运算符&&

双目运算符，当exp1、exp2表达式的值同时为真时，表达式exp1&&exp2的值为真，其他情况均为假。例如，(1<2)&&(1<>2)值为1，(1>2)&&(1<>2)值为0。

2. 或运算符||

双目运算符，当exp1、exp2表达式的值同时为假时，表达式exp1&&exp2的值为假，其余情况均为真。例如，(1>2)||(1==2)结果为0，(1<2)||(1==2)结果为1。

3. 非运算符!

单目运算，结合性从右向左。当exp1的值为真时，!exp1值为假，反之，当exp1的值为假时，!exp1 值为真。

4．逻辑运算中的短路现象

在逻辑运算中，当在运算部分表达式就已经能够判断整个表达式结果的情况下，剩余的表达式将不再被运算，这种现象称为短路现象。

expl && exp2 表达式，如果已经算出表达式 expl 为假，那么整个表达式的值肯定为假，于是表达式 exP2 就不需要再计算了；而对于 expl || exp2 表达式，如果已经算出表达式 expl 为真，那么整个表达式的值必定为真，于是表达式 exp2 也就不必计算了。

【例 4-7】短路现象示例。

```
#include <stdio.h>
int main()
{
   int a=0,b=1;
   int n=a++&&b++;       //a=0,发生短路 b++不被计算
   printf("a=%d,b=%d,n=%d\n",a,b,n);        //输出 a=1,b=1,n=0
   n=a++&&b++;           //a++,b++都要被计算
   printf("a=%d,b=%d,n=%d\n",a,b,n);        //输出 a=2,b=2,n=1
   n=a++||b++;           //a=2,发生短路 b++不被计算
   printf("a=%d,b=%d,n=%d\n",a,b,n);        //输出 a=3,b=2,n=1
   return 0;
}
```

程序运行结果：

```
a=1,b=1,n=0
a=2,b=2,n=1
a=3,b=2,n=1
```

短路现象提高了程序运行的效率，也是各种 C 语言考试出题频率较高的知识点之一。

4.5.3 条件运算符“? :”

条件运算符“? :”是 C 语言中唯一的一个三目运算符，用法如下：

表达式 1 ?表达式 2 :表达式 3

如果表达式 1 的值为真，则计算表达式 2，并将其值作为整个表达式的值返回（不计算表达式 3）；如果表达式 1 的值为假，则计算表达式 3，并将其值作为整个表达式的值返回（不计算表达式 2）。如果多个条件运算符嵌套，则从右向左依次运算。

【例 4-8】条件运算符示例。

```
#include <stdio.h>
int main()
{
   int x=7,y=8;
   int z=x>y?x:y;
   printf("z=%d\n",z);                    //z=8
   z=x<y?x:y;
   printf("z=%d\n",z);                    //z=7
   z=x<y?x++:y++;                         //x++被计算，y++不被计算
   printf("z=%d\n",z);                    //z=7,x 已为 8
   z=x>y?x++:y++;                         //x++不被计算，y++被计算
```

```
    printf("x=%d,y=%d,z=%d\n",x,y,z);    //x=8,y=9,z=8
    printf("max of x,y,z is:%d\n",x>y?(x>z?x:z):(y>z?y:z));//求三数中最大者
    return 0;
}
```

程序运行结果：

```
z=8
z=7
z=7
x=8,y=9,z=8
max of x,y,2 is:9
```

4.6 运算符的优先级与结合性

在C语言中规定了各种运算符和结合性的一些规则，运算符的运算优先级共分为15级。1级最高，15级最低，如表4.4所示。在表达式中，优先级较高的先于优先级较低的进行运算，而在一个运算量两侧的运算符优先级相同时，则按运算符的结合性所规定的结合方向进行处理。

表4.4 C语言常用运算符优先级和结合性

优先级	结合性	运算符	备注
1	左->右	()	圆括号，函数调用
		[]	方括号，数组元素访问
		->	指向结构体成员运算符
		.	结构体成员运算符
		i++、i--	自增、自减运算符
2	右->左	!	逻辑非运算符
		~	按位取反运算符
		++i、--i	自增、自减运算符
		+	正号运算符
		-	负号运算符
		(类型)	类型转换运算符
		*	指针运算符
		&	地址运算符
		sizeof	长度运算符
3	左->右	*	乘法运算符
		/	除法运算符
		%	取余运算符
4	左->右	+	加法运算符
		-	减法运算符
5	左->右	<<	左移运算符
		>>	右移运算符
6	左->右	<	关系运算符
		<=	
		>	
		>=	

续表

优 先 级	结 合 性	运 算 符	备 注
7	左->右	== !=	等于运算符 不等于运算符
8	左->右	&	按位与运算符
9	左->右	^	按位异或运算符
10	左->右	|	按位或运算符
11	左->右	&&	逻辑与运算符
12	左->右	||	逻辑或运算符
13	右->左	? :	条件运算符
14	右->左	= += -= *= /= %= &= ^= |= <<= >>=	赋值运算符
15	左->右	,	逗号运算符

【例 4-9】运算符左结合性示例。

```
#include <stdio.h>
main()
{
   int x=2;
   int y=3;
   int z=4;
   printf("%d\n",x-y+z);
}
```

程序运行结果：

```
3
```

在这个程序中，表达式 x-y+z 中有-、+运算符，而-、+优先级相同，结合性为自左向右，因此先执行减法运算，x-y，再执行+z。这种自左至右的结合方向称为“左结合性”。

自右至左的结合方向称为“右结合性”。最典型的右结合性运算符是赋值运算符。例如，x=y=z，由于“=”的右结合性，应先执行 y=z 再执行 x=(y=z)运算。C 语言运算符中有不少为右结合性，应注意区别，以避免理解错误。

【例 4-10】自增运算示例。

```
#include <stdio.h>
main()
{
```

```
    int i=2;
    printf("%d\n",-i++);
    printf("%d\n",-i++);
}
```

程序运行结果：

```
-2
-3
```

自增自减运算符中的运算符是自右向左的，如-i++，它的结合过程是：负号和自加同级别，右结合，i 先与++结合即 i++，i++先引用 i 的值，这时 i 的值为 2，再将 i 用到表达式-i 中，此时 i 的值为-2，然后 i 自加 1，这时 i 的值变为 3，同样执行第二次-i++时，此时表达式的值为-3，i 的值已为 4。

小　结

C 语言中提供了算术运算、位运算符、赋值运算符、逗号运算符、关系与逻辑运算符，将变量、常量、函数连接起来构成表达式；算术运算中要特别注意运算结果是否在数据类型可存储的范围，超出了数据类型所能表示的范围就发生了溢出现象；自加和自减均适用于单个变量，而不能用于常量、其他表达式；i++和++i 最终结果相同，但处理过程不同；逗号运算符将多个表达式分隔开，被逗号分隔的表达式会从左到右分别计算，并且整个表达式的值是最后一个表达式的值；求字节数运算符 sizeof 是一个比较特殊的单目运算符，用它可以求各种数据类型所占的字节数；在机器操作中，左移 1 位相当于乘 2，左移两位相当于乘 4。在程序运行时，左移比乘法运算要快得多，如果左边高位溢出，右边补 0；右移 1 位相当于除以 2，右移出去的位丢失，左边补 0 还是 1 要看数据是有符号还是无符号，有符号的补 1 无符号的补 0；不同数据类型显示强制转换时要注意数据的精度损失；C 语言中用 0 代表假，非 0 代表真；C 语言逻辑值输出时值为真时输出 1，值为假时输出 0；逻辑运算“&&”和“||”都有短路现象，在阅读程序写结果时应特别注意；C 语言中唯一的一个三目运算符“？：”简化了条件判断语句的写法，但为了程序的可读性不建议嵌套使用。阅读程序时，碰到复杂的表达式时，先看整个表达式中运算符号的优先级，从优先级最高的入手，再看运算符是单目运算符还是双目运算符确定它的运算参量，如果相邻的运算符优先级相同则根据它们的结合性所规定的结合方向处理。

习　题

一、选择题

1. 若 a 是数值类型,则逻辑表达式(a==1)||(a! =1)的值是（　　）。

   A. 1　　　　B. 0

   C. 2　　　　D. 不知道 a 的值,不能确定

2. 若有定义 double a=22; int i=0,k=18;，则不符合 C 语言规定的赋值语句是（　　）。

   A. a=a++,i++;　　　　B. i=(a+k<=(i+k);

   C. i=a%11;　　　　D. i=!a;

3. 下列程序的输出结果是（　　）。

```
main( )
{
   int m=12, n=34;
   printf("%d%d", m++,++n);
   printf("%d%d\n",n++,++m);
}
```

A. 12353514　　B. 12353513　　C. 12343514　　D. 12343513

4. 下列程序的输出结果是（　　）。

```
main( )
{
   int a,b,d=25; a= d/10%9;
   b=a&&(-1);
   printf("%d,%d\n",a,b);
}
```

A. 6,1　　B. 2,1　　C. 6,0　　D. 2,0

5. 下列程序的输出结果是（　　）。

```
main( )
{
   int i=1,j=2,k=3;
   if(i++ ==1&&(++j==3 || k++ ==3))
     printf("%d %d %d\n",i,j,k);
}
```

A. 1 2 3　　B. 2 3 4　　C. 2 2 3　　D. 2 3 3

6. 若整型变量 a、b、c、d 中的值依次为 1、4、3、2，则条件表达式 a<b?a:c<d?c:d 的值是（　　）。

A. 1　　B. 2　　C. 3　　D. 4

7. 下列程序的输出结果是（　　）。

```
main( )
{
   int c=35; printf("%d\n",c&c);
}
```

A. 0　　B. 70　　C. 35　　D. 1

8. 下列叙述中正确的是（　　）。

A. 预处理命令行必须位于源文件的开头

B. 在源文件的一行上可以有多条预处理命令

C. 宏名必须用大写字母表示

D. 宏替换不占用程序的运行时间

9. 下列叙述中错误的是（　　）。

A. C语句必须以分号结束

B. 复合语句在语法上被看作一条语句

C. 空语句出现在任何位置都不会影响程序运行

D. 赋值表达式末尾加分号就构成赋值语句

10. 下列程序的功能是：给 r 输入数据后计算半径为 r 的圆面积 s。程序在编译时出错。

```
main( )
/* Beginning */
{
    int r; float s;
    scanf("%d",&r);
    s=*π*r*r;
    printf("s=%f\n",s);
}
```

出错的原因是（　　）。

A. 注释语句书写位置错误　　B. 存放圆半径的变量 r 不应该定义为整型

C. 输出语句中格式描述符非法　　D. 计算圆面积的赋值语句中使用了非法变量

11. 下列程序运行后的输出结果是______。

```
main( )
{
    int a=3,b=4,c=5,t=99;
    if(b<a&&a<c)
        t=a;a=c;c=t;
    if(a<c&&b<c)
        t=b,b=a,a=t;
    printf("%d%d%d\n",a,b,c);
}
```

12. 下列程序运行后的输出结果是__________。

```
main( )
{
    int a,b,c;
    a=10; b=20;
    c=(a%b<1)||(a/b>1);
    printf("%d %d %d\n",a,b,c);
}
```

13. 下列选项中，值为 1 的表达式是（　　）。

A. 1-'0'　　B. 1-'\0'　　C. '1'-0　　D. '\0'-'0'

二、简答题

1. 简述 C 语言中运算符的作用。
2. 什么是数据存储的溢出现象，请举例说明。

第5章

程序流程控制

程序是语句的序列，通常程序在执行时逐条语句从上到下按顺序执行。但因为执行条件的存在，程序执行时并不是每条语句都需要执行，如判断一门功课是否及格，如果及格就输出 Yes，不及格就输出 No，显然在给定成绩前提下，不可能两条语句都执行；有时根据程序需要，若干条语句要重复运行很多次，如求 100 以内的奇数，需要按照条件从 1 ~ 100 之间的每个数进行对比。为了完成以上功能，程序设计语言通常都提供了顺序、选择（分支）、循环（迭代）3 种程序流程控制语句。

课件

程序流程控制

5.1 三种程序流程控制结构与复合语句

1. 顺序控制结构

顺序控制结构指按程序中语句出现的先后顺序执行的程序结构，是结构化程序中最简单的结构，如图 5.1 所示。编程语言并不提供专门的控制流语句来表达顺序控制结构，而是用程序语句的自然排列顺序来表达。计算机按此顺序逐条执行语句，当一条语句执行完毕后，自动转到下一条语句。

2. 选择控制结构

选择控制结构又称分支控制结构。当程序执行到选择控制语句时，首先计算决策判断条件，根据条件表达式的值选择相应的语句执行（放弃另一部分语句的执行）。选择结构包括单分支（if）、双分支（if...else...）和多分支（if...else if ...else...、switch...case）三种形式。图 5.2 所示为单分支选择控制结构。

3. 循环控制结构

采用循环控制结构（见图 5.3）可以实现有规律的重复计算处理。当程序执行到循环控制语句时，根据循环判定条件对一组语句重复执行若干次。循环结构可以看成是一个条件判断语句和一个向回转向语句的组合。循环结构的 3 个要素：循环变量、循环体和循环终止条件。循环条件判断结构在程序流程图中利用逻辑判断框（菱形）来表示，判断框内写上条件，两个出口分别对应着条件成立和条件不成立时所执行的不同指令，其中一个要指向循环体，然后再从循环体回到判断框的入口处。循环控制结构有条件循环（当型 while、直到型 do...while）、计数循环（for）两类。

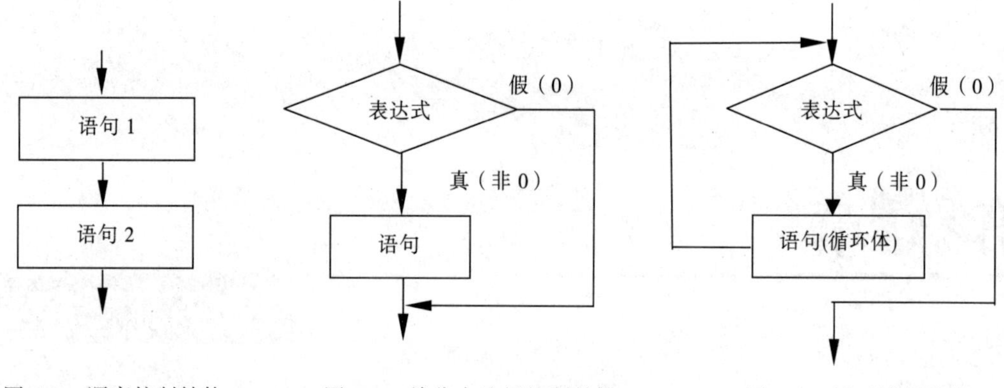

图 5.1　顺序控制结构　　图 5.2　单分支选择控制结构　　图 5.3　循环控制结构

4．复合语句

C 语言中语句分为：空语句、简单语句、复合语句。

只有一个分号“;”或只有一对大括号“{ }”的语句称为空语句，在 C 语言中空语句和计数循环结合常用来做延时程序（如果做单片机编程，在单片机 C51 有专门的延时指令，请不要使用此方法）。

复合语句是将若干个简单语句用一对“{ }”括起来的语句。复合语句中定义的变量具有相同的作用域范围与生命周期。

5.2　选择控制结构

if 语句可构成单分支、双分支和多分支选择控制结构。

5.2.1　if 单分支选择结构

if 单分支选择结构形式如下：

```
if (表达式) {
    语句;
}
```

单分支选择结构是最简单的选择结构。表达式可以是关系表达式、逻辑表达式；语句可以是单条语句或复合语句，当语句是单条语句时，成对的大括号"{ }"可以省略。例如：

```
if(x>0)
   printf("x=%d",x);
```

5.2.2　if 构成的双分支选择结构

if 构成的双分支选择结构形式如下：

```
if (表达式) {
   语句 1;
}else{
   语句 2;
}
```

【例 5-1】if 双分支控制结构，及格判断示例。

```
#define passedScores 60.0f
#include <stdio.h>
int main()
{
    float score=0.0f;
    printf("please input score:\n");
    scanf("%f",&score);
    if(score>=passedScores)
       puts("及格");       //printf("及格");
    else
       puts("不及格");     //printf("不及格");
}
```

5.2.3　if 构成的多分支选择控制结构

1. if 构成的多分支选择控制结构

if 构成的多分支选择控制结构，形式如下：

```
if(表达式)
{
    语句 1;
}
else if
{
    语句 2;
}
else if
{
    语句 3;
}
…
```

【例 5-2】if 多分支控制结构，成绩等级判断。

```
#define passedScores 60.0f
#include <stdio.h>
int main()
{
    float score=0.0f;
    printf("please input score:\n");
    scanf("%f",&score);
    if(score>=90)
        puts("优秀");
    else if(score>=80)
        puts("良好");
    else if(score>=70)
        puts("中等");
    else if(score>=passedScores)
        puts("及格"); //printf("及格");
    else
```

```
        puts("不及格");//printf("不及格");
}
```

【例 5-3】判断某一年是否为闰年，是则输出 bissextile-year，否则输出 leap-year。

判断闰年的条件：能被 4 整除，但不能被 100 整除，或能被 400 整除。

```
#include <stdio.h>
int main()
{
    int year;
    system("cls");
    printf("please input year: ");
    scanf("%d",&year);
    if((year%4==0 && year%100!=0) || (year%400==0)) /*判断是否闰年*/
        printf("%d is leap-year.\n",year);
    else
        printf("%d isn't leap-year.\n",year);
}
```

程序运行结果：

```
    please input year: 2018↙
    2018 is leap-year.
```

2. if 的嵌套使用

if 的嵌套使用类似于以下结构，实际使用中还有更灵活的用法，受限于篇幅不在此一一展开讨论，读者可参考其他资料。

```
if(条件表达式)
{
    if(条件表达式)
        语句 1;
    else
        语句 2;
}
else
{
    语句 3;
}
```

【例 5-4】判断一个正整数的奇偶性。

```
#include <stdio.h>
int main()
{
    int x;
    puts("please input a number:");
    scanf("%d",&x);
    if(x>0)
        if(x%2)        //相当于 if(x%2==1),与 2 取余余数为 1，奇数;
            printf("%d is odd\n",x);
    else
            printf("%d is even\n",x);
}
```

以上例子，当输入-1 时，程序运行结果是什么？没有任何输出，为什么？

第二个 if...else..的整个部分实际上属于第一个 if 的语句体，只是在形式上写的好像 else 是与第一个 if 配对，实际上非也，else 只寻找与其上面最近的 if 配对。

为了避免引起不必要的麻烦，建议使用大括号将属于某个分支的语句全部纳入某个复合语句。修改如下：

```
if(x>0)
{
    if(x%2)        //相当于 if(x%2==1),与 2 取余余数为 1，奇数
          printf("%d is odd\n",x);
    else
          printf("%d is even\n",x);
}
```

编程时多几对{ }、( )没有坏处，可以使程序的可读性提高，减少出错误的概率，提高程序的稳定性。

5.2.4　switch 构成的多分支选择控制结构

switch 根据语句组后有无 break，又分为带 break 和不带 break 的 switch 语句。

1．不带 break 的 switch()语句

```
switch(表达式)
{
    case 常量表达式 1: 语句组 1;
    case 常量表达式 2: 语句组 2;
    …
    case 常量表达式 n: 语句组 n;
    [default:语句组 n+1;]
}
```

语义：先计算出 switch 后“表达式”的值，如果“表达式”的值与某个“常量表达式 *x*”相等，则执行“语句组 *x*”及所有后续的语句组。如果有 default，则一并执行 default 后的语句组 n+1 后退出 switch 结构。如果表达式的值与所有常量表达式的值都不相等，若有 default 则执行 default 后的语句组 n+1，若没有 default 则直接退出 switch 结构，语法中的“[ ]”代表此部分为可选部分。

switch 语句中的表达式必须是一个整型或字符型，在一个 switch 语句中可以有任意数量的 case 语句。case 后的常量表达式必须与 switch 语句中的表达式具有相同的数据类型。

当遇到 break 语句时，switch 终止，控制流将跳转到 switch 语句后的下一行。

【例 5-5】 不带 break 的 switch 多分支选择控制结构。

```
/*功能：成绩等级输出*/
#include <stdio.h>
int main()
{
    float score=0.0f;
    int rank=0;
    printf("please input score:\n");
```

```
    scanf("%f",&score);
    rank=(int)score/10;
    if (rank>10)
    {
        puts("成绩输入错误!");
        return 0;
    }
    switch(rank)//C语言中的switch(exp1)语句中,exp1值只能是整型、字符型、枚举型
    {
        case 10:
        case 9:
            puts("优秀");
        case 8:
            puts("良好");
        case 7:
            puts("中等");
        case 6:
            puts("及格");
        default:
            puts("不及格");
    }
    return 0;
}
```

程序运行结果：

```
please input score:
65.6↙
及格
不及格
```

以上结果是不是出乎意料，到底是及格还是不及格？原来根据 switch( )的语义，当表达式的值与某个常量表达式的值相等时，它就会执行这个常量表达式之后所有的语句组，注意是“之后所有的语句组”而不再去管该语句组前的常量表达式是否与 switch 表达式的值是否相等；如果直到最后一个“常量表达式 n”都没有找到相等的值，则执行 default 后的“语句组 $n+1$”。这当然不是我们想要的结果，下面来看带 break 的 switch 语句。

2．带 break 的 switch( )语句

```
switch (表达式)
{
    case 常量表达式1: 语句组1; break;
    case 常量表达式2: 语句组2; break;
    …
    case 常量表达式n: 语句组n; break;
    default: 语句组n+1; break;
}
```

加了这条 break 语句后，一旦 switch 表达式的值与某个“常量表达式 x”相等，就执行“语句组 x”，执行完毕后，由于有了 break 则直接跳出 switch 结构，继续执行 switch 结构后面的程序，如此就避免了执行不必要的语句。

【例 5-6】带 break 的 switch 多分支选择控制结构。

```
/*功能：成绩等级输出*/
#include <stdio.h>
int main()
{
    float score=0.0f;
    int rank=0;
    printf("please input score:\n");
    scanf("%f",&score);
    if(score>100)
    {
        puts("成绩输入错误!");
        return 0;
    }
    rank=(score>=90)+(score>=80)+(score>=70)+(score>=60);//另一种方式计算
    switch(rank)//C语言中的switch(exp1)语句中,exp1值只能是整型、字符型、枚举型
    {
        case 4:
            puts("优秀");break;
        case 3:
            puts("良好");break;
        case 2:
            puts("中等");break;
        case 1:
            puts("及格");break;
        default:
            puts("不及格");    //break;
    }
    return 0;
}
```

如果将以上程序中的 default 子句(不带 break）放置在其他位置，程序的控制流程将发生变化。例如：

```
switch(rank)
{
    default:
        puts("不及格");        //break;
    case 4:
        puts("优秀");break;
    case 3:
        puts("良好");break;
    case 2:
        puts("中等");break;
    case 1:
        puts("及格");break;
}
```

当输入的成绩小于 60 分时，程序就会输出两个成绩等级：“不及格”和“优秀”。

在使用 switch 语句时还应注意以下几点：

（1）在 case 后的各常量表达式的值不能相同，否则会出现错误。

（2）在 case 后，允许有多条语句，可以不用“{}”括起来。

（3）带有 break 的各 case 和 default 子句的先后顺序可以变动，而不会影响程序执行结果。不带 break 的 default 子句不能随意放置。

（4）default 子句可以省略不用。

【例 5-7】构造简单的菜单。

```
#include <stdio.h>
int main()
{
    int flag;
    printf("===今日品茶喝什么？===\n");
    printf("1.牛栏坑肉桂\n");
    printf("2.慧苑坑铁罗汉\n");
    printf("3.大坑口肉桂\n");
    printf("4.悟源涧百年老枞\n");
    printf("5.马头岩肉桂\n");
    printf("=====================\n");
    scanf("%d",&flag);
    switch(flag)
    {
    case 1:
        printf("牛栏坑肉桂香气浓郁、辛锐，口感甘醇，汤色淡黄、明亮！");
        break;
    case 2:
        printf("慧苑坑铁罗汉香气刚猛，汤水细滑，回甘清甜！");
        break;
    case 3:
        printf("大坑口肉桂香气浓郁清长，岩韵显，味醇厚，爽口回甘，汤色浓艳！");
        break;
    case 4:
        printf("悟源涧百年老枞青苔香弥漫，茶汤浓郁醇厚，明显的岩骨花香！");
        break;
    case 5:
        printf("马头岩肉桂香气辛锐持久，汤色澄黄清澈！");
        break;
    default:
        printf("对不起，您选错了！");
    }
    puts("");    //输出空字符串，因为puts输出自带换行，起到\n的作用
    return 0;
}
```

5.3 循环控制结构

C 语言中提供了计数循环与条件循环两种类型的循环语句。计数循环用于已明确循环执行次数的场合，而条件循环用于只知道循环终止条件的场合。

5.3.1　for 语句构成的计数循环

一般语法格式：

```
for(表达式1;表达式2;表达式3)
```

表达式 1：通常用来作循环变量初始化，可以是赋值表达式或逗号表达式，如“i=1”和“a=0,b=0,i=1”等。

表达式 2：常用作循环条件判断，可以是条件表达式、关系表达式、逻辑表达式、数值表达式等，如“0”、“a–b”、“!x”、“i>10”和“x||y”等。当表达式 2 的值为真（非 0）时重复执行循环体语句，为假（为 0）时退出 for 循环，执行循环体语句的后续语句。当该表达式为空时，默认该表达式为真。

表达式 3：常用作循环变量的累加（减）操作，可以是赋值表达式、自增表达式、自减表达式或逗号表达式，如“i=i+2”、“i++”、“i--”和“i++,j--”等。

循环体语句：真正被重复执行的语句或语句组，当多于一条语句时要用大括号“{}”把这些语句括起来构成复合语句以作为一个整体执行。

语义：先执行表达式 1，然后计算表达式 2 的值，若为真（非 0）则执行循环体语句，再执行表达式 3，之后再计算表达式 2 的值，判断是否需要继续执行循环体语句，直至表达式 2 的值为假（为 0），则退出 for 循环，执行循环体语句的后续语句。

程序执行过程如图 5.4 所示。

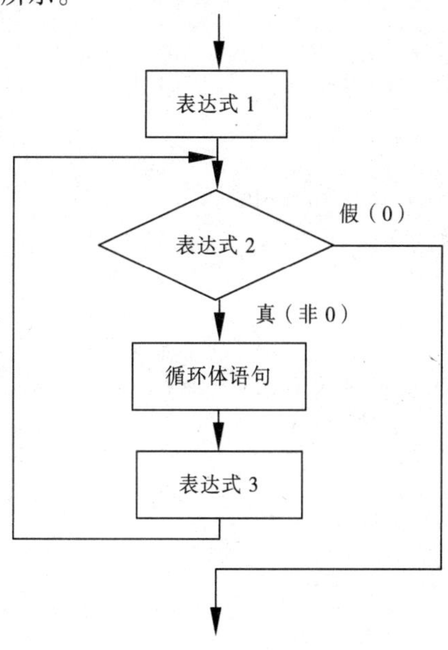

图 5.4　for 循环程序流程图

【例 5-8】计算 1+2+3+…+100 的值。

```
#include <stdio.h>
int main()
{
    int sum=0,i;       //累加变量sum、循环变量i
```

```
    for(i=1;i<=100;i++)
    {
        sum=sum+i;
    }
    printf("i=%d,sum=%d\n",i,sum);
}
```

程序运行结果：

```
i=101,sum=5050
```

此处应该注意的是 i=101，通过再次研究 for 语句的语义，能清楚地明白为什么循环语句结束了而 i 越过了循环的结束条件，即 i<=100。这也是在众多的读程序写结果考题中需要大家注意的地方。

【例 5-9】计算 20 的阶乘。

```
/*功能：for 构成的计数循环*/
#include <stdio.h>
int main()
{
    double sgm=1;           //用来累积结果，整型存储范围有限，故选用 double
    int i;                  //循环变量
    for(i=1;i<=20;i++)
    {
        sgm=sgm*i;
    }
    printf("i=%d,sgm=%f\n",i,sgm);
}
```

程序运行结果：

```
i=21,sgm=2432902008176640000.000000
```

【例 5-10】计算 1～20 阶乘的和。

```
#include <stdio.h>
int main()
{
    double sgm=1,sum=0; //用来累积、累加结果，整型存储范围有限，故选用 double
    int i;              //循环变量
    for(i=1;i<=20;i++)
    {
        sgm*=i;         //复合赋值符号
        sum+=sgm;
    }
    printf("i=%d,sgm=%f\n",i,sgm);
    printf("sum=%f\n",sum);
}
```

程序运行结果：

```
i=21,sgm=2432902008176640000.000
sum=2561327494111820300.000000
```

【例 5-11】求 n 个数的平均数，以及它们中最大者。

```
#include <stdio.h>
```

```
int main()
{
    double num,avg=0,max=0;      //定义 double 类型变量 num 用于接收用户的输入
    int i,n;                     //循环变量 i,输入数的个数 n
    puts("请输入要输入的数的个数:");
    scanf("%d",&n);
    printf("请输入 %d 个数:\n",n);
    for(i=0;i<n;i++)
    {
        scanf("%lf",&num);       //注意 double 类型格式化输入为%lf 不是 lf%
        if(num>max)
            max=num;
        avg+=num;                //暂时将 avg 用于累加和变量
    }
    avg/=n;       //avg=avg/n;
    printf("max=%f,avg=%f\n",max,avg);
}
```

程序运行结果：

```
请输入要输入的数的个数:
3↙
请输入 3 个数:
10 15 5↙
max=15.000000,avg=10.000000
```

【例 5-12】输出圆周率近似值。所用公式如下：

$$\pi\approx4\times(1-\frac{1}{3}+\frac{1}{5}-\frac{1}{7}+\cdots+\frac{1}{10001})$$

```
#include <stdio.h>
main()
{
    float pi=0;
    int i,f=-1;                  /*变量 f 用于控制正负号*/
    for(i=1;i<=10001;i=i+2)      /*由于分母是 1、3、5……故表达式 3 为 i=i+2 或 i++,i++
                                 表示执行一次 i 累加 2*/
    {
        f=-1*f;
        pi=pi+f*(1.0)/i;
    }
    printf("PI = %f ",pi*4);
    getch();                     //接收用的任何输入，起到屏幕暂停的效果
}
```

程序运行结果：

```
PI=3.141798
```

关于 for(表达式 1;表达式 2;表达式 3)语句的几点说明：

表达式 1、表达式 2、表达式 3 可任意省略，但各表达式间的分号“;”不能省略。

（1）省略表达式 1，须在 for 语句前面为循环变量赋初值，否则程序可能产生非预期的结果。

例如：

```
i=1;
for( ;i<=100;i++)
    sum+=i;
```

（2）省略表达式 2，相当于表达式 2 的值永远为真，从而造成死循环，因此在循环体语句中需要加入强制退出循环的语句 break。例如：

```
for(i=1; ;i++)
{
    if(i>100) break;
    sum+=i;
}
```

（3）省略表达式 3，在 for 循环体语句中需要对循环变量累加，否则容易造成死循环。例如：

```
for(i=1;i<=00; )
{
    sum+=i;
    i++;
}
```

（4）3 个表达式可以全部省略，但必须按照以上提示的几点进行改写，否则会造成死循环。例如：

```
i=1;
for( ; ; )
{
    if(i>100) break;
    sum+=i;
    i++;
}
```

5.3.2 while 构成的条件循环

while 构成的循环多用于语句的循环次数未知的场合。C 语言中 while 可构成当型和直到型两种循环控制结构：

while 构成的当型循环：

```
while(表达式 1){
  循环体语句
}
```

while 构成的直到型循环：

```
do{
    循环体语句
}while(表达式 1) ;
```

1. while 构成的当型循环

先计算表达式 1，当其值为假时，结束 while 循环，继续执行其后的语句；当其值为真（非0）时执行循环体语句，执行完循环体中的语句后再计算表达式 1 的值，重复以上过程。初学者经常会在 while(表达式)后面习惯性地带个分号“;”，导致 while 的循环体变为了空语句。当型循环控制结构见图 5-3。

【例 5-13】 计算 1+2+…+100=?

```
#include <stdio.h>
main()
{
```

```
    int i,sum=0;
    i=1;
    while(i<=100)
    {
        sum=sum+i;
        i++;
    }
    printf("1+2+...+100=%d\n",sum);
    getch();
}
```

程序运行结果：

```
1+2+...+100=5050
```

【例 5-14】 输入一行字符以回车符"\n"结束输入，分别统计出其中英文字母、空格、数字和其他字符的个数。

```
#include <stdio.h>
main()
{
    char c;
    int letters=0,space=0,digit=0,others=0;
    printf("Input chars :");
    scanf("%c",&c);
    while(c!='\n')  /*当 c 是回车时退出循环*/
    {
        if(c>='a'&&c<='z'||c>='A'&&c<='Z') /*if...else if 结构实现不同类型字符的统计*/
            letters++;
        else if (c==' ')  /*注意 c==' '中的一对单引号内有 1 个空格*/
            space++;
        else if (c>='0'&&c<='9')
            digit++;
        else
            others++;
        scanf("%c",&c);
    }
    printf("letters=%d,space=%d,digit=%d,others=%d\n",letters,space,digit,others);
    getch();
}
```

程序运行结果：

```
Input chars :abcd 12345 XYZ ><! ↙
letters=7,space=3,digit=5,others=3
```

2. while 构成的直到型循环

先执行循环体语句，再计算表达式 1 的值，当其值为真（非 0）时继续执行循环体语句，当其值为假时结束 while 循环，重复以上过程。直到型循环控制结构如图 5.5 所示。

注意： 在 while(表达式)后面一定有分号";"。

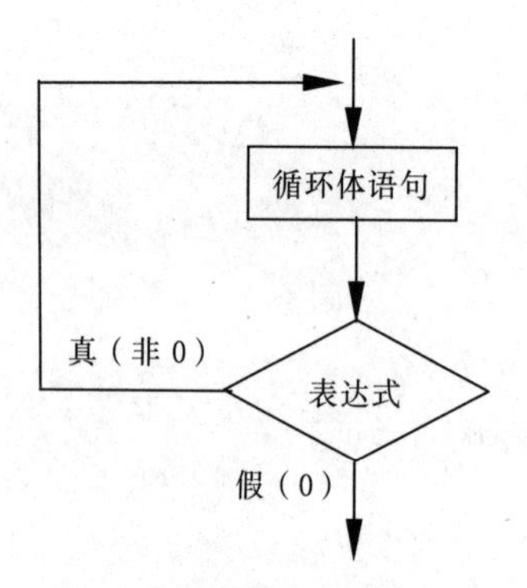

图 5-5　直到型循环控制结构

【例 5-15】输出圆周率近似值。所用公式如下：

$\pi \approx 4\times(1-\frac{1}{3}+\frac{1}{5}-\frac{1}{7}+\cdots+(-1)^{(n-1)}\times\frac{1}{1+2\times(n-1)}), n=1,2,3,\cdots$，计算直到余项的首项的值小于 10^{-6} 时的 PI 值。

```
#include <stdio.h>
#include <math.h>
main()
{
    float pi=0.0f,m=1.0f;
    float n=1.0f,f=-1.0f;    //变量 f 用于控制正负号
    do{
        pi=pi+m;
        n=n+2;
        m=f/n;
        f=-f;
    }while(fabs(m)>1.0e-6);
    printf("PI = %f,n=%f ",pi*4,n);
    getch(); //接收用的任何输入，起到屏幕暂停的效果
}
```

程序运行结果：

```
PI=3.141594,n=1000001.000000
```

经过 50 万次循环后，得到的 PI 值为 PI = 3.141594。

【例 5-16】求 $e^x=1+x+\frac{X^2}{2!}+\cdots+\frac{X^n}{n!}+\cdots$（麦克劳林公式）的部分和，直到余项的首项的值小于 1.0e–6。

```
#include <stdio.h>
#include <math.h>   //引入数学函数库，为了解正确使用 fabs()函数
main()
{
    float x,m=1.0f,s=0.0f;
    int n=1;
    puts("请输入 x:");
    scanf("%f",&x);
```

```
    do{
        s=s+m;                      //实现多项式中每一项的累加
        m=m*(x/n);                  //实现多项式的每一项
        n++;
    }while(fabs(m)>1.0e-6);
    printf("exp(%f)=%f ",x,s);
    getch();                        //接收用的任何输入，起到屏幕暂停的效果
}
```

程序运行结果：

```
请输入 x:
2.5 ↙
exp(2.500000)=12.182493
```

【例 5-17】由键盘输入一个整数 n，反序输出。例如，输入 3214665，则输出 5664123。

程序处理算法分析：

（1）使用取余运算 n%10，取出数 n 的最后一位直接输出。

（2）用数 n 除以 10 的商重新赋给 n（即 n=n/10），再判断这时的 n 是否为 0，如果不是 0 则重复从第一步（1）开始执行，直到(n=n/10)==0 结束循环。

```
#include <stdio.h>
main()
{
    long n;
    printf("请输入长整型 n: \n");
    scanf("%ld",&n);
    do
    {
        printf("%ld",n%10);
    }while(n/=10);    //while(n=n/10)
    getch();
}
```

【例 5-18】编程实现猜数游戏，先由计算机随机生成一个 1 ~ 100 之间的数让人猜，如果猜对了，在屏幕上输出此人猜了多少次猜对此数，以此来反映猜数者"猜"数水平，结束游戏；否则，计算机给出提示，告诉人所猜的数是太大还是太小，最多可以猜 10 次，如果猜了 10 次仍未猜中，给出失败提示，游戏结束。

分析：本题要完成的主要任务有如下几步：

（1）计算机随机产生一个 1 ~ 100 间的数，C 语言提供了随机函数 rand()，能产生 0 ~ 32 767 之间的随机数。可以用 rand()%100+1 来得到 1 ~ 100 间的任意数。

注意：使用此函数有的编译器需要在程序的开始处添加文件包含#include <stdlib.h>。

（2）用循环语句实现猜数功能，循环体内用 if 语句判断是否猜对，并对猜对与否给出相应处理。

```
#include <stdlib.h>  //由于要用到函数 rand()及 randomize()，故包含 stdlib.h 进来
#include <stdio.h>
#include <time.h>
main()
```

```
{
    int i, n, ran, right; /* i 用于统计猜数次数，ran 用于存放计算机随机产生的数，right
                            用于标识是否猜得正确，如正确为 1 否则为 0*/
    i=0;
    right=0;
    //randomize();      //用在 TC 编译器中，初始化随机数发生器，若没有此语句会使每次运
                          行时，rand()得到的随机值都一样，从而不能实现随机*/
    srand(time(NULL));//Vc++6.0 用 time 为轴作种子，否则每次产生的随机数都一样
    ran=rand()%100+1; //在上一条语句的基础上实现随机得到 1 个 1~100 之间的数
    do
    {
        printf("\n 您还有 %d 次机会，请输入您猜的数: ",10-i);
        scanf("%d",&n);
        if(n==ran)
            right=1;
        else if(n>ran)
            printf("\n%d 太大.\n",n);
        else
            printf("\n%d 太小.\n",n);
        i++;
    }while(right!=1&&i<10);  /*如没猜对且猜数次数没超过 10 次则重复进行猜数*/
    if(right==1)
        printf("\n 恭喜您，num=%d, 您在第 %d 次猜对了.",ran,i);
    else
        printf("\n 对不起，游戏结束了,num=%d.",ran);
    getch();
}
```

程序的某一次运行结果如下：

```
您还有 10 次机会，请输入您猜的数: 42↙
42 太大.
您还有 9 次机会，请输入您猜的数: 30↙
30 太大.
您还有 8 次机会，请输入您猜的数: 20↙
20 太小.
您还有 7 次机会，请输入您猜的数: 25↙
25 太大.
您还有 6 次机会，请输入您猜的数: 23↙
23 太大.
您还有 5 次机会，请输入您猜的数: 21↙
恭喜您，num=21, 您在第 6th 次猜对了.
```

5.4　循环中的 break 语句和 continue 语句

在第 5.2.4 节学习 switch 结构时学到了 break 语句，用于退出 switch 语句。在循环语句中如果想要在循环条件仍然满足的情况下提前退出当前循环也可以用 break 语句。

在循环语句的应用中，有时在某种特殊的情况下想结束某次循环而不是完全退出循环语句时可以使用 continue 语句来实现。以下就逐一介绍 break 语句与 continue 语句在循环语句中的应用。

5.4.1　break 语句

break 语句的格式：

```
break;
```

break 语句适用于学过的任何一种循环语句，一般放在循环体中的某个 if 语句的分支中，一旦执行到 break 语句则立即结束 break 所在的循环语句，也可以起到替代循环条件结束循环的作用。

【例 5-19】 求 10 以内能被 2 整除的数。

```
#include <stdio.h>
int main()
{
    int i;
    for(i=0; ;i++)
    {
        if(i>=10)break; /*执行到 break 语句则直接退出整个循环语句*/
        if(i%2==0)
            printf("%d ",i);
    }
    getch();
}
```

程序运行结果：

```
0 2 4 6 8
```

本例中，for 语句中如果没有 break 语句就成为死循环，break 语句起到了替代 for 语句中的条件语句的作用，据 for 语句的执行流程可得到本例的输出结果为 0 2 4 6 8。

【例 5-20】 从键盘任意输入一个正数 n，判断其是否为素数（因子只有 1 及其本身，其值大于 1 的自然数）。

程序处理算法分析：可用 2 ~ n–1 之间的各个自然数去除 n，如 n 能被某个数 i 整除则说明 n 除了 1 及其本身外还有其他的因子 i，故可断定 n 不是素数。如 2 ~ n–1 之间所有的数都不能整除 n，则可断定 n 是素数。经数学方法证明用于除 n 的数无须 2 ~ n–1 只要用 2 ~ $\sqrt{n}$ 之间的数去除即可。同时在 C 语言中有 sqrt()这个函数求一个数的平方根。

```
#include <math.h>   /*由于 sqrt()的定义在库头文件 math.h 中，因此要声明此文件包含*/
#include <stdio.h>
int main()
{
    int n,i,k;     //n 作为要输入的数，i 为循环变量，k 存放 n 的平方根
    printf("输入 n (n>=2): ");
    scanf("%d",&n);
    k=sqrt(n);    //把 n 的平方根存在 k 变量中
    for(i=2;i<=k;i++)
    {
        if(n%i==0)
            break;   //如 i 取某值时能整除 n，则提前结束 for 循环
    }
```

```
    if(i==k+1 && n>1)/*如i的值已累加到k+1，则说明for循环没有提前结束，同时判断n
                        的值是否大于1，如同时成立说明是素数*/
        printf("%d 是素数.",n);
    else
        printf("%d 不是素数.",n);
        puts("");
    getch();
}
```

程序运行结果：

```
输入 n (n>=2):13↙
13 是素数.
```

5.4.2 continue 语句

continue 语句格式：

```
continue;
```

continue 语句与 break 语句一样也适用于学过的任何一种循环语句，一般也放在循环体中的某个 if 语句的分支中，一旦执行到 continue 语句则立即结束本次循环进入下一次循环。continue 语句与 break 语句的作用不同，continue 语句是结束当前的一次循环，而 break 语句是结束整个循环。

【例 5-21】求 10 以内的奇数。

```
#include <stdio.h>
main()
{
    int i;
    for(i=0;i<10;i++)
    {
        if(i%2==0) continue;  /*如果i为偶数则执行continue语句，跳过其后的循环体
语句，直接去执行for语句的表达式3（即i++），继续下一次循环*/
        printf("%d ",i) ;
    }
    getch();
}
```

程序运行结果：

```
1 3 5 7 9
```

本例中，for 语句中如果没有 continue 语句则直接输出 0 2 4 6 8，而本题中的 if 语句使得当 i 能被 2 整除时则执行 continue 语句，而 continue 语句的作用是跳过循环体中它后面的其他语句直接开始下一次循环，所以能被 2 整除的数不被输出。故本例输出结果是 1 3 5 7 9。

【例 5-22】随机输入多个字符，直到按回车键结束，统计输入空格字符的次数。

参考源程序如下：

```
#include <stdio.h>
main()
{
    int count=0;
    char ch;
    printf("输入字符:");
```

```
    do{
        ch=getchar();
        if (ch!=' ') continue;//如果输入的字符不是空格则结束本次循环继续下一次循环
        count++;
    }while(ch!='\n');
    printf("输入的字符中空格的数量是 %d 个。\n",count);
    getch();
}
```

程序运行结果：

```
输入字符:aa bb 11 22↙
输入的字符中空格的数量是 3 个。
```

5.5　循环结构的嵌套

循环结构与分支结构一样也可能进行嵌套，所谓循环语句的嵌套就是把一个循环语句的整体嵌入到另一个循环语句的循环体中。

循环语句的嵌套可以有多重，一层循环语句外面包围一层循环称为双重循环，如包围二层循环称作三重循环，一个循环的外面包围三层或三层以上的循环称为多重循环。理论上循环结构的嵌套层数可以无限多，但实际应用中最好使嵌套的层次尽量少，因较多的层次会使程序的执行效率大大降低。

正常情况下：应先执行内层的循环体操作，然后是外层循环。例如，对于双重循环，内层循环被执行的次数应为：内层次数 × 外层次数。

三种循环语句 for、while、do...while 可以互相嵌套，自由组合。外层循环体中可以包含一个或多个内层循环结构，但要注意的是，各循环必须完整包含，相互之间绝对不允许有交叉现象。因此，每一层循环体都应该用“{}”括起来。以下的形式是不允许的：

```
for(; ;)
{  …
    do
    {  …
}
    }while();
```

在这个嵌套中 for 语句与 do...while 语句出现了交叉。以下的循环嵌套都是合法的：

1：

```
for(;;)
{
    …
    for( ; ; )
    {
        …
    }
}
```

2：

```
for(;;)
{
    …
    while()
    {
        …
    }
}
```

3：

```
for(;;)
{
    …
    do
    {
        …
    } while()
}
```

4:
```
while()
{
    …
    while()
    {
        …
    }
}
```
5:
```
while()
{
    …
    for(;;)
    {
        …
    }
}
```
6:
```
while()
{
    …
    do
    {
        …
    } while()
}
```
7:
```
do{
    …
    do
    {
        …
    }while()
}while()
```
8:
```
do{
    …
    for( ; ; )
    {
        …
    }
}while()
```
9:
```
do{
    …
    while()
    {
        …
    }
}while()
```

【例 5-23】在屏幕上输出九九乘法口诀表。

算法分析：分行与列考虑，可用 i 控制行，j 控制列，共 9 行，且每行的等式的个数与所在行的序数相同，即第 i 行就有 i 列个等式。

```
#include <stdio.h>
main()
{
    int i,j;
    for(i=1;i<=9;i++)           /*外层 for 循环控制口诀的行*/
    {
        for(j=1;j<=i;j++)       /*内层 for 循环控制输出口诀中某行的各列*/
        {
            printf("%d*%d=%d\t",j,i,i*j);  /*输出各等式*/
        }
        printf("\n");           /*每输出一行后加一个回车符*/
    }
    getch();
}
```

程序运行结果：

```
1*1=1
1*2=2  2*2=4
1*3=3  2*3=6   3*3=9
1*4=4  2*4=8   3*4=12  4*4=16
1*5=5  2*5=10  3*5=15  4*5=20  5*5=25
1*6=6  2*6=12  3*6=18  4*6=24  5*6=30  6*6=36
1*7=7  2*7=14  3*7=21  4*7=28  5*7=35  6*7=42  7*7=49
1*8=8  2*8=16  3*8=24  4*8=32  5*8=40  6*8=48  7*8=56  8*8=64
1*9=9  2*9=18  3*9=27  4*9=36  5*9=45  6*9=54  7*9=63  8*9=72  9*9=81
```

【例 5-24】在例 5–20 的基础上输出 1000 内所有的素数，要求每行输出 15 个数。

程序处理算法分析：在例5-20判断素数算法的基础上外面包围一个循环语句即可。

```
#include <math.h>
#include <stdio.h>
int main()
{
    int i,j,k,n=0;  /* i用于外层循环的循环变量，j用于内层循环的循环变量，k用于存放
                       sqrt(i)，n用于控制一行输出15个数的变量*/
    for(i=2;i<=1000;i++)       /*外层循环提供2~1000的数*/
    {
        k=sqrt(i);
        for(j=2;j<=k;j++)      /*内层循环对外层提供的数i进行是否是素数的判断*/
        {
            if(i%j==0)break;   /*注意此时的break只是退出内层循环(即
                                  for(j=2;j<=k;j++)这个循环)，而不是退出所有的循环*/
        }
        if(j==k+1)             /*当j累加到k+1时说明此时的数i为素数*/
        {
            printf("%5d",i);   /*以每个数占5个字符宽的方式输出i*/
            n++;               /*当输出一个素数时n累加1*/
            if(n%15==0)        /*当n累加到能被15整除时输出一个回车*/
                printf("\n");
        }
    }
    getch();
}
```

程序运行结果：

```
  2    3    5    7   11   13   17   19   23   29   31   37   41   43   47
 53   59   61   67   71   73   79   83   89   97  101  103  107  109  113
127  131  137  139  149  151  157  163  167  173  179  181  191  193  197
199  211  223  227  229  233  239  241  251  257  263  269  271  277  281
283  293  307  311  313  317  331  337  347  349  353  359  367  373  379
383  389  397  401  409  419  421  431  433  439  443  449  457  461  463
467  479  487  491  499  503  509  521  523  541  547  557  563  569  571
577  587  593  599  601  607  613  617  619  631  641  643  647  653  659
661  673  677  683  691  701  709  719  727  733  739  743  751  757  761
769  773  787  797  809  811  821  823  827  829  839  853  857  859  863
877  881  883  887  907  911  919  929  937  941  947  953  967  971  977
983  991  997
```

【例5-25】打印出如下图案（菱形）。

```
   *
  ***
 *****
*******
 *****
  ***
   *
```

程序处理算法分析：本例要正确输出每行的星号“*”与空格的数目，可先把图形分成两部分来看待，前四行一个规律（每行空格的数目分别是3、2、1、0，同时每行“*”的数目分别是1、3、5、7），后三行一个规律（每行空格的数目分别是1、2、3，同时每行“*”的数目分

别是 5、3、1），再分析前一部分（前四行）想办法用数学等式把每行的空格数与星号数与行的序号（假设为 i 且从 0 开始计数，则前四行行序数分别是第 0 行、第 1 行、第 2 行、第 3 行）联系起来，容易得出每行的空格数是 3–i，每行星号数是 2*i+1。最后分析后一部分（后三行）用数学等式把每行的空格数与星号数与行的序号（假设仍为 i 且也从 0 开始计数，则后三行的行序数分别是第 0 行、第 1 行、第 2 行）联系起来，容易得出每行的空格数是 i+1，每行星号数是 5–2*i。

利用双重 for 循环，外层控制行，内层控制列。

```
#include <stdio.h>
main()
{
    int i,j;
    for(i=0;i<=3;i++)          /*此 for 循环及其内部的两个 for 循环处理前四行的输出，
                                 i 作为行序号*/
    {
        for(j=0;j<3-i;j++)     /*此 for 循环实现输出前四行中每行的空格*/
            printf(" ");
        for(j=0;j<2*i+1;j++)   /*此 for 循环实现输出前四行中每行的星号*/
            printf("*");
        printf("\n");          /*每输出一定数量空格及星号后输出一个回车符*/
    }
    for(i=0;i<=2;i++)          /*此 for 循环及其内部的两个 for 循环处理后三行的输出，
                                 i 作为行序号*/
    {
        for(j=0;j<i+1;j++)     /*此 for 循环实现输出后三行中每行的空格*/
            printf(" ");
        for(j=0;j<5-2*i;j++)   /*此 for 循环实现输出后三行中每行的星号*/
            printf("*");
        printf("\n");          /*每输出一定数量空格及星号后输出一个回车符*/
    }
    getch();
}
```

程序运行结果：

```
   *
  ***
 *****
*******
 *****
  ***
   *
```

【例 5-26】编程实现猜数游戏，先由计算机随机生成一个 1～100 之间的数让人猜，如果人猜对了，在屏幕上输出此人猜了多少次猜对此数，以此来反映猜数者“猜”数水平，结束游戏；否则计算机给出提示，告诉人所猜的数是太大还是太小，最多可以猜 10 次，如果猜了 10 次仍未猜中，给出失败提示，则停止本次猜数，然后继续猜下一个数。每次运行程序可以反复猜多个数，直到操作者想停止时才结束。

算法分析：在例程 5–18 基础上再添加一个外层循环语句，就变得容易了。

```
#include <stdlib.h>  /*由于要用到函数rand()及randomize()故需要添加此声明*/
#include <stdio.h>
#include <time.h>
main()
{
    char ch;  /*新加的变量，要用户输入字符，如果输入的是“Y”或“y”则继续游戏，否则退
              出游戏*/
    int i, n, ran, right;
    do  /*添加的外层循环*/
    {
        i=0;
        right=0;
        //randomize();    /*Tc 编译器用此函数*/
        srand(time(NULL));/*Vc++6.0用time为轴作种子，否则每次产生的随机数都一样*/
        ran=rand()%100+1;
        do
        {
            printf("您还有 %d 次机会. 输入您猜的数: ",10-i);
            scanf("%d",&n);
            if(n==ran)
                right=1;
            else if(n>ran)
                printf("%d 太大.\n",n);
            else
                printf("%d 太小.\n",n);
            i++;
        }while(right!=1&&i<10);
        if(right==1)
            printf("\n恭喜您, num=%d, 您在第 %dth 次猜对了.",ran,i);
        else
            printf("\n很遗憾,猜数结束您没有猜对,num=%d.",ran);
        printf("\n您还想继续玩吗? (Y/N)? ");
        scanf(" %c",&ch);          /*输入字符给ch*/
    }while(ch=='y'||ch=='Y');     /*如ch值为y或Y则继续下次游戏*/
}
```

程序运行结果：

```
您还有 10 次机会. 输入您猜的数: 30
30 太小.
您还有 9 次机会. 输入您猜的数: 50
50 太小.
您还有 8 次机会. 输入您猜的数: 60
60 太小.
您还有 7 次机会. 输入您猜的数: 70
70 太小.
您还有 6 次机会. 输入您猜的数: 80
80 太小.
您还有 5 次机会. 输入您猜的数: 90
90 太小.
您还有 4 次机会. 输入您猜的数: 95
```

```
95 太大.
您还有 3 次机会. 输入您猜的数: 93
93 太大.
您还有 2 次机会. 输入您猜的数: 92
92 太大.
您还有 1 次机会. 输入您猜的数: 91

恭喜您, num = 91, 您在第 10th 次猜对了
您还想继续玩吗? (Y/N)? n
Press any key to continue:
```

5.6 goto 语句

goto 语句是一种跳转语句，可用于程序的任何地方。goto 语句的一般格式如下：

```
goto 语句标号;
```

其中，“语句标号”是一个合法的标识符。能用 goto 语句的前提是在同一个函数（可以是主函数，也可是其他函数）中某条语句前存在标号，语句标号的作用在于标识出其后语句的位置，其使用方法是在合法标识符后面加上一个冒号“:”。例如：

```
label:
    i=j+2;
```

以上程序片段中的 label 就是一个语句标号，其命名必须符合 C 语言标识符的命名规则。可用 goto 语句来跳转到 label 处。方法如下：

```
goto label;
```

此时程序遇到 goto 语句之后会无条件地跳到 label 所标识的语句“i=j+2;”处开始执行。

goto 语句的作用：

（1）与 if 语句合用可起到循环语句的作用。当然，在实际应用中能用学过的循环语句完成尽量不用 goto 语句，因程序中随意使用 goto 语句会使程序的可读性变差，流程变得混乱。

（2）跳出多重循环。break 只能退出 break 所在的循环语句，当循环语句多层嵌套时也只能一层层退出，而用 goto 语句实现较为方便，立竿见影一步到位。

【例 5-27】用 goto 语句实现 1+2+3+…+100 结果的输出。

```
#include <stdio.h>
main()
{
    int i=0,s=0;
    label:
    i++;
    s+=i;
    if(i<100)
        goto label;
    printf("1+2+3+…+100=%d",s);
    getch();
}
```

程序运行结果：

```
1+2+3+…+100=5050
```

【例 5-28】分析如下源程序，总结 goto 语句的作用。

```
#include <stdio.h>
main()
{
    int i=0,j=0;
    while(1)
    {
        while(1)
        {
            while(1)
            {
                while(1)
                {
                    printf("test");
                    goto label;
                }
            }
        }
    }
label:
    printf("\n Exit while");
}
getch();
}
```

程序运行结果：

```
test
Exit while
```

本例是由四重永真（条件始终为“真”）循环嵌套而成，如果不用 goto 语句则需要 4 个 break 语句才能退出这个嵌套循环，而用 goto 语句则简洁得多。

小　　结

三种基本的程序流程控制结构分别为：顺序结构、选择控制结构和循环控制结构。break 关键字可用于 switch 多分支选择控制结构和循环控制结构中，而 continue 只用于循环控制结构中；switch 多分支选择控制结构中，break 语句的位置比较灵活，特别要注意不带 break 的 default 语句组，可能导致意想不到的问题，建议养成良好的编程习惯，将 break 语句作为最后一条语句组；for(表达式 1;表达式 2;表达式 3)循环中，先执行表达式 1，然后判断表达式 2 的值，如为真（非 0）则执行循环体语句，再执行表达式 3，如表达式 2 的值为假（为 0）则退出 for 循环，执行循环体语句的后续语句；省略表达式 2，相当于表达式 2 的值永远为真，从而造成死循环，因此在循环体语句中需要加入强制退出循环的语句 break；for 循环通常用于已知道具体的循环次数的循环中，while 构成的循环多用于语句的循环次数未知但知道循环结束条件的场合；while 循环和 do...while 分别为当型循环和直到型循环；break 语句用于循环语句中，一般放在循环体中的某个 if 语句的分支中，一旦执行到 break 语句则立即结束 break 所在的那个循环语句；continue 语句用于循环语句中，一般也放在循环体中的某个 if 语句的分支中，一旦执行到 continue

语句则立即结束本次循环进入下一次循环；三种循环结构是可以相互嵌套的；goto语句会破坏程序的结构，使用时要格外小心，但某些情况能够使程序更加简洁高效。

习　题

选择题

1. 下列程序的输出结果是（　　）。

```
#include<stdio.h>
main( )
{
    int p[8]={11,12,13,14,15,16,17,18},i=0,j=0;
    while(i+ +<7)
       if(p[i]%2)
           j+ =p[i];
    printf("%d\n",j);
}
```

A. 42　　B. 45　　C. 56　　D. 60

2. 有下列程序段:

```
int n,t=1,s=0;
scanf("%d",&n);
do{
    s=s+t;
    t=t-2;
    }while(t! =n);
```

为使此程序段不陷入死循环，从键盘输入的数据应该是（　　）。

A. 任意正奇数　　B. 任意负偶数　　C. 任意正偶数　　D. 任意负奇数

3. 有下列程序段:

```
#include<stdio.h>
main( )
{
    int k=5,n=0;
    while(k>0)
    {
        switch(k)
        {
            default:break;
            case 1: n+=k;
            case 2:
            case 3: n+=k;
        }
        k--;
    }
    printf("%d\n",n);
}
```

程序运行后的输出结果是（　　）。

A. 0　　B. 4　　C. 6　　D. 7

4. 若有定义：float x=1.5; int a=1，b=3，c=2;，则正确的 switch 语句是（　　）。

A.
```
switch(x)
{
    case 1.0:printf("*\ n");
    case 2.0:printf("**\ n");
}
```
B.
```
switch((int)x);
{
    case 1:printf("*\n");
    case 2:printf("**\n");
}
```
C.
```
switch(a+b)
{
    case 1:printf("*\n");
    case 2+1:printf("** \n");
}
```
D.
```
switch(a+b)
{
    case 1:printf("* \n");
    case c:printf("** \n");
}
```

5. 要求通过 while 循环不断读入字符，当读入字母 N 时结束循环。若变量已正确定义，下列正确的程序段是（　　）。

A. while((ch=getchar( ))!='N') printf("%c",ch);

B. while(ch=getchar( )!='N') printf("%c",ch);

C. while(ch=getchar( )=='N') printf("%c",ch);

D. while((ch=getchar( ))=='N') printf("%c",ch);

6. 下列叙述中正确的是（　　）。

A. break 语句只能用于 switch 语句

B. 在 switch 语句中必须使用 default

C. break 语句必须与 switch 语句中的 case 配对使用

D. 在 switch 语句中，不一定使用 break 语句

7. 有下列程序：

```
#include <stdio.h>
main( )
{
    int k=5;
    while(--k) printf("%d",k-=3);
    printf("\n");
}
```

程序运行后的输出结果是（　　）。

A. 1　　B. 2　　C. 4　　D. 死循环

8. 有下列程序：

```
#include <stdio.h>
main( )
{
    int i;
    for(i=1;i<=40;i++)
    {
        if(i++%5==0)
            if(++i%8==0)
                printf("%d",i);
    }
```

```
    printf("\n");
}
```

程序运行后的输出结果是（　　）。

A. 5　　B. 24　　C. 32　　D. 40

9. 下列叙述中正确的是（　　）。

A. break语句只能用于switch语句体中

B. continue语句的作用是使程序的执行流程跳出包含它的所有循环

C. break语句只能用在循环体内和switch语句体内

D. 在循环体内使用break语句和continue语句的作用相同

10. 有下列程序：

```
#include <stdio.h>
main( )
{
    int k=5,n=0;
    do{
        switch(k)
        {
            case 1:
            case 3:
                n+=1;k--;break;
            default:
                n=0;k--;
            case 2:
            case 4:
                n+=2;k--;break;
        }
        printf("%d",n);
    }while(k>0 && n<5);
}
```

程序运行后的输出结果是（　　）。

A. 235　　B. 0235　　C. 02356　　D. 2356

11. 有下列程序：

```
#include <stdio.h>
main( )
{
    int i,j;
    for(i=1;i<4;i++)
    {
        for(j=i;j<4;j++)
            printf("%d*%d=%d ",i,j,i*j);
        printf("\n");
    }
}
```

程序运行后的输出结果是（　　）。

A. 1*1=1 1*2=2 1*3=3
   2*1=2 2*2=4
   3*1=3

B. 1*1=1 1*2=2 1*3=3
   2*2=4 2*3=6
   3*3=9

C. 1*1=1
   1*2=2 2*2=4
   1*3=3 2*3=6 3*3=9

D. 1*1=1
   2*1=2 2*2=4
   3*1=3 3*2=6 3*3=9

12. 有下列程序：

```
#include <stdio.h>
main( )
{
   int i,j,m=55;
   for(i=1;i<=3;i++)
      for(j=3;j<=i;j++)
        m=m%j;
   printf("%d\n",m);
}
```

程序的运行结果是（　　）。

A. 0　　B. 1　　C. 2　　D. 3

13. 下列程序运行后的输出结果是________。

```
#include <stdio.h>
main( )
{
   char c1,c2;
   for(c1='0',c2='9';c1<c2;c1++,c2--)
       printf("%c%c",c1,c2);
   printf("\n");
}
```

14.下列程序的输出结果是__________。

```
#include <stdio.h>
main( )
{
   int i;
   for(i='a';i<'f';i++,i++)
       printf("%c",i-'a'+'A');
   printf("\n");
}
```

第6章 数组

课件

数组

从键盘输入30名学生的数学成绩，并求数学成绩的平均分、最高分与最低分。根据前面章节已学习的知识，只能定义30个变量，分别存储每名学生的成绩并分别进行处理。其他的处理过程先不谈，仅定义30个变量而言就像噩梦一般。C语言中提供了“数组”这种构造类型，可以比较方便地解决以上数据存储任务。

实际上，几乎所有的高级程序设计语言都提供了数组类型。数组是用来存储相同类型元素的集合，集合的名称就是数组的名称，集合中的元素有编号，称为数组的下标。编译器为数组预留一块连续的内存空间，用于存储数组中各元素，使用数组名称和下标访问各个元素。

6.1 一维数组

一维数组的定义语法如下：

```
数据类型 数组名称[数组长度]
```

数据类型是C语言中任何一种基本数据类型或构造数据类型。数组名是用户定义的标识符。方括号中的“数组长度”是一个常量表达式，表示数组存储单元的个数。

注意： 数组长度只能是常量。

数组的空间分配属于静态分配，长度不能在程序运行时发生变化。例如：

```
char name[20];          //定义字符型数组name，有20个元素
int num[5];             //定义整型数组 num，有5个元素
float a[10],b[20];      /*定义单精度浮点型数组a，有10个元素；单精度浮点型数组b，
                          有20个元素*/
```

定义数组时应注意以下几点：

（1）数组的数据类型定义的是每个数组元素的取值类型。对于一个数组来说，所有数组元素的数据类型都是相同的。

（2）数组名要符合标识符定义的书写规则，也就是与普通变量命名规则一样。

（3）在C语言的某个函数中，数组名不能与本函数中的其他变量名同名，也就是说，同一个函数中不能有两个相同的标识符。

（4）方括号中表示的是数组长度。数组长度不能是变量，也不能是包含变量的表达式，可以是常量或常量表达式。常量表达式的结果必须是整型数，不能是小数，例如，int a[5.5]是错误的。

（5）允许用同一种数据类型定义多个数组和多个变量。

例如，“int score1[100],score2[100],i;”语句定义了两个整型数组 score1 和 score2 以及一个整型变量 i。

6.1.1　一维数组的引用

数组单元的引用方法：数组名和用方括号括起来的整数。用方括号括起来的整数是数组下标，数组下标从 0 开始，最大不能超过“数组长度-1”。

引用数组单元的一般形式如下：

数组名[下标]

数组下标可以是整型变量或整型表达式，但不能是浮点型的变量或浮点型表达式；并且下标最大不能超过“数组长度-1”，因为超过部分没有被定义，不能正确使用。编译器对超过数组长度的引用不进行检查，需要程序设计人员自己控制。

如果有定义“int num[6];”，数组 num 的 6 个元素的引用方式是 num[0]、num[1]、num[2]，num[3]、num[4]和 num [5]。这 6 个空间在内存中是连续的，在图 6.1 中，假设起始地址是 0x1000000C。这里假设地址空间是从小到大分配的。

内存地址			
	0x1000000C	num[0]	?
	0x10000010	num[1]	?
	0x10000014	num[2]	?
	0x10000018	num[3]	?
	0x1000001C	num[4]	?
	0x10000020	num[5]	?

图 6.1　数组 num 的存储结构

因为 int 数据类型占 4 字节，每个数组元素占 4 字节。num[0]表示一个数组单元，num[5]也表示一个数组单元。数组存储单元可以看作是一个普通变量，其存取方式与普通变量没有区别。s[0]、s[i]和 s[i+j]等都是合法的引用方式，当然，i 和 j 都应该为整型数。

6.1.2　一维数组的初始化

定义数组后数组并没有被初始化，与普通变量一样，它的值是个未知数。因此，在图 6-1 中用“?”表示其值未知。

数组初始化是在数组定义时就给数组各元素赋予初值，今后要修改数组的值只能逐个元素引用并为各元素赋新值。为数组元素赋值的方式与为普通变量赋值方式相同，一般可用赋值语句，或输入函数。例如：“num[1]=1;”和“scanf("%d",&num[i]);”。

一维数组初始化的一般形式如下：

数据类型名 数组名[数组长度]={数值，数值，...，数值}；

例如，使用语句“int num[6]={1,2,3,4,5,6};”定义以后，存储图如图 6.2 所示。

对数组的初始化需要注意以下几点：

（1）允许初始化一部分元素，而不是全部。

当大括号中数值的个数少于数组单元的个数时，编译系统只对前面的数组单元按照给定数值初始化，而其余项初始化为0。

"int num[6]={1,2};"只初始化了num[0]和num[1]两个单元，num[2]~num[4]的值均为0。

内存地址			
	0x1000000C	num[0]	1
	0x10000010	num[1]	2
	0x10000014	num[2]	3
	0x10000018	num[3]	4
	0x1000001C	num[4]	5
	0x10000020	num[5]	6

图6.2　数组num初始化后在内存中的表示

语句"int num[6]={0};"是定义具有6个单元的数组num，并将每个单元的值初始化为0。

（2）初始化数组时，允许省略数组的长度。

如果在定义数组时，给定了初始化的值，则可以省略数组长度的书写，编译系统自动计算初始化值的个数，并将这个数设置为数组长度来分配空间。

"int num[]={1,2,3,4,5,6};"与"int num[6]={1,2,3,4,5,6};"两条语句是完全等价的。

（3）初始化数组时，以下方法是错误的。

"int num[6]=1;"并不意味着把num数组的6个单元都初始化为1了，这是一条错误的语句。

【例6-1】输入不超过30个学生的成绩，求成绩的平均分、最高分和最低分。

```
#include <stdio.h>
#define STUNUM 30
int main( )
{
    float scores[STUNUM]={0.0f};
    float max=0.0f,min=0.0f,avg=0.0f;
    int i=0,j;
    printf("输入不超过 %d 个学生的成绩,输入-1 结束输入\n",STUNUM);
    do
    {
        scanf("%f",&scores[i++]);
    }while(scores[i-1]!=-1);                //输入-1 结束

    min=scores[0];
    for(j=0;j<i-1;j++)
    {
        avg+=scores[j];                      //成绩累计
        if(scores[j]>max)
            max=scores[j];
        if(scores[j]<min)
            min=scores[j];
        printf("scores[%d]=%5.2f ",j,scores[j]);
        if ((j+1)%4==0) printf("\n");       //每 4 个元素换行一次
    }
```

```
    printf("\n 平均成绩 avg=%f,最高分 max=%f,最低分 min=%f",avg/(i-1),max,min);
    puts("");
    getch();
}
```

程序运行结果：

```
输入不超过 30 个学生的成绩,输入-1 结束输入
85 98   78  95  89  75  -1↙
scores[0]=85.00 scores[1]=98.00 scores[2]=78.00 scores[3]=95.00
scores[4]=89.00 scores[5]=75.00
平均成绩 avg=86.666667,最高分 max=98.000000,最低分 min=75.000000
```

【例 6-2】 Fibonacci（斐波那契）数列定义如下：$F(0)=0$，$F(1)=1$，$F(n)=F(n-1)+F(n-2)$（$n\geqslant 2$，$n\in N^*$），用数组方式解决 Fibonacci 数列问题，求出 Fibonacci 数列的前 20 项存储在数组中，并将数组内容输出。

```
#include <stdio.h>
int  main()
{
    int i,fib[20]={1,1};                //初始化
    printf("\n");
    for(i=2;i<20;i++)                   //循环 18 次
        fib[i]=fib[i-1]+fib[i-2];       //产生数组的每个元素值
    for(i=1;i<=20;i++)                  //循环 20 次,输出数列内容
    {
        printf("%-10d",fib[i-1]);       /*输出数组元素的内容,%-10d 固定长度 10 数字
                                          靠左对齐*/
        if(i%5==0) printf("\n");        //换行，每行输出 5 个
    }
    return 0;
}
```

6.1.3　数组的越界危险

数组在内存中拥有一块连续有限的存储空间，越界访问将可能出现严重的后果。

越界访问有可能把数据放到已经存储了重要数据的内存单元，也就是改写了本来不许改写的数据，如果这个数据是系统的重要内容，有可能导致系统运行紊乱甚至是崩溃。当然，如果这个数据并不重要，那么越界访问的后果就不明显或者是没有影响，但不要进行这种冒险的操作。避免数组越界的办法是对数组的下标严格监测，随时注意下标是否越界。用指针访问数组时随时注意指针的指向是否已超过数组下标的最大值。

【例 6-3】 变量、数组内存分配以及数组越界示例。

```
#include <stdio.h>
int main( )
{
    int i, a[5];
    for(i=1; i<=5; ++i)
    {
          a[i]=0;
          printf("a[%d]=%d",i,a[i]);
```

```
    }
    return 0;
}
```

由于数组 a 只有 5 个元素，它们分在 a[0], a[1],..., a[4], 该程序非法使用了 a[5], 结果导致了该程序死循环。原因：编译器按照内存地址递减的方式依次给变量分配内存，导致&a[5] == &i 即 a[5]的内存地址和 i 的内存地址实为同一个地址，从而当 i = 5 时，执行 a[i] = 0, 因为 a[5]又和 i 共用一块内存，即 i == a[5], 所以相当于令 i = 0，导致了死循环。

为了更清楚地了解内存分配，请看以下的例子。

【例 6-4】变量、数组内存分配情况。

```
#include <stdio.h>
int main()
{
    int i,j,a[5]={0};           //定义变量与数组
    printf("&i=%X\n",&i);     //变量 i 的地址
    printf("&j=%X\n",&j);     //变量 j 的地址
    printf("&a=%X\n",&a);     //数组起始地址
    for(i=5; i>=0; i--)
    {
        a[i]=0;
          printf("&a[%d]=%X\n",i,&a[i]);
    }
    printf("&a[%d]=%X\n",i,&a[i]);
    return 0;
}
```

程序运行结果：

```
&i=18FF44
&j=18FF40
&a=18FF2C
&a[5]=18FF40
&a[4]=18FF3C
&a[3]=18FF38
&a[2]=18FF34
&a[1]=18FF30
&a[0]=18FF2C
&a[-1]=18FF28
```

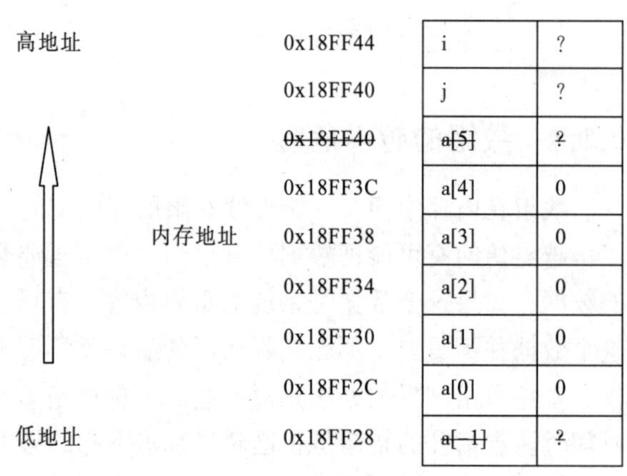

图 6.3 程序中变量内存分配

由程序运行结果可以看出，系统为程序中各个变量内存的分配是依据变量定义的先后顺序，向内存地址递减方向进行的。数组 a 的起始地址与数组元素 a[0]的地址相同，变量 j 的地址与数组越界元素 a[5]的地址相同，如图 6.3 所示。

实际上，C 语言中局部变量的变量、数组的定义都在一个称为栈的连续内存空间上定义的，栈有着先进后出的特点。还应该注意的是，栈的大小是有限制的，如果要定义大数组可能导致栈的溢出，因此不能在函数中定义太大的数组，不同的编译器对最大数组的定义有不同的限制。如果要定义大的数组，请定义在函数之外，即定义公共数组。

```
main()
{
int data[1024*1024*512];      //定义了寻址范围超过 2 GB（即 1024*1024*512*4）大小的
                              //数组，超过了栈的大小，导致栈溢出
}
```

如果真要定义如此大的数组，请将数组 data 定义在 main()函数之外。

```
int data[1024*1024*512];
main()
{
    ...
}
```

C 程序内存区域分配，详见附录 A。

6.2 二维数组

如果一维数组的数组单元不是一个变量，而是另一个一维数组，就构成了二维数组。图 6.4 所示的 e_score 是一个一维数组，它的每个数组单元是一个变量，分别是 e_score[0]、e_score[1]、e_score[2]、e_score[3]、e_score[4]。而 stu_score 的每个数组单元不是一个变量，而是一个有 3 个数组单元的一维数组，这就构成了二维数组。

二维数组 stu_score 也有 5 个数组单元，分别是 stu_score[0]、stu_score[1]、stu_score[2]、stu_score[3]、stu_score[4]，但是 stu_score[0]到 stu_score[4]都不是一个变量，每个 stu_score[i] 都是一个一维数组。stu_score[0]有 3 个变量，分别用 stu_score[0][0]、stu_score[0][1]、stu_score[0][2]表示；stu_score[1]也有 3 个变量，分别用 stu_score[1][0]、stu_score[1][1]、stu_score[1][2]表示；依此类推，stu_score[i]也有 3 个变量，分别用 stu_score[i][0]、stu_score[i][1]、stu_score[i][2]表示。

图 6.4 中的 stu_score 有 5 个数组单元，每个数组单元又有 3 个元素，称 stu_score 是一个 5×3 的二维数组，该二维数组行的个数是 5，列的个数是 3。

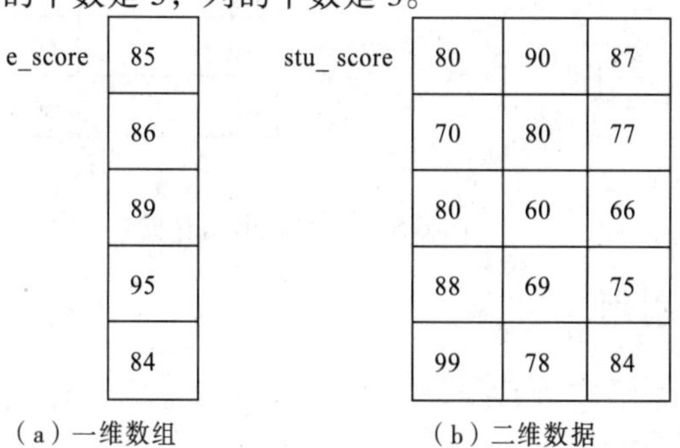

（a）一维数组　　（b）二维数据

图 6.4 数组

6.2.1 二维数组的定义

定义二维数组的语法如下：

```
数据类型名    数组名[行数][列数];
```

数据类型名是C语言提供的任何一种基本数据类型或构造数据类型。数组名是用户定义的标识符。方括号中的行数和列数都是一个常量表达式，它表示了二维数组的行的个数和列的个数。与一维数组一样，二维数组的行数还是列数都只能是常量或常量表达式。例如：

```
int data[5][3];           //说明整型数组a，有5行3列共15个整型变量
float b[10][20];          //说明单精度浮点型数组b，有10行20列共200个单精度浮点型变量
char string[20][50];      //说明字符型数组string，有20行50列共1000个字符型变量
```

定义二维数组的注意事项与一维数组类似。

二维数组在概念上是二维的，可以认为是数组的数组，二维数组的下标在行和列两个方向变化。但是，计算机的内存是连续编址的，也就是说存储器单元是按一维线性排列的。那么如何按照地址的顺序存放二维数组呢？一般有两种方式来存储二维数组：第一种称为按行排列，方法是先存储完第一行（行下标为 0）中的每个元素，再存放下一行的每个元素；第二种称为按列排列，方法是先存储完第一列（列下标为0）中的每个元素，再存放下一列的每个元素。C语言的编译系统采用按行排列。

二维数组 stu_score 在内存中的存储情况如图 6.5 所示。先存储的是 stu_score[0]的 3 个元素，其次是 stu_score[1]、stu_score[2]……stu_score[0]代表的是 3 个整型变量，其值实际上是这 3 个连续的整型变量的首地址。

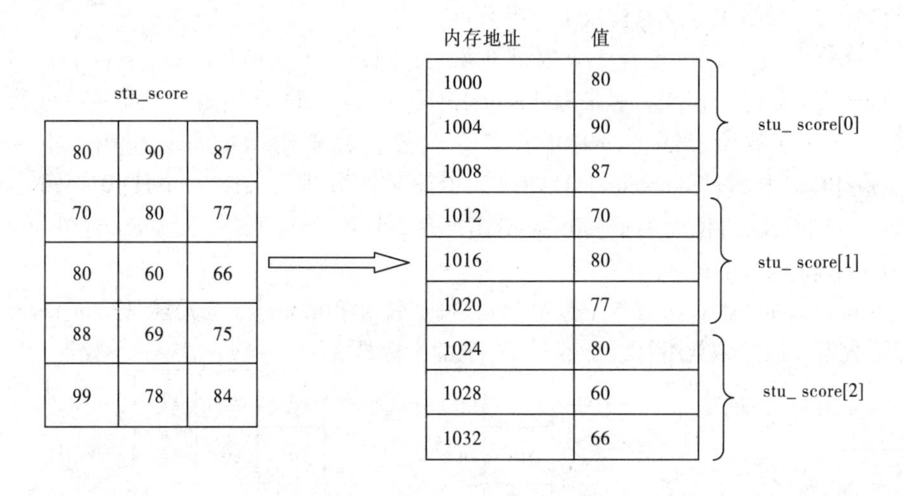

图 6.5 二维数组的存储

6.2.2 二维数组的引用

引用二维数组的一般形式如下：

数组名[行下标][列下标]

数组下标可以是整型变量或整型表达式，但不能是浮点型的变量或浮点型表达式；并且行下标不能大于[行数-1]，列下标不能大于[列数-1]。

如果有定义“int stu_score[5][3];”，stu_score[0][0]、stu_score[1][2]和 stu_score[3][1]都是正确的引用方式，但是 stu_score[3][3]是不正确的，因为其列下标超出了定义的范围。

注意： stu_score[i]代表的是 3 个整型变量，其内容是 3 个整型变量的首地址。因此，

stu_score[i]不能放在赋值符号的左边。当然，像一维数组一样，stu_score 代表整个二维数组，其内容是整个数组的首地址，也不能将二维数组的数组名放在赋值符号的左边。

对于二维数组的每个元素，可以将其看作普通变量进行操作。

语句“stu_score[0][2]= stu_score[0][0]*0.3+ stu_score[0][1]*0.7;”表示将 score 数组行下标为 0、列下标也为 0 的元素乘以 0.3，与 stu_score 数组行下标为 0、列下标为 1 的元素乘以 0.7 的和赋值给 stu_score 数组行下标为 0、列下标 2 的元素。

操作二维数组的常规方法是使用双重循环，用外层循环控制二维数组行下标的变化，用内层循环控制数组列下标的变化，程序将按行操作数组的每个元素。例如：

```
for(i=0;i<5;i++)
    for(j=0;j<3;j++)
        stu_score[i][j]=0;
```

上述程序将数组的每个元素清零。

6.2.3　二维数组的初始化

二维数组初始化的一般形式：

```
数据类型名 数组名[行数][列数]={{数值，数值，...，数值}，{数值，数值，...，数值}…};
```

或者

```
数据类型名 数组名[行数][列数]={数值，数值，...，数值};
```

上面的第一种方法是按行分段初始化，即在外面的大括号里再嵌套大括号，里面的每个大括号分别为每行元素初始化，第二种方法则是按行连续初始化，不用加内嵌的大括号。

这两种方法有时没有区别，有时区别却很大。

对于数组 a[3][2]，如果按行分段初始化应写为：

```
int a[3][2]={{5,6},{7,8},{9,10}};        //按行分段初始化
```

按行连续初始化应写为：

```
int a[3][2]={5,6,7,8,9,10};              //按行连续初始化
```

则上面两种初始化的结果是完全相同的。

但是，若按行分段初始化写为：

```
int a[3][2]={{5},{7},{9}};               //按行分段初始化
```

按行连续初始化写为：

```
int a[3][2]={5,7,9};                     //按行连续初始化
```

则结果却完全不一样。

“int a[3][2]={{5},{7},{9}};”只对每行的一部分元素进行了初始化，a[0][0]、a[1][0]和 a[2][0]的值被分别初始化为 5、7 和 9，其他元素自动取 0；“int a[3][2]= {5,7,9};”是对整个二维数组前 3 个值进行了初始化，a[0][0]、a[0][1]和 a[1][0]的值被分别初始化为 5、7 和 9，其他元素值为 0。

另外，对于二维数组的全部元素进行初始化，则行数可以省略，编译系统会自动计算出行数，但是绝对不能省略列数。

可以将“int a[3][2]={4,5,6,7,8,9};”写为“int a[][2]={4,5,6,7,8,9};”，但是绝对不能写为“int a[3][]={4,5,6,7,8,9};”，请读者思考原因（提示：考虑存储方式）。

6.2.4 程序举例

使用二维数组存储数据，使人们很容易地联想到数学上的矩阵运算。矩阵的加、减、乘、转置等运算都可以方便地实现。

【例 6-5】将用二维数组 a 表示的矩阵转置存入 b 中，输出 a 和 b。

```
#include <stdio.h>
int main()
{
    int i,j,b[2][3];
    int a[3][2]={{1,2},{3,4},{5,6}};        //初始化
    for(i=0;i<2;i++)                        //转置
    {
        for(j=0;j<3;j++)
        {
            b[i][j]=a[j][i];
        }
    }
    printf("\n matrix a \n");
    for(i=0;i<3;i++)                        //输出数组 a
    {
        for(j=0;j<2;j++)
            printf("%5d",a[i][j]);
        printf("\n");                       //每输出一行换行
    }
    printf("\n matrix b \n");
    for(i=0;i<2;i++)                        //输出数组 b
    {
        for(j=0;j<3;j++)
            printf("%5d",b[i][j]);
        printf("\n");                       //每输出一行换行
    }
    return 0;
}
```

程序运行结果：

```
 matrix a
    1    2
    3    4
    5    6
 matrix b
    1    3    5
    2    4    6
```

【例 6-6】输入 100 个学生的“C 程序设计”课程的期中和期末成绩，算出总评成绩，总评成绩为“30%×期中成绩+70%×期末成绩”，计算总评成绩的分数段情况，要求用一个二维数组存储期中成绩、期末成绩和总评成绩。

本题将使用二维数组存储学生的期中成绩、期末成绩和总评成绩。score[0][0]、score[0][1]和 score[0][2]存储的是一个学生的期中成绩、期末成绩和总评成绩，而 score[1][0]、score[1][1]和

score[1][2]存储的是另一个学生的期中成绩、期末成绩和总评成绩，依此类推。

```
#include <stdio.h>
#define SIZE 10
int main()
{
    int i,j,flag,s;
    int grade[6]={0};    //用于存储各成绩分段的学生人数
    int score[SIZE][3];
    double temp;
    i=0;
    while(i<SIZE)
    {
        printf("\n请分别输入学生的期中、期末成绩:");
        flag=1;
        while(flag)       //重复读入两个成绩，读到正确的为止
        {
            scanf("%d%d",&score[i][0], &score[i][1]);
            if(score[i][0]<=100&&score[i][0]>=0&&score[i][1]<=
100&&score[i][1]>=0)
                flag=0;
            else
                printf("\n\007成绩数据错误!请重新输入:");
        }
        temp=.3*score[i][0]+.7*score[i][1]; //计算总评成绩
        score[i][2]=(int)temp;   //存入数组中
        i++;
    }
    for(i=0;i<SIZE;i++)          //将总评成绩分段（按照 5 分制）
    {
        s=score[i][2]/10;
        switch(s)
        {
            case 0:
            case 1:
            case 2:
            case 3:
            case 4:
            case 5: grade[2]=grade[2]+1;break;
            case 6:
            case 7: grade[3]=grade[3]+1;break;
            case 8: grade[4]=grade[4]+1;break;
            case 9:
            case 10:grade[5]=grade[5]+1;break;
        }
    }
    printf("期中、期末、总评成绩输入:\n");
    for(i=0;i<SIZE;i++)          //输出期中、期末和总评成绩
    {
        for(j=0;j<3;j++)
```

```
            printf("%4d",score[i][j]);
        printf("\n");
    }
    for(i=2;i<6;i++)      //输出成绩分组情况
        printf("\n共有 %d 位学生在 %d 分段",grade[i],i);
    return 0;
}
```

6.3 字符数组与字符串

在前面的程序中经常使用字符串常量，例如，语句“printf("Hello");”中，用双引号括起来的若干个字符就是一个字符串常量。字符串常量总是以'\0'作为字符串的结束符。"Hello"存储时占6个字节，而不是5个，因为'\0'还占了一个字节空间。用数组存储字符串也不例外，也需要'\0'作为字符串的结束符。

6.3.1 字符数组

C 语言中没有字符串这种数据类型，字符串的存储使用字符数组来实现。字符数组就是数据类型为字符型的数组。例如，char stu_name[20];。

【例 6-7】编写程序，以$符号为终止符号，表示终止接收一组字符，并逆序输出这组字符。只要将该组字符存入字符数组，由数组存储输入的字符序列，就能将其逆序输出。

```
#include "stdio.h"
int main()
{
    char c[80];                                 //定义字符数组
    int i;
    puts("请输入字符串以 $结束:");
    for(i=0;(c[i]=getchar())!='$';i++);         //读入一组字符
    for(i--; i>=0;i--)                          //从最后一个字符开始逆序输出
        putchar(c[i]);
    return 0;
}
```

程序运行时，若输入

```
korwten$
```

则输出

```
network
```

说明：第一个 for 循环用于读入一组字符，其循环体为空，表达式2中有输入函数 getchar()，'$'字符将存放在数组中；第二个 for 循环用于从最后一个字符开始逆向输出这组字符，第一个 for 循环结束时，i 的值是'$'字符的在数组中的下标，由于'$'字符不需要输出，所以在第二个 for 循环的表达式1处先做了 i--，这样就可以从输入的最后一个字符开始逆序输出。因为每一个汉字的编码中有两个字节，反向输出后就改变了区位的顺序，导致汉字的输出为乱码。大家不妨思考后，再运行程序进行实验。

6.3.2　使用字符串常量初始化字符数组

从数据类型的角度看，C 语言中并不包含真正意义上的字符串。在形式上，还是定义一个字符数组，只不过存储的数据是带有字符串结束符'\0'的一组字符。有了'\0'标志以后，在处理字符数据时，就不必再用数组的长度来控制对字符数组的操作，而是用'\0'来判断字符串的结束位置。这是使用字符数组存放字符串与其他类型的数组在操作上的根本区别。

字符数组的初始化可以这样写：

```
char str[10]={'H', 'e', 'l', 'l', 'o'};
char str[]={'H', 'e', 'l', 'l', 'o'};
```

在使用字符数组存放字符串时，可以用字符串常量对其进行初始化。例如：

```
char str[]={"Hello"};
```

通常简写为：

```
char str[]="Hello";
```

用上面两种方式初始化 str 以后，str 字符数组所占的内存空间是 6 字节，最后一个字节是字符串结束标志'\0'。数组 str 在内存中的实际情况是：

H	e	l	l	o	\0

字符串结束标志'\0'是由 C 编译系统自动加上的。由于采用了'\0'标志，使用字符串常量进行初始化时一般不必指定数组的长度，由系统自行处理。而字符数组名称 str 的实际值是该字符数组的首地址，但千万不能写成：

```
char str[10];          //数组的名称是一个静态常量
str="Hello";           //不能把一个字符串常量赋值给另一个常量
```

因为数组名 str 是一个静态常量，代表了数组的首地址，其值不可改变。“Hello”字符串常量存储在程序的子字常量区，也有它自己的地址。

6.3.3　对字符数组进行输入/输出操作

使用字符数组存放字符串时，可以使用两对输入/输出函数对字符数组进行操作，一对是常用的 printf()函数和 scanf()函数，另一对是 puts()函数和 gets()函数。

（1）使用 printf()函数输出字符串和使 scanf()函数输入字符串时，要使用格式控制符“%s”。

【例 6-8】 使用 printf()函数和 scanf()函数的示例。

```
#include "stdio.h"
int main()
{
    char str[100];            //定义字符数组
    scanf("%s",str);          //接收字符串
    printf("%s",str);         //使用转换字符序列%s 输出字符串
    return 0;
}
```

程序运行结果：

若输入

```
You are welcom↙
```

输出为

```
You
```

注意：“printf("%s",str);”语句在执行时，系统从 str 指向的地址开始，逐个输出字符，

到'\0'结束，并且不输出'\0'。str 是数组名，而不是数组的某个元素，若使用语句“printf("%s",str[0]);”则是错误的。

“scanf("%s",str);”语句在执行时，系统会将用户从键盘输入的字符逐个存入内存，位置从 str 指定的单元开始，并自动在最后加上'\0'结束符。str 是存放多个字符的数组的名称，不要加地址符&，因为数组名称 str 本身就是地址。

有读者可能会问：You 后的字符为何没有输出呢？因为 You 后的内容并没有被接收到 str 字符数组中，在标准化输入中，空格、Tab、回车表示下一个输入域开始，前一个输入域结束，You are welcome 有 3 个输入域。除了%c，scanf()函数的其他的输入格式控制符都会以空格、Tab、回车来区分不同的输入域。要完整地接收含有空格、Tab、回车的字符串请使用 gets()函数。

（2）puts()是字符串输出函数，其调用格式为：

```
puts (字符数组);
```

函数功能：把字符数组的内容（一定要有'\0'结束符）显示在屏幕上。

【例 6-9】使用 puts()字符串输出函数。

```
#include "stdio.h"
int main()
{
    char str[]="Hello";
    puts(str);
    return 0;
}
```

程序运行结果：

```
Hello
```

puts()函数在输出时自动将'\0'转换成'\n'，完成换行工作。

（3）gets()是字符串输入函数，其调用格式为：

```
gets (字符数组);
```

函数功能：从标准输入设备键盘上输入一个字符串。

【例 6-10】使用 gets()字符串输入函数。

```
#include "stdio.h"
int main()
{
   char str[100];                    //定义一个字符数组
   gets(str);                        //从键盘接收一行字符
   puts(str);                        //输出一行字符
   return 0;
}
```

程序运行结果：

若输入

```
Welcome  you↙
```

则输出

```
Welcome  you
```

注意：使用 gets()函数接收字符串时，并不以空格、Tab 作为字符串输入结束的标志，而只以回车作为输入结束的标志。因此，Welcome you 被全部接收了，这与 scanf()函数是不同的。

【例 6-11】接收一个人名（英文）字符输出其存储内容（使用字符串）。

```
#include "stdio.h"
#include "string.h"
int bin_no_recursion(char name);
int main()
{
    char name[20];                          //数组定义：定义一个存储 20 个字符的数组
    int bin,i;                              //定义变量
    printf("请输入你的名字:");              //提示用户输入一个字符串
    gets(name);                             //接收一个字符串
    i=0;
    printf("在计算机里的存储是");
    while( name[i]!='\0')
    {
        bin=bin_no_recursion(name[i]);      //调用函数
        printf("\n 二进制 %d.",bin);        //输出结果
        i++;
    }
    return 0;
}
int bin_no_recursion(char name)             //因为字符类型使用 Ascii 码存储，与整型通用
{
    int i,k,bin;                            //定义变量
    i=1;                                    //赋初值
    k=1;
    bin=0;
    while(name!=0)                          //整数不为 0 进行循环
    {
        bin=bin+name%2*k;                   //将二进制的最低位累加到中 bin
        name=name/2;                        //整数除以 2
        k=k*10;
        i++;
    }
    return bin;
}
```

程序运行结果：

```
请输入你的名字:Jack↙
在计算机里的存储是
二进制 1001010.
二进制 1100001.
二进制 1100011.
二进制 1101011.
```

根据学过的计算机编码知识，如果输入的是汉字，结果将可能是什么呢？

6.3.4　字符串函数

C 语言提供了对字符串处理的函数，通过调用这些函数可以大大减轻编程者的负担。有一点要注意：调用字符串函数之前，要使用预处理指令#include "string.h"将 string.h 头文件包含进来。

下面将介绍最常用的字符串函数的调用方式。同时，还编写与系统函数功能完全相同的自定义函数，目的是加深读者对字符串函数功能的理解，同时提高编程能力。

1. 字符串连接函数 strcat()

其调用格式为：

```
strcat (字符数组 1, 字符串 2)
```

函数功能：将字符串 2 串连接到字符数组 1 中字符串的后面，并删去字符数组 1 中的字符串结束符'\0'。strcat 的返回值是字符数组 1 的首地址。

【例 6-12】 字符串连接函数的使用。

```
#include "stdio.h"
#include"string.h"
int main()
{
    char str1[30]="I love ";                 //定义字符数组 1
    char str2[10]= "my school";              //定义字符数组 2
    strcat(str1,str2);                       //调用系统提供的字符串连接函数
    puts(str1);                              //输出连接以后的结果
    return 0;
}
```

程序运行结果：

```
I love my school
```

注意： 字符数组 1 应定义足够的长度，以便能装入连接以后的字符串。

为了读者能更好地理解字符串函数的功能，并提高编写程序的能力，下面自定义一个 strcat_t()函数，实现与系统函数 strcat()同样的功能。

【例 6-13】 自定义字符串连接函数。

```
#include "stdio.h"
void strcat_t(char str1[],char str2[]) //自定义的字符串连接函数
{
    int i=0,j=0;
    while(str1[i]!='\0')                     //找到第一个字符串结束符的位置
        i++;
    while(str2[j]!='\0')                     //将第二个字符串连接到第一个字符串的后面
    {
      str1[i]=str2[j];
      i++;j++;
    }
    str1[i]='\0';                            //在第一个字符串的后面加上结束符
}
int main()
{
    char str1[30]="I love ";                 //定义字符数组 1,并且要足够大
    char str2[10]="my school";               //定义字符数组 2
    strcat_t(str1,str2);                     //调用自定义的字符串连接函数
    puts(str1);                              //输出连接以后的结果
```

```
    return 0;
}
```

程序运行结果：

```
I love my school
```

注意：两个字符串连接时要注意将第一个字符串的结束符用第二个字符串的第一个字符覆盖掉，否则，等于没有连接上；另外，连接结束时要在整个字符串的后面加上结束符标志'\0'。

2．字符串复制函数 strcpy()

其调用格式为：

```
strcpy (字符数组 1，字符串 2)
```

函数功能：将字符串 2 复制到字符数组 1 中。字符串结束符'\0'也一起复制。字符串 2 既可以是字符串常量，也可以是字符数组表示的字符串。

【例 6-14】使用函数 strcpy()将一个字符串的内容复制到另一个字符串中。

```
#include "stdio.h"
#include "string.h"
int main()
{
    char str1[30]="I love ";                //定义字符数组 1
    char str2[10]= "my school";             //定义字符数组 2
    strcpy(str1,str2);                      //调用系统提供的字符串复制函数
    puts(str1);                             //输出复制以后的结果
    return 0;
}
```

程序运行结果：

```
my school
```

strcpy()函数要求字符数组 1 有足够的长度，以便能装入要复制的字符串。

下面自定义一个函数，实现系统提供的 strcpy()同样功能。

【例 6-15】自定义字符串复制函数。

```
#include "stdio.h"
#include"string.h"
void strcpy_t(char str1[],char str2[]) //自定义的字符串复制函数
{
    int i=0;                            //下标从 0 开始
    while(str2[i]!='\0')                //str2[i]不是字符串终止符
    {
        str1[i]=str2[i];                //复制
        i++;
    }
    str1[i]='\0';                       //加字符串终止符号
}
int main()
{
    char str1[30]="I am ";              //定义字符数组 1
    char str2[10]= "a student";         //定义字符数组 2
```

```
    strcpy_t(str1,str2);                    //调用自定义的字符串复制函数
    puts(str1);                             //输出复制以后的结果
    return 0;
}
```

3. 字符串比较函数strcmp()

其调用格式为：

strcmp(字符串1，字符串2)

函数功能：按照ASCII码顺序比较两个数组中的字符串，并由函数返回值返回比较结果。

若字符串1=字符串2，返回值为0；

若字符串1>字符串2，返回值为一正整数；

若字符串1<字符串2，返回值为一负整数。

字符串1和字符串2既可以是字符串常量，也可以是存储在字符数组中的字符串。

【例6-16】使用函数strcmp()比较两个字符串的大小。

```
#include "stdio.h"
#include "string.h"
int main()
{
    char str1[10]="Student";                //定义字符数组1
    char str2[10]="student";                //定义字符数组2
    char str3[10]="studentA";               //定义字符数组3
    char str4[10]="student";                //定义字符数组4
    printf("%d %d\n",strcmp(str1,str2),strcmp(str2,str3));
    printf("%d %d\n",strcmp(str3,str4),strcmp(str2,str4));
                                            //调用系统提供的字符串比较函数
    return 0;
}
```

程序运行结果：

```
 -1  -1
  1  0
```

由于'S'的ASCII值小于's'的ASCII值，因此字符串"Student"小于"student"，strcmp()函数返回-1。

"student"比"studentA"少一个字符'A'，字符串"student"小于"studentA"，strcmp()函数返回-1。

"studentA"比"student"多一个字符'A'，字符串"studentA"大于"student"，strcmp()函数返回1。

"student"与"student"相等，strcmp函数返回0。

【例6-17】自定义函数比较两个字符串的大小。

```
#include "stdio.h"
int strcmp_t(char str1[],char str2[])   //自定义的字符串比较函数
{
    int flag=0;                         //flag初值为0，假设两个字符串相等
    int i=0;                            //下标从0开始
    while(str1[i]!= '\0'|| str2[i]!= '\0')  //两个字符串均没有结束时
    {
        if(str1[i]>str2[i])             //字符串1的当前字符大于字符串2的当前字符
        {
```

```
            flag=1;         //flag 赋为 1,字符串 1 大于字符串 2 并跳出循环
            break;
        }
         else if(str1[i]<str2[i])     //字符串 1 的当前字符小于字符串 2 的当前字符
         {
            flag=-1;  //flag 赋为-1,字符串 1 小于字符串 2 并跳出循环
            break;
        }
        i++;
    }
    if(flag==0)          //如果循环结束时 flag 的值仍为 0,说明已比较过的字符都相等，而
                         //某个字符串已结束
    {
        if(str1[i]!='\0')                //如果 str1[i]不是结束符
            flag=1;                      //则 str1 大， flag 赋为 1
         else if(str2[i]!='\0')          //否则如果 str2[i]不是结束符
            flag=-1;                     //则 str2 大， flag 赋为-1
    }
    return flag;
}
int main()
{
    char str1[10]= "Student";        //定义字符数组 1
    char str2[10]= "student";        //定义字符数组 2
    char str3[10]= "studentA";       //定义字符数组 3
    char str4[10]= "student";        //定义字符数组 4
    printf("%d %d\n",strcmp_t(str1,str2),strcmp_t(str2,str3));
    printf("%d %d\n",strcmp_t(str3,str4),strcmp_t(str2,str4));
                                     //调用自定义的字符串比较函数
    return 0;
}
```

程序运行结果：

```
 -1  -1
  1  0
```

4. 求字符串长度函数 strlen()

其调用格式为：

```
strlen(字符串)
```

函数功能：计算字符串的实际长度(不含字符串结束标志'\0')，并将计算结果作为函数值返回。字符串既可以是字符串常量，也可以是字符数组存储的字符串。

【例 6-18】使用函数 strlen()计算字符串的长度并输出。

```
#include "stdio.h"
#include "string.h"
int main()
{
    char str[]="student";
    printf("字符串长度是: %d\n",strlen(str));
```

```
    return 0;
}
```

程序运行结果：

```
字符串长度是: 7
```

求字符串长度的方法比较简单，因此求字符串长度的自定义函数请读者自己编写。

6.4 典型错误及典型例题

【例 6-19】数组名与变量名重名。

```
#include "stdio.h"
int main()
{
    int i;
    float score[5]={98,100,99,67,100};
    int score;
    for(i=0;i<5;i++)
    {
       if(score[i]==100)
          score++;
    }
    printf("100 分的有%d 个",score);
    return 0;
}
```

该程序有两个致命的错误。

第一：score 已经作为数组的名字，就不能再被命名为普通变量了。

第二：计数的整型变量初值必须设置为 0。

正确的程序如下：

```
#include "stdio.h"
int main()
{
    int i;
    float score[5]={98,100,99,67,100};
    int sum=0;
    for(i=0;i<5;i++)
    {
       if(score[i]==100)
         sum++;
    }
    printf("100 分的有%d 个\n",sum);
    return 0;
}
```

【例 6-20】表示数组长度的表达式是变量或者是小数。

```
#include "stdio.h"
int main()
{
    int i,n=5;
```

```
    int a[5.5]={98,100,99,67,100};  //错误
    int b[n];                        //错误
    for(i=0;i<5;i++)
    {
        b[i]=a[i];
    }
    for(i=0;i<5;i++)
    {
        printf("%d ",b[i]);
    }
    return 0;
}
```

C 编译规定：在定义数组时，方括号中表示数组长度的表达式不能是变量，也不能是包含变量的表达式，可以是常量或常量表达式，而且常量表达式应该是整型数，不能是小数。例如，a 数组的长度是 5.5 显然是错误的。

另外，由于 n 是变量，n 中的值 5 是在程序的执行过程中才被赋值的，编译不能为数组 b 事先分配 5 个元素。

正确的程序如下：

```
#include "stdio.h"
#define n 5
int main()
{
    int i;
    int a[]={98,100,99,67,100};
    int b[n];
    for(i=0;i<5;i++)
    {
        b[i]=a[i];
    }
    for(i=0;i<5;i++)
    {
        printf("%d ",b[i]);
    }
    return 0;
}
```

【例 6-21】一次引用整个整型数组。

```
#include "stdio.h"
int main()
{
    int a[]={97,98,99,100,0};
    printf("%d ",a);
    return 0;
}
```

本程序是能够通过编译的，但是，程序并不能输出整型数组的每个元素值，而只是输出了数组的首地址。

注意：下列程序是完全正确的。

```
#include "stdio.h"
int main()
{
    char a[]={97,98,99,100,0};
    printf("%s\n",a);
    return 0;
}
```

程序运行结果：

```
abcd
```

因为 97～100 对应的是字符 a～d 的 ASCII 值，相当于 a 数组的前 4 个单元存储的是字符'a'、'b'、'c'和'd'，而最后一个单元存储的是 0，刚好是字符串终止符，所以用%s 输出的是整个字符串。

【例 6-22】下面的程序是否正确？执行的结果可能是什么？

```
#include "stdio.h"
int main()
{
    int i;
    float price[3]={1},sum=0;
    for(i=0;i<5;i++)                    //数组越界
    {
        sum=sum+price[i];
    }
    printf("Sum is %f\n",sum);
    return 0;
}
```

尽管该程序能通过编译，但这是一个不正确的程序，因为“float price[3]={1}”只定义了 3 个空间，price[3]和 price[4]是不能正确使用的。运行的结果将是一个不定值。

【例 6-23】判断下面程序的运行结果。

```
#include "stdio.h"
int main()
{
    int i,j,a[2][2];                    //定义
    for(i=0;i<2;i++)                    //行下标从 0 增加到 2
        for(j=0;j<2;j++)                //列下标从 0 增加到 2
            a[i][j]=i+j;                //给相应数组元素赋值
    for(i=0;i<2;i++)                    //行下标从 0 增加到 2
    {
        for(j=0;j<2;j++)                //列下标从 0 增加到 1
            printf(" %10d",a[i][j]);    //输出数组元素
        printf("\n");                   //每输出一行换行
    }
    return 0;
}
```

程序中的第一个双重循环为数组的每个元素赋值，外循环 i 为 0 时，内循环 j 从 0 到 1 变化，而外循环 i 变为 1 时，内循环 j 又从 0 到 1 变化，这表示行下标为 0 时，列下标从 0 变到 1，行下标为 1 时，列下标从 0 变到 1，依此类推，可以为每个数组元素赋值。

```
for(i=0;i<2;i++)
```

```
    for(j=0;j<2;j++)
        a[i][j]=i+j;
```

计算 a[i][j]的值，可以通过下表来计算：

i	j	a[i][j]
0	0	0
0	1	1
1	0	1
1	1	2
2	0	2
2	1	3

程序运行结果：

```
0   1
1   2
2   3
```

【例 6-24】 请分析下面程序的运行结果。

```
#include "stdio.h"
int main()
{
    char str[10]={'H', 'e', 'l', 'l', 'o', '!','\0', '!'};
    printf("%s\n",str);
    return 0;
}
```

程序运行结果：

```
Hello!
```

注意：本例中 str 不是用字符串常量初始化的，但是也包含了字符串结束符'\0'。因此输出时，字符串的结尾只有一个叹号，第二个叹号已经在'\0'之后，不会被输出。

【例 6-25】 有以下程序：

```
#include "stdio.h"
int main()
{
    char s[]={"012xy"};
    int i,n=0;
    for(i=0;s[i]!=0;i++)
        if(s[i]>='a'&&s[i]<='z')
            n++;
    printf("%d\n",n);
    return 0;
}
```

程序运行结果是（　　）。

A. 0　　　　B. 2　　　　C. 3　　　　D. 5

答案：B。

for 循环从字符串的第一个字符开始判断字符是否为小写字母。如果是小写字母，计数器 n 加 1。字符串 s 中有 2 个小写字母，结果输出 2。

【例 6-26】有以下程序，分析程序的输出结果。

```
#include "stdio.h"
int main()
{
    int a[]={2,3,5,4},i;
    for(i=0;i<4;i++)
        switch(i%2)
        {
            case 0:
                switch(a[i]%2)
                {
                    case 0: a[i]++;break;
                    case 1: a[i]--;
                }
                break;
                case 1: a[i]=0;
        }
    for(i=0;i<4;i++)
        printf("%d ",a[i]);
    printf("\n");
    return 0;
}
```

程序运行结果是（　　）。

A. 3 3 4 4　　　B. 2 0 5 0　　　C. 3 0 4 0　　　D. 0 3 0 4

答案：C。

本题目的考察重点是数组和 switch...case 语句。循环第 1 次 i=0，外层的 switch 语句 i%2 的结果是 0，内层的 switch 语句计算 a[0] %2=2%2=0，执行 a[0]++，则 a[0]的结果变为 3；循环第 2 次 i=1，外层的 switch 语句 i%2 的结果是 1，执行 a[i]=0，也就是 a[1]的结果变为 0；循环第 3 次 i=2，外层的 switch 语句 i%2 的结果是 0，内层的 switch 语句计算 a[i] %2=a[2] %2=5%2=1，a[2]应该做--，结果为 5-1 为 4；循环第 4 次 i=3，外层的 switch 语句 i%2 的结果是 1，执行 a[i]=0，也就是 a[3]的结果变为 0。因此答案是 3 0 4 0。

【例 6-27】有以下程序，分析程序的输出结果。

```
#include "stdio.h"
#include "string.h"
int main()
{
    char a[10]= "abcd";
    printf("%d,%d\n",strlen(a),sizeof(a));
    return 0;
}
```

程序运行结果是（　　）。

A. 7,4　　　B. 4,10　　　C. 8,8　　　D. 10,10

答案：B。

本题比较简单，考察的是 strlen()函数和运算符 sizeof()，字符串"abcd"的长度为 4，a 数组分配的长度是10。

【例6-28】有以下程序，分析程序的输出结果。

```
#include "stdio.h"
int main()
{
    char a[20]= "How are you? ",b[20];
    scanf("%s",b);
    printf("%s %s\n",a,b);
    return 0;
}
```

程序运行时从键盘输入 How are you?↙

则输出结果为（　　　）。

答案：How are you? How

本题考察的是字符串输入/输出的格式问题。语句“scanf("%s",b);”接收输入时，只接收了How，后面的并没有接收到b中，因为以%s控制输入格式的使用是以空格为接收终止的标记，How后面有一个空格。

小　　结

数组是用来存储相同类型元素的集合，数组名是一个常量，代表了数组的首地址，数组定义中数组的长度只能是常量；C语言中数组元素的下标从0开始；数组中的每一个元素可以当作一个普通变量使用；C语言对数组的越界使用并没有进行检测，需要程序设计人员自行控制，否则很可能导致程序崩溃；操作二维数组的常规方法是使用双重循环，用外层循环控制二维数组行下标的变化，用内层循环控制数组列下标的变化，程序将按行操作数组的每个元素；对于二维数组的全部元素进行初始化，则行数可以省略，编译系统会自动计算出行数，但是绝对不能省略列数；C语言中没有字符串数据类型，字符串使用字符数组来存储。字符数组就是一个数据类型是字符型的数组；字符串存储时所需的存储空间是字符串长度加1；要完整地接收含有空格、Tab、回车的字符串请使用gets()函数，而不应该使用scanf()函数。

习　　题

一、选择题

1. 下列能正确定义一维数组的选项是（　　）。

   A. int a[5]={0,1,2,3,4,5};　　B. char a[ ]={0,1,2,3,4,5};

   C. char a={'A', 'B', 'C'};　　D. int a[5]="0123";

2. 以下错误的定义语句是（　　）。

   A. int x[ ][3]={{0},{1},{1,2,3}};

   B. int x[4][3]={{1,2,3},{1,2,3},{1,2,3},{1,2,3}};

   C. int x[4][ ]={{1,2,3},{1,2,3},{1,2,3},{1,2,3}};

   D. int x[ ][3]={1,2,3,4};

3. 有以下定义语句，编译时会出现编译错误的是（　　）。

A. char a='a';　　B. char a='\n';　　C. char a='aa';　　D. char a='\x2d';

4. 已有定义：char a[ ]="xyz",b[ ]={'x', 'y', 'z'};，下列叙述中正确的是（　　）。

A. 数组 a 和 b 的长度相同　　B. a 数组长度小于 b 数组长度

C. a 数组长度大于 b 数组长度　　D. 上述说法都不对

5. 若有定义：int a[2][3];，以下选项中对 a 数组元素正确引用的是（　　）。

A. a[2][!1]　　B. a[2][3]

C. a [0][3]　　D. a[1>2][!1]

6. 下列叙述中错误的是（　　）。

A. 对于 double 类型数组，不可以直接用数组名对数组进行整体输入或输出

B. 数组名代表的是数组所占存储区的首地址，其值不可改变

C. 在程序执行中，数组元素的下标超出所定义的下标范围时，系统将给出“下标越界”的出错信息

D. 可以通过赋初值的方式确定数组元素的个数

7. 下列关于字符串的叙述中正确的是（　　）。

A. C语言中有字符串类型的常量和变量

B. 两个字符串中的字符个数相同时才能进行字符串大小的比较

C. 可以用关系运算符对字符串的大小进行比较

D. 空串一定比空格开头的字符串小

8. 若要求从键盘读入含有空格字符的字符串，应使用函数（　　）。

A. getc( )　　B. gets( )　　C. getchar( )　　D. scanf( )

9. 有以下程序

```
# include <stdio.h>
main()
{
    int a[ ]={2, 3, 5, 4}, i;
    for(i=0;i<4;i++)
    switch(i%2)
    {
        case 0:  switch(a[i]%2)
                 {
                     case 0: a[i]++;break;
                     case 1: a[i]--;
                 }break;
        case 1:  a[i]=0;
    }
    for(i=0;i<4;i++)
        printf("%d",a[i]);
    printf("\n");
}
```

程序运行结果是（　　）。

A. 3344　　B. 2050　　C. 3040　　D. 0304

10. 有下列程序:

```
# include <stdio.h>
main( )
{
    int a[4][4]={{1,4,3,2},{8,6,5,7},{3,7,2,5},{4,8,6,1}},i,j,k,t;
    for(i=0;i<4;i++)
        for(j=0;j<3;j++)
            for(k=j+1;k<4;k++)
                if(a[j][i]>a[k][i])
                { t=a[j][i];a[j][i]=a[k][i];a[k][i]=t;} /*按列排序*/
    for(i=0;i<4;i++)
        printf("%d,",a[i][i]);
}
```

程序运行结果是(　　)。

A. 1,6,5,7,　　B. 8,7,3,1,　　C. 4,7,5,2,　　D. 1,6,2,1,

11. 有下列程序:

```
#include <string.h>
#include <stdio.h>
main( )
{
   char p[20]={'a', 'b', 'c', 'd'}, q[ ]="abc", r[ ]="abcde";
   strcpy(p+strlen(q), r);
   strcat(p, q);
   printf("%d %d\n", sizeof(p), strlen(p));
}
```

程序运行结果是(　　)。

A. 20 9　　B. 9 9　　C. 20 11　　D. 11 11

二、填空题

1. 下列程序的功能是：求出数组 x 中各相邻两个元素的和依次存放到 a 数组中，然后输出。请填空。

```
#include <stdio.h>
main( )
{
    int x[10],a[9],i;
    for(i=0; i<10; i++)
        scanf("%d",&x[i]);
    for(_______; i<10; i++ )
        a[i-1]=x[i]+_______;
    for(i=0; i<9; i++)
        printf("%d ",a[i]);
    printf("");
}
```

2. 下列程序的功能是输出如下形式的方阵:

```
13 14 15 16
9 10 11 12
5 6 7 8
1 2 3 4
```

请填空。

```
#include <stdio.h>
main( )
{
    int i,j,x;
    for(j=4;_____;j--)
    {
        for(i=1;i<=4;i++)
        {
            x=(j-1)*4+______;
            printf("%4d",x);
        }
        printf("\n");
    }
}
```

3. 以下程序按下面指定的数据给 x 数组的下三角置数，并按如下形式输出，请填空。

```
4
3 7
2 6 9
1 5 8 10
#include <stdio.h>
main()
{
    int x[4][4],n=0,i,j;
    for(j=0;j<4;j++)
        for(i=3;i>=j;______)
        {
            n++;
            x[i][j]=______;
        }
    for(i=0;i<4;i++)
    {
        for(j=0;j<=i;j++)
            printf("%3d",x[i][j]);
        printf("\n");
    }
}
```

4. 下列程序统计从终端输入的字符中各大写字母的个数，如 num [0] 中统计字母 A 的个数，num[1]中统计字母 B 的个数，其他依此类推。用#号结束输入，请填空。

```
#include <stdio.h>
#include <ctype.h>
main( )
{
    int num[26]={0},i;
    char c;
    while((___________)!='#')
        if(isupper(c))
            num[c-'A']+=______;
    for(i=0;i<26;i++)
        printf("%c:%d\n",i+'A',num[i]);
}
```

第7章 模块化与函数

在编写程序时，完成某一功能的一段代码在很多地方要多次用到。此时，可使用复制、粘贴功能，将此段代码重复地出现在程序的多个地方，虽然完成了处理任务，但这样做的弊端很明显：一是费时费力；二是万一该段代码某处要修改则需要修改多个地方。此外，对于大型程序来说，由一个程序员来完成全部的任务几乎是不可能的。因此，需要将程序按照功能分解成不同的模块，由不同的程序员来完成。

课件

模块化与函数

编写C语言程序实际上主要就是编写各种各样的函数。在结构化程序设计中，一个大程序可划分为若干个具有不同功能的模块，每个模块由一个或多个函数组成，模块之间的通信和模块内部功能就靠函数调用来实现。每个模块可单独存储在一个文件中，单独编译后生成*.obj。函数对于构建程序并不是必需的，但却是非常重要的，它极大地增强了代码的模块性，使程序更易于开发和维护。

7.1 函数的定义与调用

7.1.1 函数的定义

C语言中函数定义的语法如下：

```
返回值类型 函数名称(形参1类型 形参1,形参2类型 形参2,…)
{
    函数体
}
```

函数名称与形参名称都要符合C语言变量的命名规则，应该为函数起个有意义的名称，以见其名知其意方便使用。函数后面的( )是函数定义与声明的一部分，即使没有形参也不能省略。函数作为某一种数据处理或实现某种功能的独立体通常都有明确的返回值，如求 n! 运算的函数，返回 n 的阶乘的结果。函数也可以没有返回值仅仅实现某个功能，如打印出自定义格式的系统错误提示消息，对没有返回值的函数其返回值类型明确定义为 void。与C语言不同的是，其他某些编程语言把有返回值的函数称为函数，把没有返回值的函数称为过程，并使用明确关键字 function、procedure、sub 等定义。

定义一个函数前首先要明确该函数要完成什么功能，其次需要哪些输入参数，即形参类型和个数，最后它返回什么类型的值。例如完成 n! 的函数定义如下：

```
long factorial(int n)    //要求：形参n>0,为了能返回较大的结果，返回值定义为长整型
{
    int  i;long s=1;
    if (n>=1)
    {
       for(i=1;i<=n;i++)
       {
         s=s*i;
       }
    }
    return s;              //使用return将要返回的值返回
}
```

7.1.2 函数的调用与 return 语句

函数定义好之后，在需要的地方就可以调用它，以完成相应数据处理任务或实现某个功能。C 语言中函数调用的语句如下：

```
函数名称(参数1,参数2,...);
```

【例 7-1】函数调用示例。

```
#include"stdio.h"
int main( )
{
    int n;
    long s;
    printf("请输入n>0,n=-1退出! \n");
    printf("n== -1");
    scanf("%d",&n);              //接收用户的输入值存入变量n中,注意取地址运算符&
    while(1)                     //无限循环，直到用户输入-1结束
    {
        if(n==-1) break;         //接收整个循环
        else
            s=factorial(n);     //调用函数factorial()，用变量s接收函数的返回值
        printf("%ld!=%d\n",n,s);
        scanf("%d",&n);
    }
}
```

调用某个函数的函数称为主调函数，被调用的函数称为被调函数，通常主调函数希望从被调函数返回一个确定的值。根据程序流程控制需要，函数中可以有多个 return 语句，但并不是所有的 return 语句都起作用，执行到哪个 return 语句，哪个 return 语句就起作用，该 return 语句后的其他语句就都不会被执行。

return 语句的语法如下：

```
return 返回值;
```

函数中 return 语句的作用是结束函数的运行，并将其后的返回值返回给主调函数，返回值可以是变量、常量或表达式。函数的返回值类型是在定义函数时指定的，函数返回值类型不为 void 的函数，其函数体内必须要有 return 语句以将返回值返回给主调函数。return 语句中表达式的类型应与定义函数时指定的返回值类型一致，如果不一致则以函数定义时的返回值类型为

准，对 return 语句中返回值的类型自动进行转换，然后再将它返回给主调函数使用。建议初学者在编程时，务必要保持它们两个类型一致。

如果函数的返回值为 void 类型，则函数体中可以不需要 return 语句，如有需要则可直接写“return;”。

7.1.3　函数的嵌套调用

C 语言中不允许出现函数的嵌套定义，即函数中再定义函数，即使 main( )中也不允许。因此各函数之间是平行的，不存在上一级函数和下一级函数的问题。但是，C 语言允许函数的嵌套调用，即在被调函数中又调用其他函数，如图 7.1 所示。

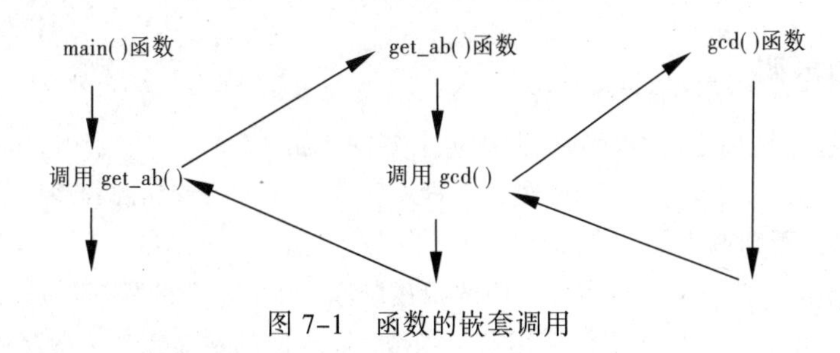

图 7-1　函数的嵌套调用

【例 7-2】编写程序，不断地从键盘上接收一组整数，计算并输出它们的最大公约数，直到用户终止输入数据。

```
#include "stdio.h"
int gcd(int a,int b)
{
    int r;
    r=a%b;                      // r 取 a 除以 b 的余数
    while(r!=0)                 //当 r 不等于 0 时，循环
    {
        a=b;                    //b 赋值给 a
        b=r;                    //r 赋值给 b
        r=a%b;                  //r 取 a 除以 b 的余数
    }
    return b;                   //返回最大公约数
}
void get_ab( )                  //输入变量 a,b
{
    int a,b;                    //定义变量
    printf("请输入两个整数:");
    scanf("%d%d",&a,&b);      //a,b 变量接收输入的两个整数
    printf("gcd{%d,%d}=%d",a,b,gcd(a,b));    //输出 a,b 及最大公约数
}
int main( )
{
    int c;                      //定义变量
    printf("是否输入数据 (Y/N):");             //询问用户是否输入数据
    c=getchar();getchar();
```

```
    while(c=='Y'|| c=='y')          //用户需要输入数据则循环一直做
    {
        get_ab();                   //调用函数
        getchar();                  //跳过回车键
        printf("\n是否继续输入数据 (Y/N)");          //询问用户是否继续输入数据
        c=getchar();
        getchar();                  //跳过回车键
    }
    return 0;
}
```

7.2 函数的声明与主函数

7.2.1 函数的声明

所有的函数在被调用之前都必须是明确定义好的，如7.1.3节的例子中，main( )主函数调用get_ab( )函数，get_ab( )又调用gcd( )函数，在程序实现中3个函数在源程序中的顺序为gcd( )、get_ab( )、main( )，否则调用语句在编译时就会报出“unresolved external symbol×××，即×××没有定义”的错误，其中×××为被调用的函数名称。许多复杂的程序都是由多个*.c（*.cpp）文件组成，并且不止一个文件中需要调用某个函数，而函数的定义在整个程序中只能出现一次，这时就需要用到“函数的声明”了。而且，有时两个函数a和b相互调用，那么显然不论把哪个函数的定义写在前面都是不行的，这个问题就可以用“函数的声明”来解决。C语言中函数声明的语法如下：

```
返回值类型 函数名称(形参1类型 形参1,形参2类型 形参2,…);
```

其中的英文分号“;”作为语句的一部分不可少。初学者在定义函数时往往习惯性地在语句后加个分号导致函数缺少了函数体，把一个函数的定义变成了一个函数的声明，致使编译能通过但运行时出现“未定义标识符”错误。某函数的声明是对程序中其他函数公布该函数的名称、返回值类型、各形参类型及个数的过程，函数声明时可以不给出形参的名称。例如：

```
int sum(int x,int y);
int sum(int,int);
```

实际软件的开发中，把具有某种共性的函数的声明写在一个个*.h头文件中，函数的具体实现写在另外的*.c文件中。通过“#include 用户的*.h”文件调用相应的函数。

7.2.2 main()函数

据前面的学习可知，编写C语言程序就是编写各种函数的过程，程序在执行时总是要有一个入口函数，在C语言中这个函数就是用户比较熟悉的main( )函数，称为主函数。它还是程序与操作系统交互的接口函数，符合所有函数的统一定义语法，它也有返回值、输入参数列表，有兴趣的读者可查阅网络资料进一步学习。

7.3 函数参数的传递

函数调用过程中，通常都存在着主调函数向被调用函数传递参数的现象，被调用函数完成数据的处理后将结果返回给主调函数。C 语言中函数间参数的传递有传值和传地址之分，值的传递是单向传递，形参值的变化不会再返回来传递给实参影响实参的值。本节仅对函数之间值的单向传递进行讨论，把变量的地址或数组作为实参参数在函数间传递的相关问题在第 8 章中进一步讨论。

【例 7-3】函数参数传递示例。

```
#define PI 3.1415926                //定义符号常量
#include "stdio.h"
double Circle(double r)             //求圆的面积的函数，形参为 r
{
     double a;                      //定义局部变量，用于存储面积
     a=PI*r*r;                      //计算圆的面积
     return a;
}
int main()
{
    double r,area;
    printf("请输入圆的半径: ");     //提示用户输入圆的半径
    scanf("%lf",&r);                //接收输入
    area=Circle(r);//实参 r 传递给被调函数的形参 r，两个 r 名字相同，但所处内存空间不同
    printf("圆的面积是 %.2lf.",area);      //输出圆的面积
    return 0;
}
```

在 main()主函数调用 Circle()函数的过程中，系统把实参 r 的值复制了一份给形参 r，两个 r 虽然名称相同，但它们有各自的内存空间，属于不同的两个变量。当程序执行到函数 Circle()时，操作系统为 Circle()函数及其形参、内部的局部变量分配内存，等 Circle()执行完后操作系统收回该函数所使用的所有内存，并将运算的结果返回给主函数，最后由主函数的局部变量 area 接收该返回值。从以上函数调用过程可知，因为参数间传递的是变量的值，且在被调函数中的所有数据处理都是在该函数所拥有的内存空间中进行的，该函数所有变量值的改变不会影响其他函数，这也就是函数间值的单向传递原理。为了进行对比，看如下的例子。

【例 7-4】函数间形参值的单向传递。

```
#include "stdio.h"
void swap(int x,int y)              //变量值交换函数
{
    int temp;
    temp=x;                         //通过 temp 实现 x、y 内容的交换
    x=y;
    y=temp;                         //temp 中仍然保留着 x 的值
}
int main()
{
    int i,j;                        //定义变量
    i=2;
    j=4;                            //变量赋值
    printf("调用前:  i=%d,j=%d\n",i,j);         //输出调用函数之前的值
```

```
    swap(i,j);                    //调用函数 swap(),实参 i,j 的值分复制给了形参 x,y
    printf("调用后:  i=%d,j=%d\n",i,j);        //输出调用函数之后的值
    return 0;
}
```

程序运行结果：

```
调用前:  i=2,j=4
调用后:  i=2,j=4
```

函数间值的传递如图 7.2 所示。

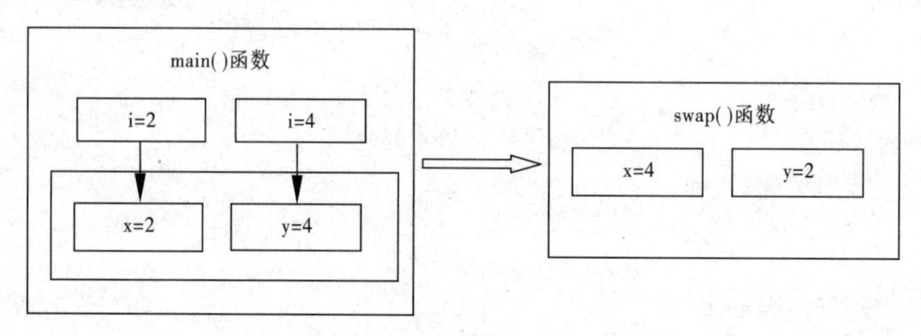

图 7.2　函数间调用与值的传递

main()主函数调用 swap()函数的本意是想完成自变量 i,j 值的调换，但因 swap()函数中的数据交换操作在自己独立的内存空间完成，主函数 main()与 swap()之间的参数传递为单向的值间的传递，swap()中局部变量值的任何改变都是封闭的，不会影响到实参，因此无法完成数据的交换任务。如果想利用被调函数有效地修改实参的数据，必须借助于指针或者数组。

7.4　函数的递归调用

函数之间的调用不仅可以出现在不同的函数之间，一个函数在它的函数体中调用自己，称为函数的递归调用。程序中发生函数调用时，系统会为被调用函数开辟新的栈空间用来存储所有的形参及局部变量。函数递归调用时，虽然程序代码相同，但所有变量的内存空间是不同的，也可以简单地把递归调用理解为函数在调用自己的一个克隆体，这样更有利于初学者理解。下面使用一个求阶乘的例子，看看递归函数到底是如何运作的。阶乘 $n!$ 的计算公式如下：

$$n!=\begin{cases}1 & (n=0,1)\\ n*(n-1)! & (n>1)\end{cases}$$

【例 7-5】使用递归算法计算 $n!$ 。

```
#include <stdio.h>
long factorial(int n);     //函数的声明以上 main()函数知道有此函数以及它的形参结构
int main()
{
    int n;
    long s;
    printf("请输入 n>0,n=-1 退出! \n");
    printf("n=");
```

```
    scanf("%d",&n);           //接收用户的输入值存入变量 n 中,注意取地址运算符&
    while(1)                  //无限循环，直到用户输入-1 结束
    {
        if(n==-1) break;      //接收整个循环
        else
            s=factorial(n);   //调用函数 factorial()，用变量 s 接收函数的返回值
        printf("%ld!=%d\nn=",n,s);
        scanf("%d",&n);
    }
    return 0;
}
long factorial(int n)
{
    long r;
    if(n==0||n==1)
    {
        r=1;
    }
    else
    {
        r=factorial(n-1) * n;  // 递归调用
    }
    return r;
}
```

因为 factorial()函数定义在主函数 main()之后，所以要在 main()函数前对其进行声明。假设用户输入值 n=3 即求 3!。函数的递归调用如图 7.3 所示。

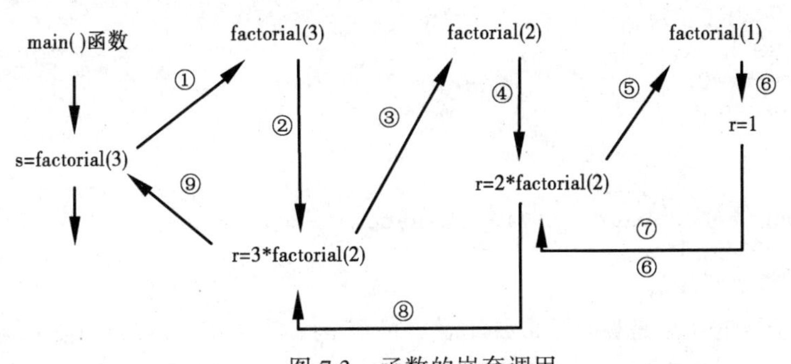

图 7.3　函数的嵌套调用

通过函数的递归调用最后得到 3! =3*2*1=6。从以上的例程可以看出，采用递归算法来解决问题，问题本身必须符合以下 3 个条件：

（1）要解决的问题可以转化为一个新问题，而这个新的问题的解决方法仍与原来的解决方法相同，只是所处理的对象有规律地递增或递减。

解决问题的方法相同，调用函数的参数每次不同（有规律的递增或递减），如果没有规律也就不能适用递归调用。

（2）可以应用这个对问题转化的过程使问题得到解决。

使用其他方法可能也能解决问题，但使用其他的方法比较麻烦或很难解决，而使用递归的

方法可以很好地解决问题。

（3）必须要有一个明确的能结束递归的条件。

一定要能够在适当的地方结束递归调用，否则可能导致系统崩溃。

递归又分为直接递归和间接递归：a 直接调用 a 称为直接递归；a 调用 b，b 又调用 a，称为间接递归。

【例 7-6】 输出斐波那契数列。

斐波那契数列：0, 1, 1, 2, 3, 5, 8, 13, 21, 34, 55, 89, 144, …，如果设 a_n 为该数列的第 n 项（$n \in N^*$），$a_0=0$，$a_1=1$，$a_2=1$，$a_n=a_{(n-1)}+a_{(n-2)}$（$n>=3, n \in N^*$）

```
#include<stdio.h>
int Fibonacci(int n);
int main(void)
{
    int i,n;
    printf("输入 n=");
    scanf("%d",&n);
    for(i=0; i<=n;i++)
    {
        printf("%6d",Fibonacci(i));
    }
    printf("\n");
    return  0;
}
int Fibonacci(int n)
{
    int result;
    if(n==0)
        result=0;
    else if(n==1)
        result=1;
    else
        result=Fibonacci(n-1)+Fibonacci(n-2);
    return result ;
}
```

Fibonacci()函数的作用是计算斐波那契数列的第 n+1 项，要输出数列的前 n 项，主函数 main()使用了一个循环多次调用 Fibonacci()函数，并且每次都比前一次多运算一次，取每次的结果后返回给主函数 main()，浪费了大量的算力。可以试一下，当输入 n>40 时，计算机运算力就已经很吃力了。递归算法虽然好理解，但内存和 CPU 资源消耗较大，当问题不是特别复杂，普通算法可解决时不建议使用递归算法。

【例 7-7】 Hanoi 塔问题。

Hanoi 塔问题是源于印度一个古老传说的益智玩具。设 a,b,c 是 3 个塔座，开始时，在塔座 a 上有一叠共 n 个圆盘，这些圆盘自上而下，由小到大叠在一起，各圆盘的编号为 1,2,3，…，n，如图 7.4 所示。现要求将塔座 a 上的这一叠圆盘移动到塔座 c 上，每次只能移动一个圆盘，可以借助 B 座移动圆盘。但是，要求在任何情况下，都要保证 3 个座上的圆盘大盘在下，小盘在上。

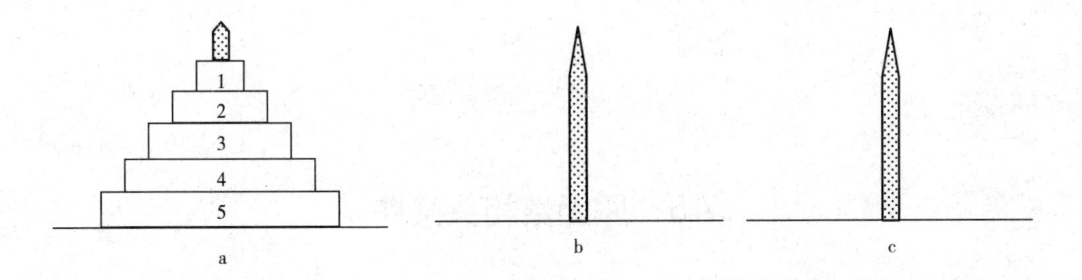

图 7.4　Hanoi 塔问题

将 n 阶问题转化成 n–1 阶的问题：

第一步：把 A 座上的 n–1 个圆盘借助于 C 座移到 B 座上。

第二步：把 A 座上剩下的一个圆盘移到 C 座上。

第三步：把 B 座上的 n–1 个圆盘借助于 A 座移到 C 座上。

其中第一步和第三步是类同的。

递归出口：n=1，此时 A 座上只有一个盘子，直接将其移动到 C 座上即可。

```
#include "stdio.h"
void move(int n,char x,char y,char z)   //x 为起始底座，z 为目标底座，y 为可借助的底座
{
    if(n==1)                             //如 n 为 1
        printf("%c-->%c\n",x,z);         //输出 x 移动到 z
    else
    {
        move(n-1,x,z,y);                 //x 上的 n-1 个圆盘借助于 z 移动到 y
        printf("%c-->%c\n",x,z);         //输出 x 移动到 z
        move(n-1,y,x,z);                 //y 上的 n-1 个圆盘借助于 x 移动到 z
    }
}
int main()
{
    int n;
    printf("\n 输入盘数 n=");            //提示用户输入盘子的个数 n
    scanf("%d",&n);                      //接收 n
    move(n,'a','b','c');                 //调用递归函数
    return 0;
}
```

move()函数是一个递归函数，它有 4 个形参 n、x、y、z。n 表示圆盘的个数，x、y、z 分别表示 3 个座。Move()函数的功能是把 x 上的 n 个圆盘借助于 y 移动到 z 上。所以，“move(n–1,x,z,y);”是把 x 上的 n–1 个圆盘借助于 z 移动到 y 上；而“move(n–1,y,x,z);”是把 y 上的 n–1 个圆盘借助于 x 移动到 z 上，所以盯紧形式参数的顺序是关键。

程序运行结果：

```
输入盘数 n=3
a-->c
a-->b
```

```
c-->b
a-->c
b-->a
b-->c
a-->c
```

7.5 库函数和头文件

库函数顾名思义，就是把函数按照功能分门别类地放在不同的文件中供需要的程序调用，放置这些函数（函数声明）的文件称为库文件。在计算机语言发展的历史上，曾经出现过不同厂商的C语言编译器，各自提供了不同的库函数，造成了一定的混乱局面。为了统一设计，提高程序的可移植，美国国家标准研究所（ANSI）制定了C语言的标准函数库，无论哪个C编译器厂商都必须实现标准库中所列的函数。全部的库函数都声明在扩展名为*.h的头文件中。头文件就好像是一个库的账本，记录了某个库的所有函数。迄今为止，C 语言标准库的头文件已经有29个之多，库函数的具体实现各厂商通常不公开源代码，而是将其编译成*.lib、*.obj、*.dll等类型的文件存放在编译器能够访问到的特定目录中供编译器使用。

调用某个库函数时，首先查阅帮助文档确定该函数所在的头文件，然后使用#include 预编译指令将该头文件包含到自己的程序中。对于一个大的程序，程序开发人员可能也会编写自己的库文件，下面使用一个例子看看实践中是如何实现的。假如，自己有一个函数库，库中所有函数的声明都写在myLib.h的头文件中,该库中所有函数的实现全部写在myLib.c的文件中,main()主函数要使用库中的函数就使用#include "myLib.h"将库文件包含进来。具体源程序如下：

【例 7-8】文件包含示例。

myLib.h 文件内容：

```
#ifndef _myLib_h    //为防止头文件被重复引入，加入#ifndef… #define ...#endif 结构
#define _myLib_h
int myAdd(int x,int y);  //自定义函数库中函数的声明
#endif
```

myLib.c 文件内容：

```
#include "myLib.h"       //引入自定义函数库,与标准库不同，使用"库名称"的方式
int myAdd(int x,int y)  //myAdd()函数的定义
{
   return x+y;
}
```

ex7_8.c 文件内容：

```
#include <stdio.h>        //引入标准输入/输出函数库
#include "myLib.h"        //引入自定义函数库,注意自定义库的引用方式与标准库不同,使用""
int main()
{
   int i,j;
   i=10;
   j=20;
   printf("i+j=%d\n",myAdd(i,j));
return 0;
```

```
}
```

程序运行结果：

```
i+j=30
```

7.6 变量的存储类别

C 语言规定所有变量必须要先定义，然后才能使用。根据变量的数据类型可以确定该变量所占内存单元的大小，同时限定了分配存储空间的边界条件。例如，short int 占 2 个字节，分配存储空间的边界条件是：起始地址为偶数字节。

在 C 语言中，定义变量时除了要指定变量的数据类型外，还可以显式地声明变量的存储类别。变量的不同存储类别确定一个变量的作用域和生存期。

在 C 语言中变量有 4 种存储类别：自动变量（auto）、寄存器变量（register）、静态变量（static）和外部变量（extern）。

变量的作用域是指变量的作用范围，在 C 语言中分为：全局有效、局部有效和复合语句内有效 3 种。

变量的生存期是指变量作用时间的长短，在 C 语言中分为：程序期、函数期和复合语句期 3 种。

变量的生存期与变量存储在内存的区域有关，程序的存储空间一般分为五部分：栈区、堆区、静态和全局区（简称为静态全局区）、常量区、程序代码区（详见附录 A）。

静态全局区是外部变量和静态变量所在的区域，在程序编译过程中由编译器为其分配存储区空间的占位符，实际内存空间在程序运行时由操作系统分配，在程序运行期间外部变量和静态变量始终存在，在程序运行结束后其存储空间被系统收回。

栈区和堆区统称为动态存储区，在程序运行期间根据需要由系统或程序员进行动态分配的存储空间。函数的形式参数、函数内的各自动变量等都存放在动态存储区。在函数被调用时由系统为其分配存储空间，函数调用结束后释放已分配的空间。

7.6.1 自动变量与外部变量

首先看一个示例。

【例 7-9】编写程序求 3～100 之间的所有素数。

```
//-------使用自定义函数求 i 是素数---------------
#include <stdio.h>
#include <math.h>
int flag;                          //定义外部变量 flag，形象地称其为哨兵变量
void prime(int i);
int main()
{
    int i;                         //定义内部变量 i
    for(i=3;i<=100;i++)            //i 从 3 到 100，对每个 i 进行判断
    {
        flag=1;                    //将哨兵变量置为 1，假设 i 为素数
        prime(i);                  //调用自定义函数 prime()，对 i 进行判断
```

```
        if(flag==1)  printf("%4d",i);     //如果哨兵变量的值仍为1，则i为素数
    }
    printf("\n");
    return 0;
}
void prime(int i)                         //定义函数prime()，括号中为形式参数i的定义
{
    int j;                                //内部变量j的定义
    for(j=2;j<=sqrt(i);j++)
        if(i%j==0){                       //若i能被某个j整除,说明i不是素数
            flag=0;                       //将哨兵变量值改为0
            break;
        }
}
```

示例中定义了外部变量 flag、内部变量 i 和 j，以及形式参数 i。

1．自动变量与外部变量的定义方式

所有在函数体和复合语句内部定义的局部变量以及函数的形式参数都被视为自动类型变量，自动变量存储在动态存储区中，其存储空间是由系统动态分配的。在函数开始执行时，系统会为函数中所有的自动变量分配存储空间，在函数运行结束时系统会自动回收这些存储空间，所以称为自动变量。

如例 7-9 中 main( )函数中的变量 i 和 prime()函数中的变量 j。在函数内部定义局部变量时可以在数据类型名前面加上关键字 auto。例如，“auto int j;”，关键字 auto 可以省略，因此通常都是被省略的。

外部变量是在函数外部定义的变量，也称全局变量。外部变量存储在静态全局区中，在程序运行期间该块内存一直存在，直到程序结束运行后该块内存被操作系统收回。例如，例 7-9 中的 flag 变量。

2．自动变量与外部变量的作用域

作用域是指变量可以被有效访问而不会引起编译错误的区域范围，或者说在该区域内访问某个变量不会产生无效引用。

自动变量的作用域为定义它的复合语句或函数范围内，并且只有在定义后才能使用，自动变量是局部变量。例 7-9 中，自动变量 i 的作用域在主函数 main( )中，自动变量 j 的作用域在 prime()函数中。

外部变量的作用域从该外部变量定义的地方开始直到它所在的源程序文件结束为止。在该外部变量定义语句后的所有函数都可以访问它，因而其作用域是全局的，故外部变量也称全局变量。外部变量可以被各函数所共享，通常作为各函数间信息传递的“信使”。例 7-9 中的 flag 变量就是由主函数 main()和函数 prime()共享的。

关于自动变量作用域的几点强调：

（1）各函数之间、各并列的复合语句中的同名变量代表着不同的变量有各自独立的存储空间，互不冲突。

（2）如果嵌套的复合语句中有同名变量，则内层变量将会阻断对外层变量的访问，简单理

解为变量的就近访问原则。内层变量与外层变量各自有独立的存储空间。

（3）自动变量将阻断对同名外部变量的访问。自动变量与同名的外部变量也各自有独立的存储空间。

【例 7-10】变量的作用域与访问阻断。

```
#include "stdio.h"
int x=4;                          //外部公共变量 x
void outputX();
int main()
{
    int x=3;                      //次外层变量 x
    printf("\n");
    {
        int x=2;                  //外层变量 x
        {
            int x=1;              //内层变量 x
            printf("%d\n",x);     //变量的就近访问，阻断了对外层同名变量的访问
        }
        printf("%d\n",x);
    }
    printf("%d\n",x);
    outputX();
    return 0;
}
void outputX()
{
    printf("%d\n",x);
}
```

程序运行结果：

```
1
2
3
4
```

结果表明：内层的 x 阻塞对外层的 x 的访问。自动变量 x 也同时阻塞对外部变量 x 的访问。

3. 自动变量与外部变量的生存期

变量的生存期是指变量从被定义开始到其内存空间被系统收回的这一段时期。变量的作用域会直接影响变量的生存期。

自动变量存储在动态存储区中，系统根据程序运行所需为变量动态分配存储空间。在函数被调用时，系统会为函数中所有的自动变量分配存储空间，在函数调用结束后这些已分配的存储空间被系统会自动回收，函数中所有的自动变量将不复存在，它们的生存期也就结束了。因此，自动变量是没有“记忆”的。

外部变量存放在程序的静态全局区，其生存期与整个程序“同寿”，即在程序运行的整个期间其都一直存在，因此对能够访问到它的各函数来讲外部变量是有“记忆”的。

【例 7-11】内部变量与外部变量的生存周期（外部变量的记忆特性）示例。

```
#include "stdio.h"
```

```
int y=10;          //外部变量在程序运行期间始终存在
int  main()
{
    int i=0;
    void decrease();
    for(i=1;i<=3;i++)
        decrease();
    return 0;
}
void decrease()
{
   int x=10;
    x--;
    y--;
    printf("x=%d y=%d\n",x,y);
}
```

程序运行结果：

```
x=9 y=9
x=9 y=8
x=9 y=7
```

运行结果分析：decrease()函数中的 x 是自动变量，main()函数每调用 decrease()函数一次，则变量 x 均被重新分配内存空间一次，decrease()函数被调用完成后，x 的内存空间被系统回收；而 y 为外部变量，其生存期为整个程序期，decrease()函数对其实施的多次操作都被记忆。

4．变量的初始化

C 语言从*.c 源程序需要经历编译、连接过程才能最终生成*.exe 可执行程序，并运行得到结果。

（1）自动变量的初始化。自动变量存储在动态存储区——栈中，其存储空间由系统自动分配与回收。因为即使在程序连接时系统也无法确定自动变量的存储位置，系统为自动变量每次具体分配哪块内存都是不确定的，基于这个缘由自动变量没有默认的初始值。

对自动变量的初始化通常使用一条显式的赋值语句实现，如“int i=5;”。也可以使用先定义后赋值的方式实现，如“int i; i=5;”。两者实际上只有形式上的区别没有性能上的差别。

计算机中内存的分配与回收由操作系统自动管理，回收的内存中原有的内容操作系统并没有将其抹除，所以未显式初始化的自动变量可能会访问到上一次存储在它所占用的存储空间的值，这个值也可能是某个文档中的一个字符、某个电影的某段内容，也可能是某个数字垃圾数据等。为了防止这种现象给用户造成的错觉，在 VC++中编译器对未显式初始化的自动变量都给其赋值一个很小的数，以视其为垃圾数据。所以，任何一个变量在使用之前都应该对它进行初始化，若不初始化使用它是没有实际意义的。

（2）外部变量的初始化。外部变量存储在程序的静态全局区，如果外部变量在定义时没有对其进行初始化，则编译器会使用默认值“0”对其初始化；外部变量的初始化只能进行一次，不可二次初始化，否则将出现 redefinition;multiple initialization 错误，即重复定义或多次初始化编译错误；外部变量只能用常量对其显式初始化。

在实际编程中，习惯上在定义变量时就对其进行初始化是一个良好的编程习惯。

【例7-12】查看不同存储类型变量在的默认初始化值以及其内存空间区域的区别（以 VC++6.0 编译器为例）。

```
int r1,r2;              //定义外部全局变量
int main()
{
   char c1,c2;
   short s1,s2;
   int i1,i2;
   float f1,f2;
   static int k;      //定义局部静态变量，虽然还未学到但此处简单用一下以做对比
   //以上定义了不同类型的变量，但都没有对其显示初始化
   printf("c1=%d,c2=%d\n",c1,c2);
   printf("s1=%d,s2=%d\n",s1,s2);
   printf("i1=%d,i2=%d\n",i1,i2);
   printf("f1=%f,f2=%f\n",f1,f2);            //以上的自动变量 VC 编译器做了特殊处理
   printf("r1=%d,r2=%d\n",r1,r2);            //两个外部变量的默认初始化值都为 0
   printf("&r1=%d,&r2=%d\n",&r1,&r2);    //查看外部变量的地址
   printf("&i1=%d,&i2=%d\n",&i1,&i2);    //查看自动变量的地址
   printf("k=%d, &k=%d\n",k,&k);          //查看静态变量的默认初始化值及其地址
}
```

程序运行结果：

```
c1=-52,c2=-52
s1=-13108,s2=-13108
i1=-858993460,i2=-858993460
f1=-107374176.000000,f2=-107374176.000000
r1=0,r2=0
&r1=4375080,&r2=4375096
&i1=1638196,&i2=1638192
k=0, &k=4374512
```

从程序的运行结果可以验证以上结论的正确性，VC++编译器如果发现一个变量里面存放的是一个垃圾值，就认为它未被初始化，就会自动将一个很小的值，如 - 858993460 这个填充数字给放进去，所以看到的结果是同类型的变量都存放着同一个值。从各变量的内存地址所处的区域来看，外部变量和静态变量处于同一区域即静态全局区，它们和自动变量明显处于不同的内存区域，C 程序内存区域分配详见附录 A。

5. 外部变量的声明

根据已学过的知识可知，定义外部变量后，在当前源程序文件中该外部变量定义语句之后的所有函数都可以有效地使用它，如果想让外部变量定义语句之前的函数或其他源程序文件中的函数也能正确地使用它，则需要对外部变量进行声明。

声明外部变量的语法如下：

```
extern 数据类型 变量名;
```

数据类型要与定义外部变量时一致，也可以省略不写。

变量的定义与声明有着本质的区别：变量的声明仅仅告知编译器某个变量在当前源程序文件中的某个地方或它所包含（#include）的其他文件中已存在，并告知了编译器该变量的特性（如

类型、存储长度等）信息，编译器不用再为该变量分配空间；而变量的定义除了声明变量的特性外，还要为变量分配存储空间。因此，同一个外部变量只能被定义一次，否则发生“重复定义错误”无法通过编译，而对同一个外部变量的声明则可以进行多次。外部变量的声明与前面学过的函数的声明的作用是类似的。

【例 7-13】外部变量的声明。

```
#include <stdio.h>
int max(int,int);
extern int a,b;      //声明全局变量 a,b，使得主函数可以使用
int main()
{
    printf("max=%d\n",max(a,b));
    return 0;
}
int a=30,b=50;       //全局变量 a,b 在此定义，则主函数中无法使用，作用域仅从定义开始
int max(int x,int y)
{
    int z;
    z=x>y?x:y;
    return z;
}
```

以上全局变量的定义和声明均在同一个源程序文件中。在实际软件开发中，当源程序分布在多个源文件中时，对外部变量也只能定义一次，其他文件若想使用某个外部变量，应在各自的文件中包含对外部变量的 extern 声明。一般把对外部变量的声明写在文件的首部（即各函数定义之前），从而使得该文件中的所有函数都能使用此外部变量。

【例 7-14】不同源程序文件中外部变量的声明，实质上扩大了外部变量的作用域范围。

```
//程序文件 p_main.c 内容:
extern int a,b;
int main()
{
   printf("a=%d,b=%d",a,b);
   return 0;
}
//程序文件 sub1.c 的内容
int a=3,b=4;
void f_others(int x,int y)      //其他函数的定义等
{
   a=x;
   b=y;
}
```

原本外部变量 a、b 的作用域范围为程序文件 sub1.c 中自 a、b 定义开始到文件的结尾。因在程序文件 p_main.c 中对外部变量 a、b 进行了声明，他们的作用域范围扩大到了 p_main.c 文件中。虽然声明外部变量扩大了其作用域，可以为程序设计带来方便，但是执行一个文件中的函数时，可能会改变该外部变量的值，从而会影响到另一文件中的函数执行结果。

6. 使用外部变量的原因

第一个原因是初始化方便，自动变量在定义以后的值是不定值，系统不负责初始化，而对定义的外部变量会自动地初始化为 0。

第二个原因是方便函数间交流数据，各个函数共享外部变量，实际上解决了函数返回多个值的问题。

第三个原因是外部变量作用域广、“寿命”长、有记忆能力。

7. 使用外部变量的副作用

模块化程序设计思想并不赞成大量地使用外部变量，因为模块化程序设计思想强调了信息隐藏的概念，函数之间应尽量通过参数传递进行交流，而外部变量会增添许多数据间的联系，破坏了程序结构，给修改程序带来麻烦，使函数的通用性和可移植性降低。例 7-9 的程序不如例 7-15 的好，因为外部变量 flag 的使用增加了函数间的联系。

【例 7-15】 求 3~100 内的素数。

```
//-------使用自定义函数判断 i 是否为素数----------------
#include "stdio.h"
int prime(int i);
int main()
{
    int i,flag;                       //定义循环变量 i，以及标识变量 flag
    for(i=3;i<=100;i++)               //i 从 3 到 100，对每个 i 进行判断
    {
        flag=prime(i);                //调用自定义函数 prime()判断给定的数是否为素数
        if(flag==1)  printf("%4d",i);
    }
    printf("\n");
    return 0;
}

int prime(int i)                      //函数 prime()的定义
{
    int j,flag=1;                     //flag 用来标识 i 是否为素数，先假设 i 是素数
    for(j=2;j<i;j++)
        if(i%j==0)                    //若 i 能被 j 整除，则说明 i 能被 1 和它本身整除外，
                                      //还能被其他数整除
          {
            flag=0;                   //标识变量 flag 的值改为 0，代表 i 已不是素数
              break;
          }
    return flag;
}
```

7.6.2 静态变量

静态变量可分为内部静态变量和外部静态变量。

1. 静态变量的定义方式

内部静态变量在函数体内定义，外部静态变量在函数之外定义，定义的语法格式相同，都

是在类型名前冠以关键字 static，但它们在程序中定义的位置有别。

定义静态变量的语法如下：

static 类型 变量名；

2．静态变量的作用域

内部静态变量的作用域仅在定义它的函数和复合语句内有效，这点与自动变量相同。外部静态变量的作用域是在定义它的同一源程序文件中，从定义该外部静态变量的语句开始，以后的各个函数都可以有效地访问该变量，其他源程序文件中的函数则不能访问它，即外部静态变量仅限于定义它的源程序文件中的函数使用，因此，外部静态变量与外部变量相比，具有一定的专用性，只能用于定义它的源程序文件中。外部静态变量的名字与其他源程序文件内的同名变量无关，不相互矛盾。

3．静态变量的生存期

所有静态变量都存储在程序的静态全局区，因此无论是内部静态变量还是外部静态变量都在程序运行期间永久性存储，即使某个函数结束了对某个静态变量的使用，该静态变量也仍然不会被系统释放，静态变量所“记忆”的内容不会丢失，直到整个程序结束运行为止。

4．静态变量的初始化

如果在静态变量定义时程序员已给出了显示的初始化值，则编译程序用该值对静态变量进行一次性初始化。如果未给出显示的初始化，则系统用 0 对其进行初始化。

【例 7-16】内部、外部静态变量的作用域与生存期。

```
#include "stdio.h"
int main()
{
    int i;
    void decrease();    //函数的声明
//printf("y=%d",y);    //此处无法访问外部静态变量 y
    for(i=1;i<=3;i++)
        decrease();
    return 0;
}
static int y=10;         //定义外部静态变量，其作用域自定义它开始
void decrease()
{
    static int x=10; //定义内部静态变量，其作用域仅限于 decrease( )函数范围内
    x--;
    y--;
    printf("\n x= %d y= %d ",x,y);
}
```

程序运行结果：

```
x=9 y=9
x=8 y=8
x=7 y=7
```

程序运行结果分析：decrease( )函数中的 x 是内部静态变量，初始化以后内容为 10，decrease()

函数每次被调用后 x 的值便会减 1，程序从 decrease()函数退出时，该静态变量 x 所在的内存空间不会被系统收回，等程序下一次进入 decrease()函数时，原来存储在 x 中的内容仍然存在。尽管 x 是有记忆的，但其作用域仅限于 decrease()函数内。定义外部静态变量 y 的位置在主函数 main( )之后，因此主函数 main( )不能正常访问 y，读者可以去掉主函数中被注释的“printf("y=%d",y);”语句后，编译试运行程序并进行分析。静态变量相关知识属于各类 C 语言考试中的必考内容。

外部静态变量的使用有利于模块化程序设计中数据的隐藏，例如，对于一个大型软件系统的实施，通常由多名程序员编写程序，每个程序员可能有自己的习惯，如果有两个以上的程序员使用了相同名字的外部变量，而这个外部变量其实并不是整个系统公共的变量，则必定给程序联调带来困难。如果使用外部静态变量，因外部静态变量的专用性则就避免了这一问题的发生。

举一个简单的例子，假设程序员 A 编写的函数 A_function()要计算一个公司所有员工的总收入，程序员 B 编写的函数 B_function()要计算一个公司所有员工交的个人所得税之和，两个人不约而同地使用 total 作为外部变量分别记录总收入及个人所得税之和。

程序员 A 编写的程序存储在 A.c 中：

```
int total;
void A_function()
{
    …
    total=
    …
}
```

程序员 B 编写的程序存储在 B.c 中：

```
int total;
void B_function()
{
    …
    total=
    …
}
```

由于名字相同，在编译时导致变量的重复定义错误，如果将 total 定义为外部静态变量，问题就解决了。

A.c 中的程序改为：

```
static int total;
void A_function()
{
    …
    total=
    …
}
```

B.c 中的程序改为：

```
static int total;
void B_function()
{
    …
```

```
    total=
    …
}
```

当然，最好的解决方法还是使用参数传递和返回。另外，也可以将函数本身定义为静态的函数，从而防止同名但功能不同的函数被跨源程序子件调用时产生的冲突。

7.6.3 寄存器变量

对于使用频繁的变量，可以将其放在计算机的寄存器中，以提示程序运行的性能。

1．定义方式

寄存器变量在函数内部定义或作为函数的形式参数。

语法格式：

```
register 类型 变量名;
```

例如：`register  int x;`

2．作用域、生存期和初始化

寄存器变量的作用域、生存期和初始化与自动变量基本相同，但是有以下的限制：

（1）寄存器变量的实现与硬件配置有关，只有很少的变量可以保存在寄存器中。

（2）register 声明只适用于自动变量和函数的形参。例如：

```
void f(register int c,int n)
{
    register int i;
    …
}
```

（3）不允许获取寄存器变量的地址，下列程序段是错误的。

```
register int i;
scanf("%d",&i);   //错误
```

7.7 程序的预处理指令与宏

预处理指令可以改变程序设计环境，提高编程效率，如之前常用的#include 指令、#define预处理指令。但预处理指令并不是 C 语言本身的组成部分，C 语言不能直接对其进行编译，必须在对程序进行编译之前，先对程序中这些特殊的命令进行“预处理”。经过预处理后，程序中就不再包括预处理命令，最后再由 C 语言的编译程序对预处理之后的源程序进行编译处理，得到可供连接的目标代码，最后生成可执行文件。C 语言提供的预处理功能有 3 种：宏定义、文件包含和条件编译。这里重点学习宏定义和文件的包含。

7.7.1 宏定义

宏定义分为两种：一种是“不带参数“的宏定义；另一种就是“带参数的宏定义”。

1．不带参数的宏定义

不带参数的宏定义语法如下：

```
#define 标识符 字符串
```

用一个指定的标识符(即名字)来代表一个字符串。例如：

```
#define PI 3.1415926
```

宏定义的作用域与注意事项：

（1）在程序中用指定的标识符 PI 来代替 3.1415926 这个字符串。在进行预处理时，将程序中凡是在该指令以后出现的所有的 PI 都用 3.1415926 代替。这种方法使用户能以一个简单的名字代替一个长的字符串，因此把这个标识符（名字）称为“宏名”，在预处理时将宏名替换成字符串的过程称为“宏展开”。

（2）宏定义只是用宏名代替一个字符串，也就是只做简单的置换，不做正确性检查。如果写成#define PI 3.1415926 即把数字 1 错写成小写字母 l，在预处理时也照样把字母 l 代入，不管是否符合用户原意，也不管含义是否有意义。预处理时不做任何语法检查。只有对已被宏展开后的源程序进行编译时才会发现语法错误并报错。宏定义不是 C 语句，不必在行末加分号。如果加了分号则会连分号一起进行置换。

（3）#define 指令出现在程序中函数的外面，宏名的有效范围为该指令行起到本源文件结束。通常，#define 指令写在文件开头、函数之前，作为文件的一部分，在整个文件范围内有效。可以用#undef 指令终止宏定义的作用域，这样可以灵活控制宏定义的作用范围。在进行宏定义时，可以引用已定义的宏名，即可以层层置换。对程序中用双引号括起来的字符串内的字符，即使与宏名相同，也不进行置换。

（4）宏定义与定义变量的含义不同，不分配存储空间。不带参数的宏定义只做简单的字符替换，千万不要把宏名当作变量名使用。

2. 带参数的宏定义

带参数的宏定义不是进行简单的字符串替换，还要进行参数替换。

```
#define   宏名(参数表)   字符串
```

以空格区别宏名和字符串，字符串中包含括号中所指定的参数。例如：

```
#define  S(x,y)  x*y
```

例如，参数宏 area=S(5,7);预处理后变为 area=5*7;。

带参数的宏定义和函数之间有一定类似之处，在调用函数时也是在函数名后的括号内写实参，也要求实参与形参的数目相等。本质上的区别如下：

（1）函数调用时，先求出实参表达式的值，然后代入形参，而使用带参数的宏只是进行字符替换。

（2）函数调用是在程序运行时处理的，为形参分配临时的内存单元。而宏置换则是在预处理阶段进行的，在置换时并不分配内存单元，不进行值的传递处理，也没有“返回值”的概念。

（3）对函数中的实参和形参都要定义类型，二者的类型要求一致，若不一致，应进行类型转换。而宏不存在类型问题，宏名无类型，它的参数也无类型，只是一个符号代表，置换时，代入指定的字符串即可。定义宏时，字符串可以是任何类型的数据。

（4）调用函数只可得到一个返回值，而用宏可以设法得到几个结果。

（5）使用宏次数多时，宏展开后源程序变长，因为每展开一次都使程序增长，而函数调用不会使源程序变长。

（6）宏替换不占运行时间，只占预处理时间，所以能减少系统开销，提高运行效率。而函数调用则占运行时间（分配内存单元、保留现场、值传递、返回）。

（7）一般用宏来代表简短的表达式比较合适。有些问题，用宏和函数都可以。如果善于利用宏定义，可以实现程序的简化。对于嵌套定义过多的宏可能会影响程序的可读性，而且很容易出错，不容易调试。

例如，标准输入/输出库 stdio.h 中 getchar、putchar 的宏定义如下：

```
#define getchar()        getc(stdin)
#define putchar(_c)      putc((_c),stdout)
```

gechar 和 putchar 的实现是分别调用 getc()和 putc()函数。

【例 7-17】无参数宏的使用。

```
#define N 5+3
void main( )
{
   int a=N*N;
   printf("%d",a);
}
```

这个程序的输出是多少呢？初学者往往会直接先计算 5+3 然后在将结果相乘得 64，但是大家在细细根据宏的本质“字符串替换标识符”将所有的 N 用“5+3”替换后计算，此时 a=5+3*5+3，得 23。

【例 7-18】容易出错的带参数宏。

```
#include <stdio.h>
#define area(x) x*x
int main()
{
    int y=area(3+2);
    printf("y=%d",y);
    return 0;
}
```

这里先做参数的替换，然后再计算 y=3+2*3+2，得 11。

7.7.2 文件包含

文件包含命令#include，用来引入对应的头文件（.h 文件）。

#include 的处理过程比较简单，就是将头文件的内容插入到该命令所在的位置，从而把头文件和当前源文件连接成一个更大的源文件，这与复制、粘贴的效果相同。

#include 的用法有如下两种：

```
#include <stdio.h>
#include "mylib.h"
```

使用尖括号< >和双引号" "的区别在于头文件的搜索路径不同：

（1）使用尖括号< >，编译器会到系统路径下查找头文件。

（2）而使用双引号" "，编译器首先在当前源文件的所在目录下查找头文件，如果没有找到，再到系统路径下查找。

通常引用自己函数库的头文件使用双引号" "，使用系统库的头文件使用尖括号<>。

小　结

编写 C 语言程序实际上就是在编写各种各样的函数；函数作为某一种数据处理或实现某种功能的独立体通常都有明确的返回值，对没有返回值的函数其返回值类型明确定义为 void；函数中 return 语句的作用是结束函数的运行，并将其后的返回值返回给主调函数，返回值可以是变量、常量或表达式；函数的返回值类型是在定义函数时指定的，函数返回值类型不为 void 的函数，其函数体内必须要有 return 语句以将返回值返回给主调函数；C 语言中不允许出现函数的嵌套定义，即函数中再定义函数，即使 main( )中也不允许；C 语言允许函数的嵌套调用，即在被调函数中又调用其他函数。所有的函数在被调用之前都必须是明确定义好的，并且只能被定义一次；多个源程序文件中都需要调用某个函数时，需要在调用前对函数进行声明；某函数的声明是对程序中其他函数公布该函数名称、返回值类型、各形参类型及个数的过程，函数声明时可以不给出形参的名称；主函数 main( )是 C 程序的入口；C 语言中函数间参数的传递有传值和传地址之分，值的传递是单向传递，形参值的变化不会再返回来传递给实参并影响实参的值；一个函数在它的函数体中调用自己的现象，称为函数的递归调用；函数递归调用时，虽然程序代码相同但所有变量的内存空间是不同的；调用某个库函数时，首先查文档确定该函数所在的头文件，然后使用#include 预编译指令将该头文件包含到自己的程序中；自定义函数库中函数的声明放在*.h 的头文件中，函数的具体实现放在*.c 的源文件中；C 语言规定对使用的变量必须要先定义，然后才能使用；在 C 语言中变量有 4 种存储类别：自动变量（auto）、寄存器变量（register）、静态变量（static）和外部变量（extern）；所有静态变量都存储在程序的静态全局区，因此无论是内部静态变量还是外部静态变量都在程序运行期间永久性存储，即使程序退出使用了某个静态变量的函数，该静态变量也不被系统释放，静态变量所“记忆”的内容不会丢失，直到程序结束运行为止；寄存器变量的实现与硬件配置有关，只有很少的变量可以保存在寄存器中，register 声明只适用于自动变量和函数的形参，不允许取寄存器变量的地址；预处理指令可以改变程序设计环境，提高编程效率，如之前常用的#include 指令、#define 预处理指令。

习　题

一、填空题

1. 以下叙述正确的是（　　）。

   A. C 语言程序是由过程和函数组成的

   B. C 语言函数可以嵌套调用，如 fun(fun(x))

   C. C 语言函数不可以单独编译

   D. C 语言中除了 main()函数,其他函数不可作为单独文件形式存在

2. 若函数调用时的实参为变量，下列关于函数形参和实参的叙述中正确的是（　　）。

   A. 函数的实参和其对应的形参共占同一存储单元

   B. 形参只是形式上的存在，不占用具体存储单元

   C. 同名的实参和形参占同一存储单元

D. 函数的形参和实参分别占用不同的存储单元

3. 在C语言中，函数返回值的类型最终取决于（　　）。

A. 函数定义时在函数首部所说明的函数类型

B. return 语句中表达式值的类型

C. 调用函数时主调函数所传递的实参类型

D. 函数定义时形参的类型

4. 以下叙述中错误的是（　　）。

A. 用户定义的函数中可以没有 return 语句

B. 用户定义的函数中可以有多个 return 语句，以便可以调用一次返回多个函数值

C. 用户定义的函数中若没有 return 语句，则应当定义函数为 void 类型

D. 函数的 return 语句中可以没有表达式

5. 在C语言中，只有在使用时才占用内存单元的变量，其存储类型是（　　）。

A. auto 和 register　　B. extern 和 register

C. auto 和 static　　D. static 和 register

6. 在一个C源程序文件中所定义的全局变量，其作用域为（　　）。

A. 所在文件的全部范围

B. 所在程序的全部范围

C. 所在函数的全部范围

D. 由具体定义位置和 extern 说明来决定范围

7. 下列叙述中正确的是（　　）。

A. 预处理命令行必须位于源文件的开头

B. 在源文件的一行上可以有多条预处理命令

C. 宏名必须用大写字母表示

D. 宏替换不占用程序的运行时间

8. 以下关于宏的叙述中正确的是（　　）。

A. 宏名必须用大写字母表示

B. 宏定义必须位于源程序中所有语句之前

C. 宏替换没有数据类型限制

D. 宏调用比函数调用耗费时间

9. 以下叙述中正确的是（　　）。

A. 在程序中凡是以“#”开始的语句行都是预处理命令行

B. 预处理命令行的最后以分号表示结束

C. #define MAX 100 是合法的宏定义命令行

D. C 程序对预处理命令行的处理是在程序运行过程中进行的

10. 若程序中有宏定义行#define N 100，则下列叙述中正确的是（　　）。

A. 宏定义行中定义了标识符 N 的值为整数 100

B. 在编译程序对 C 源程序进行预处理时用 100 替换标识符 N

C. 对 C 源程序进行编译时用 100 替换标识符 N

D. 在运行时用 100 替换标识符 N

11. 有以下程序

```
#include <stdio.h>
int f1(int x,int y)
{
   return x>y?x:y;
}
int f2(int x,int y)
{
   return x>y?y:x;
}
main( )
{
   int a=4,b=3,c=5,d=2,e,f,g;
   e=f2(f1(a,b),f1(c,d));
   f=f1(f2(a,b),f2(c,d));
   g=a+b+c+d-e-f;
   printf("%d,%d,%d\n",e,f,g);
}
```

程序运行结果是（　　）。

A. 4,3,7　　B. 3,4,7　　C. 5,2,7　　D. 2,5,7

12. 有以下程序

```
#include <stdio.h>
void fun (int p)
{
   int d=2;
   p=d++;
   printf("%d",p);
}
main()
{
   int a=1;
   fun(a);
   printf("%d\n",a);
}
```

程序运行结果是（　　）。

A. 32　　B. 12　　C. 21　　D. 22

13. 以下函数 findmax()拟实现在数组中查找最大值并作为函数值返回，但程序中有错导致不能实现预定功能。

```
#define MIN -2147483647
int findmax(int x[ ],int n)
{
    int i,max;
    for(i=0;i<n;i++)
    {
```

```
        max=MIN;
        if(max<x[i]) max=x[i];
    }
    return max;
}
```

造成错误的原因是（　　）。

A. 定义语句 int i,max;中 max 未赋初值

B. 赋值语句 max=MIN;中，不应给 max 赋 MIN 值

C. 语句 if(max<x[i])max=x[i];中判断条件设置错误

D. 赋值语句 max=MIN;放错了位置

14. 有以下程序

```
#include <stdio.h>
int f(int n);
main()
{
   int a=3,s;
   s=f(a);
   s=s+f(a);
   printf("%d\n",s);
}
int f(int n)
{
   static int a=1;
   n+=a++;
   return n;
}
```

程序运行结果是（　　）。

A. 7　　B. 8　　C. 9　　D. 10

15. 有以下程序

```
#include <stdio.h>
#define f(x) x*x*x
main()
{
   int a=3,s,t;
   s=f(a+1);t=f((a+1));
   printf("%d,%d\n",s,t);
}
```

程序运行结果是（　　）。

A. 10,64　　B. 10,10　　C. 64,10　　D. 64,64

16. 有以下程序

```
#include <stdio.h>
void fun(int a, int b)
{
   int t;
   t=a; a=b; b=t;
```

```
}
main()
{
    int c[10]={1,2,3,4,5,6,7,8,9,0},i;
    for (i=0; i<10; i+=2)
        fun(c[i], c[i+1]);
    for (i=0; i<10; i++)
        printf("%d,", c[i]);
    printf("\n");
}
```

程序运行结果是（　　）。

A. 1,2,3,4,5,6,7,8,9,0,　　B. 2,1,4,3,6,5,8,7,0,9,

C. 0,9,8,7,6,5,4,3,2,1,　　D. 0,1,2,3,4,5,6,7,8,9,

17. 有以下程序

```
#include <stdio.h>
void fun(int a[ ], int n)
{
    int i, t;
    for(i=0; i<n/2; i++)
    {
        t=a[i]; a[i]=a[n-1-i]; a[n-1-i]=t;
    }
}
main()
{
    int k[10]={1,2,3,4,5,6,7,8,9,10}, i;
    fun(k,5);
    for(i=2; i<8; i++)
    printf("%d", k[i]);
    printf("\n");
}
```

程序运行结果是（　　）。

A. 345678　　B. 876543　　C. 1098765　　D. 321678

18. 有以下程序

```
#include <stdio.h>
#define N 4
void fun(int a[ ][N], int b[ ])
{
    int i;
    for(i=0; i<N; i++)
        b[i]=a[i][i];
}
main()
{
    int x[ ][N]={{1,2,3},{4},{5,6,7,8},{9,10}},y[N],i;
    fun(x,y);
    for(i=0; i<N; i++)
```

```
        printf("%d,", y[i]);
    printf("\n");
}
```

程序运行结果是（　　）。

A. 1,2,3,4,　　B. 1,0,7,0,　　C. 1,4,5,9,　　D. 3,4,8,10,

19. 下列程序中函数f()的功能是：当flag为1时，进行由小到大排序；当flag为0时，进行由大到小排序。

```
#include<stdio.h>
void f(int b[ ],int n,int flag)
{
    int i,j,t;
    for(i=0;i<n-1;i++)
    for(j=i+1;j<n;j++)
        if(flag? b[i]>b[j]:b[i]<b[j])
        {
            t=b[i];b[i]=b[j];b[j]=t;
        }
}
void main( )
{
    int a[10]={5,4,3,2,1,6,7,8,9,10},i;
    f(&a[2],5,0); f(a,5,1);
    for(i=0;i<10;i++)
    printf("%d,",a[i]);
}
```

程序运行结果是（　　）。

A. 1,2,3,4,5,6,7,8,9,10,　　B. 3,4,5,6,7,2,1,8,9,10,

C. 5,4,3,2,1,6,7,8,9,10,　　D. 10,9,8,7,6,5,4,3,2,1,

20. 有一个名为init.txt的文件，内容如下：

```
#define HDY(A,B) A/B
#define PRINT(Y) printf("y=%d\n",Y)
```

有下列程序：

```
#include "init.txt"
#include<stdio.h>
void main( )
{
    int a=1,b=2,c=3,d=4,k;
    k=HDY(a+c,b+d);
    PRINT(k);
}
```

下列针对该程序的叙述正确的是（　　）。

A. 编译出错　　B. 运行出错

C. 运行结果为y=0　　D. 运行结果为y=6

21. 有下列程序：

```
#include <stdio.h>
```

```
int a=1;
int f(int c)
{
   static int a=2;
   c=c+1;
   return (a++)+c;
}
main( )
{
   int i,k=0;
   for(i=0;i<2;i++)
   {
      int a=3;
      k+=f(a);
   }
   k+=a;
   printf("%d\n",k);
}
```

程序运行结果是（　　）。

A. 14　　　　B. 15　　　　C. 16　　　　D. 17

二、填空题

以下程序的功能是：通过函数 func() 输入字符并统计输入字符的个数。输入时用字符@作为输入结束标志，请填空。

```
#include <stdio.h>
long _______;          /* 函数说明语句 */
main()
{
   long n;
   n=func();
   printf("n=%ld\n",n);
}
long func()
{
   long m;
   for( m=0; getchar()!='@';_______);
   return m;
}
```

三、编程题

程序设计：main() 函数中定义的一维字符数组中包含了各种字符，调用一个 fun() 函数统计其中包含英文字母（包括大小写）的个数,并将统计结果作为函数返回值，在 main() 函数中输出；请编写 fun() 函数。（注：在函数中如果使用到循环，要求使用 for 语句）。例如，程序中的字符数组中存放："Mr Ling! Tell you my phone number is:13055997788"，程序应该输出 28。注意：请勿改动主函数 main() 和其他函数中的任何内容，仅在函数 fun() 的花括号中填入所编写的若干语句。部分源程序给出如下：

```
#include "stdio.h"
```

```
#include "string.h"
int fun(char x[ ],int n)
{
/**********Program**********/

/**********End**********/
}
main()
{
    char a[ ]="Mr Ling! Tell you my phone number is:13055997788"; //包含28个英文字母
    int i,funreturn,j;
    i=0;
    j=strlen(a);
    while(i<j)
    {
       printf("%c",a[i]);
       i++;
    }
    printf("\n");
    funreturn=fun(a,strlen(a));
    printf("%d\n", funreturn);
}
```

第8章

指　　针

指针

指针是C语言中一种重要的数据类型，通过指针能够对它所指向的内存单元进行读/写，方便地处理使用各种数据类型的数组，高效地实现函数间各类数据的传递。理解并掌握指针的用法，能够让程序简明、紧凑。本章首先介绍了指针的概念及指针数据类型的定义、指针变量的引用，最后，就指针在数组、函数方面的应用进行了分析。

指针是C语言程序设计的精华，也是重点难点，概念较复杂、使用灵活，在学习过程中，大家务必要多思考通过变量想象其背后的内存地址的分配与访问，通过练习使用分步式调试查看变量中值的变化，并在实践中逐步掌握指针的灵活使用。

8.1　指针的概念

如果程序中定义了变量，在程序运行时系统会根据变量的数据类型，为变量分配相应大小的内存空间（参考第 1 章相关章节内容）。内存地址的编排是以字节为单位连续编排的，如有以下变量的定义：

```
int i;
float f;
char c;
int *pi;
```

系统分配 4 个字节的内存空间给整型变量 a，分配 4 个字节的内存空间给单精度浮点型变量 f，分配 1 个字节的内存空间给字符型变量 c（考虑到程序性能的原因，实际上字符类型变量占用了 4 字节的空间，但它实际只能用到 1 字节，可以从示例程序中清楚地看出），分配 4 个字节的空间给指针型变量 pi，具体内存空间分配示意如图 8.1 所示。分配给变量的内存空间的首字节单元地址即为该变量的地址，一个变量的地址也称为该变量的指针。例如，1638212 是变量 a 的地址（即指针），1638208 是变量 f 的地址（即指针），1638204 是变量 c 的地址（即指针），1638200 是变量 pi 的地址。所以，大家今后看到有变量定义的语句就应该能够想象到内存中变量的空间分配情况。特别需要说明的是，为了指针运算理解上的方便本章后续的内容中，对变量的内存空间的分配并未严格按从高地址向低地址分配的原则。

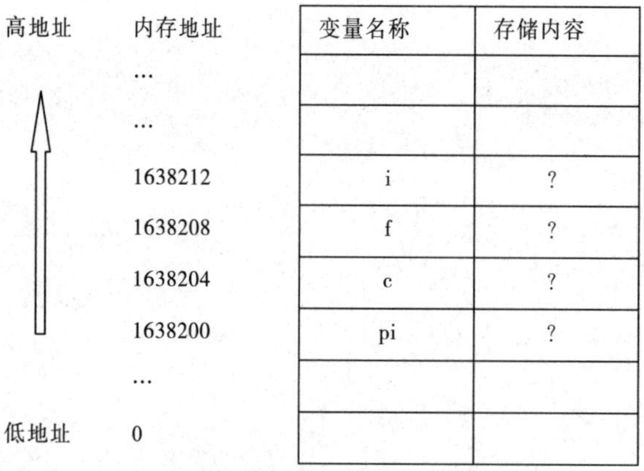

高地址

内存地址	变量名称	存储内容
…		
…		
1638212	i	?
1638208	f	?
1638204	c	?
1638200	pi	?
…		
0		

低地址

图 8.1 内存空间分配示意图

【例 8-1】获取不同类型变量的内存地址。

```
#include <stdio.h>
int main()
{
   int i;
   float f;
   char c;
   int *pi;
   pi=&i;    //将 a 的地址赋给指针变量 pa
   printf("整型变量 a 的地址为:%d\n",&i);
   printf("单精度变量 f 的地址为:%d\n",&f);
   printf("字符型变量 c 的地址为:%d\n",&c);
   printf("指针型变量 pi 的地址为:%d\n",&pa);
   printf("指针型变量 pi 中存储的内容为变量 i 的地址:%d\n",pa);
}
```

程序运行结果:

```
整型变量 i 的地址为:1638212
单精度变量 f 的地址为:1638208
字符型变量 c 的地址为:1638204
指针型变量 pi 的地址为:1638200
指针型变量 pi 中存储的内容为变量 a 的地址:1638212
```

上述例程中各变量的地址是使用十进制输出的，也可以使用十六进制输出，并且因为计算机内存大小配置的不同，可能输出的地址值与示例中的不同，可以参考教材的配套例程运行查看、分析研究。

在前面章节中，对变量值的存取操作都是通过使用变量名直接进行的，实际上在计算机中程序经过编译器对源程序的预处理阶段就会将所有变量的名称替换为变量在代码段中的相对逻辑地址，对变量的访问实际上就是通过其地址进行的。这种直接引用变量名或其地址存取变量值的方式，称为直接访问方式。

另外还有一种访问方式称为间接访问方式，即将变量的地址存放在另一种专门存放地址的特殊类型（即指针型）的变量中，再根据该指针类型变量中存放的地址去访问相应的内存单元。

例 8-1 中定义了一个指针型变量 pi，用来存放上述整型变量 i 的地址，那么通过如下语句可将整型变量 i 的地址 1638212 存放到指针型变量 pi 中。

```
pi=&i;              // &的功能是取变量 a 的地址
```

此时，指针型变量 pi 中的值是变量 i 的地址（即变量 i 所占内存单元的起始地址 1638212）。至此，要存取访问变量 i 的值就有了两种方式：可采用直接访问方式，通过引用变量名称直接存取变量 i 的值；也可采用间接访问方式，通过先访问存放变量 i 地址的指针型变量 pi，从中获取变量 i 的地址 1638212，再到 1638212~1638215 共 4 个字节的内存空间中，存取变量 i 的值，如图 8.2 所示。

高地址	内存地址	变量名称	存储内容
	…		
	…		
	1638212	i	?
	1638208	f	?
	1638204	c	?
	1638200	pi	1638212
	…		
低地址	0		

图 8-2　指针对变量的间接访问方式

8.2　指针的定义及其基本用法

8.2.1　指针的定义

指针是指针类型变量的简称，根据编译系统是 32 位还是 64 位的不同，指针变量的本身占用空间的大小可能为 4 字节或 8 字节，其内容代表了一个内存地址，与其他变量一样须在使用之前先定义，然后才能使用。因为 VC++6.0 编译系统为 32 位，所以在本书中指针均以 4 字节为例。

指针变量的定义语法如下：

```
指针所指对象的数据类型  *指针变量名 1,*指针变量名 2,…;
```

其中，“*”表示变量是一个指针变量。

例如，“int *p;”表示 p 是一个指针变量，p 指向的变量是整型的，其值为某整型数据的地址；又如，“char *pc;”表示 pc 是一个指针变量，pc 指向的变量是字符型的，其值为某字符型数据的地址。

指针变量的类型实际上代表了指针能够访问的连续内存空间的大小，大家应该清楚地区分指针变量本身所占内存空间大小和它能够访问的内存空间大小两者的区别。

指针变量与其他变量一样，如果指针变量未被赋过值，指针变量的值将是不定值。所以，如果想让 p 的内容是变量 i 的地址，必须做一个取地址运算。

```
#define NULL 0
…
int i;            //定义整型变量i
int *p,*q;        //定义指针变量p、q
p=&i;             //p指向i
q=NULL;
```

上面的程序段中“int i; int *p,*q;”为定义语句，如果只有这两句，i 与 p 之间是完全没有关系的。此时，p 的值是不定值，只有在执行了语句“p=&i;”之后，指针变量 p 才有了确定的值。这时，就可以称 p 指向 i，但是若没有执行“p=&i;”，则不能说 p 指向 i。

上面程序段中的 NULL 表示空指针。空指针是一个特殊的值，C 语言为指针类型的变量专门定义一个空值，将空值赋值给一个指针变量以后，说明该指针变量的值不再是不定值，而是一个有效的值，但并不指向任何变量。空指针写作 NULL，数值为 0。

8.2.2 指针运算符的使用

指针运算符有两个：一个是上面提到的取地址运算符“&”；还有一个是取内容运算符“*”，使用取内容运算符“*”可以存取指针所指向的存储单元的内容。这两个运算符都是单目运算符。

例如：

```
int a;            //定义整型变量a
int *p;           //定义指针变量p
p=&a;             //p指向a
*p=3;             //使i的内容为3
```

最后一句“*p=3;”使用了取内容运算符，其含义是把 3 赋值给 p 指向的存储单元 a，结果是变量 a 中存储的内容变成了 3。

在定义指针和使用指针运算符时，要注意以下几点：

（1）如果有了定义“int *p;”，说明 p 是指针变量（也可以简称指针），p 的内容应该是地址，通过取地址运算符“&”可以使其指向另外一个存储单元，指针变量 p 本身也是一个变量，它也要占一个存储单元（这一点经常被初学者忽略，大家千万记住程序中有变量的定义语句，就有其背后的内存空间的分配）。

（2）在定义指针变量时，可以将其定义为指向任何一种数据类型的存储单元，当使用取地址运算符“&”为其赋值时，所指变量的数据类型应该与定义时一致。如果有定义“float *q;”，则 q 只能指向单精度浮点型的数据单元，而不能指向整型的数据单元。

```
int a;
float *p;
p=&a;             //错误
```

上述程序段中，a 是整型变量，p 则是指向单精度浮点型的指针变量，使用 p 存取 a 的地址是错误的，可能会引起预想不到的结果。

正确的程序段如下：

```
float a;
float *p;
p=&a;             //正确
```

（3）操作未初始化的指针时，需避免出现以下错误：

```
…
int x[1],*px;
*x=2;              //正确,数组的名称本身就是指的是数组的起始地址
*px=2;             //错误
…
```

本程序段是错误的，在程序中，由于未对指针变量px进行初始化，使得px的值有可能是空值，也有可能包含旧值，旧值是不是指针值也无从知道，因此，不能明确指针px指向的内存单元，引用未赋值的指针，可能会出现难以预料的结果。所以“*px=2；”操作是错误的，在某些系统中该操作有可能导致系统崩溃。

如果做如下修改，程序就是正确的。

```
int x[1];
int *px=x;         //定义指针px，并同时对其进行初始化；可分解为int *px;px=x;两条语句
*x=2;              //正确
*px=2;             //正确
```

（4）注意“*”号的不同含义，它可以作为算术运算符乘号，也可以定义指针，还可以存取指针所指的存储单元的内容。例如：

```
int a;             //定义整型变量a
int *p;            //定义指针变量p
p=&a;              //p指向a
*p=3*6;            //使a的内容为3*6=18
```

（5）指针只是概念上的地址，写程序时，不必关心它的具体数值是2000还是3000。因为对某个变量来说，编译器只是给变量分配了一个逻辑地址，物理内存空间最终是在程序运行时由操作系统分配的（有兴趣的同学可以查阅操作系统课程中存储管理相关章节的内容），在C程序中不可直接将内存地址值赋值给一个指针变量，例如，“int *p;p=2000;”是错误的。

（6）指向相同的数据类型对象的指针变量可以相互赋值，指向不同数据类型对象的指针一般不要相互赋值。

```
int a;
int *py=&a;
int *px;
px=py;
```

上面程序段执行以后，指针变量py与px同时指向整型变量a。

【例8-2】指针作为scanf()函数的参数。

```
#include "stdio.h"
int main()
{   int score;                               //定义整型变量score
    int *p=&score;                           //定义指针变量p，p指向变量score
    printf("\nPlease enter one score:");     //提示用户输入一个分数
    scanf("%d",p );       //接收用户输入的分数到p所指的存储单元
    printf("score=%d\n",score);              //输出score
    return 0;
}
```

本程序中p中存放的就是score的地址，所以在调用scanf()函数时可以直接使用p作为参数，

从键盘接收的数据将会存储在p所指向的整型变量score中。从形式上看，调用scanf()函数时的参数p并未带取地址符&，但实际上，指针变量p的内容就是整型变量score的地址。

8.2.3 指向指针的指针

二级指针就是指向指针的指针。二级指针的定义语法如下：

```
数据类型 **变量名;
```

其中的数据类型是二级指针间接操作的那个变量的数据类型。

【例 8-3】二级指针示例。

```
#include "stdio.h"
int main()
{
   int a;                    //定义整型变量
   int *p;                   //定义指针变量
   int **q;                  //定义二级指针变量,即指向指针的指针
   a=50;
   p=&a;                     //p 获取 a 的地址
   q=&p;                     //q 获取 p 的地址
   printf("a=%d\n",a);
   printf("*p=%d\n",*p);
   printf("**q=%d\n",**q);
   return 0;
}
```

本程序中有一个整型变量a，假设其地址为2000；还有一个指向a的指针变量p（指针变量p也要占一个存储空间），假设其地址为4000，现在再用一个存储空间q存储p的地址4000，则q就是二级指针，q指向的对象是一个指针变量，如图8.2所示。

程序运行结果：

```
a=50
*p=50
**q=50
```

因为“a=50;”而指针p指向变量a，指针q指向指针变量p，*q的值为q所指向的指针变量p的地址（图8.3中为4000），“**q”（即“*(*q)”）当然就是指针p所指向的变量a所在存储单元的内容。实际上，q是通过p间接操作了a。

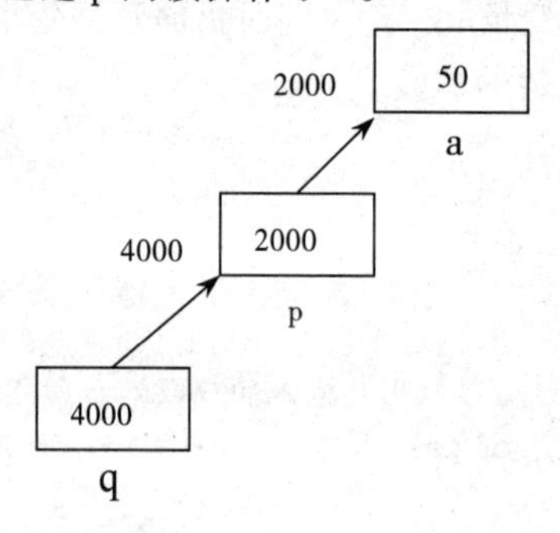

图8.3 二级指针的含义

8.2.4 指针的运算

1. 在指针值上加减一个整数

如有定义：

```
int n,*p;
```

则表达式 p+n（n>=0）指向的是 p 所指的数据存储单元之后的第 n 个数据存储单元。这里的数据存储单元不是内存单元，内存单元的大小是固定的一个字节，而不同类型数据的存储单元的大小与数据类型有关。在 Visual C++6.0 中，一个字符变量占 1 字节，一个短整型变量占 2 字节，一个整型变量占 4 字节。那么，在指针变量 p 上加 n 是按该指针变量所属数据类型占用的存储单元的大小等比例增加，而不是直接加数值 n。

一个整型数据占 4 字节，地址按字节编址，p 是指向整型变量的指针，p 的值是 2000，则 p+1=2004，p+2=2008，…，p+n=2000+4*n，如图 8.4 所示。

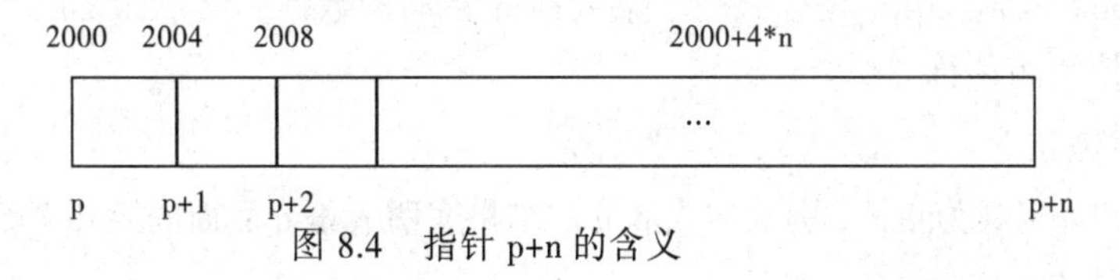

图 8.4 指针 p+n 的含义

因此，p+n 的地址值实际等价于(char *) p+ sizeof (*p)*n，而不是指向 p 地址之后的第 n 个内存地址。

假设有如下定义：

```
char *pc;
short int *ps;
float *pf;
```

如果 sizeof(char)的值是 1，sizeof(short int)的值是 2，sizeof(float)的值是 4，假设指针 pc、ps、pf 的地址值均为 2000，则 pc+1 是 9001，ps+1 是 9002，pf+1 是 9004。

既然 p+n 是正确的指针运算，则 p=p+n 和 p++均为正确的表达式。n 当然也可以是一个负数。p++表示，使 p 指向下一个数据存储单元，p--表示，使 p 指向上一个数据存储单元。

注意：p++与 p+1 两者虽然结果相同但有着本质的区别，p++中隐含的赋值操作改变了指针变量的值，而 p+1 仅仅影响结果，指针 p 的值并未改变。大家一定要从数学算术运算的固有模式中转变过来。在计算机中，只有存在赋值运算时才会改变运算符左边变量的值。

2. 指针值的比较

使用关系运算符<、<=、>、>=、==和!=可以比较指针值的大小。

如果 p 和 q 是指向相同的数据类型的指针变量，并且 p 和 q 指向同一段连续的存储空间，p 中存储的地址值小于 q 中存储的地址值，则表达式 p<q 的结果为 1（即逻辑真），否则，表达式 p<q 的结果为 0（即逻辑假）。

注意：参与比较的指针所指向的空间一定要在一个连续的内存空间中，如图 8.5 所示。

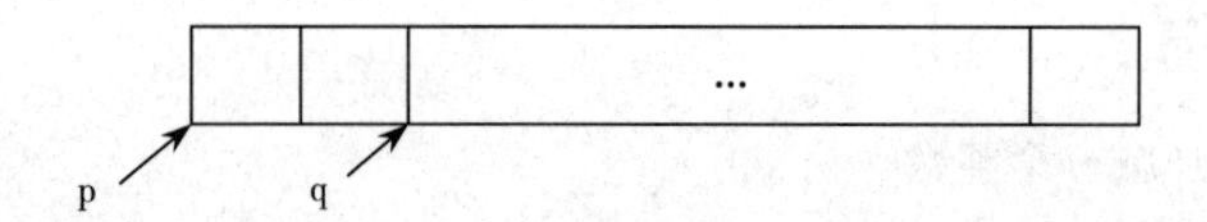

图 8.5 p 和 q 指向的空间是在一个连续的内存空间

在示例程序中有如下语句：

```
for(q=p;q<p+Size;q++)
    scanf("%d",q);
```

该语句中的 q 从 p 所指向的单元开始，每次向下移动一个存储单元，直到 p+Size 单元结束，如图 8.5 所示。整个程序片段的意思就是将用户从键盘输入的 Size 个整数存入以内存地址 p 开始的连续内存空间；指针 q 的作用就是接收用户的输入，将每个整数存入它所指向的数据存储单元，之后指针下移到下一个数据存储单元。

语句“scanf("%d",q);”是读入一个整数到 q 指向的数据存储单元，因为 q 本身就是地址，不需要用取地址运算符“&”了。

3. 指针减法

如果 p 和 q 定义为指针，则表达式 p-q 的结果表明 p 是 q 后面的第几个数据存储单元。图 8.6 中 p-q 的值是 3。

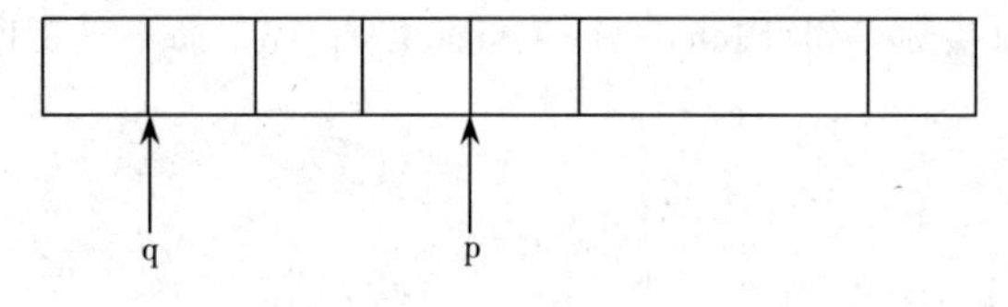

图 8.6 p-q 的含义

注意：不能对任意的两个指针做减法，表达式“p-q”有意义的前提是：p 和 q 两个指针的数据类型定义完全一致；p 所指向的空间与 q 所指向的空间在连续的存储段；p 大于或等于 q。

8.3 指针与函数

8.3.1 形参的数据类型是指针类型

如果使用指针类型作为函数的形式参数，就可以实现被调用函数对指针所指变量的修改。

【例 8-4】 编写函数实现交换两个变量的值。

```
#include "stdio.h"
void swap(int *x,int *y)                    //形式参数为指针类型
{
    int temp;
    temp=*x;                                //指针所指的内容交换
    *x=*y;
    *y=temp;
}
```

```
int main()
{
    int i,j;                                    //定义变量
    i=2;j=4;                                    //变量赋值
    printf("调用前:  i=%d,j=%d\n",i,j);       //输出调用函数之前的值
    swap(&i,&j);                                //调用函数
    printf("调用后:  i=%d,j=%d\n",i,j);       //输出调用函数之后的值
return 0;
}
```

程序运行结果：

```
调用前: i=2,j=4
调用后: i=4,j=2
```

说明：从运行结果看，这是一个成功的数据交换。调用 swap()函数之前，主函数中 i 和 j 的内容是 2 和 4，从 swap()函数回到主函数后，i 和 j 的内容变成了 4 和 2，交换成功。下面分析一下数据交换的过程。

在本例中，swap()函数有两个形式参数 x 和 y，它们是整型指针变量，可存储整型数据的地址。在主函数中有 i、j 两个整型变量，假设它们的地址分别是 1000 和 1004。

函数调用语句是 swap(&x,&y); 相当于将 i 的地址值赋值给形参 x，x 的内容就变成了 1000，x 作为指针变量指向了 i；同时将 j 的地址值赋值给 y，y 的内容变成了 1004，y 作为指针变量也指向了 j，如图 8.7 所示。

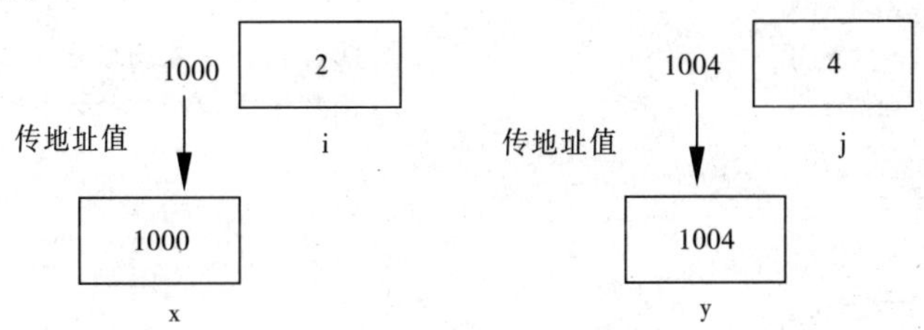

图 8.7　函数间变量地址的传递

那么，在 swap()函数中*x 就是存取 x 所指向的单元 i 的内容，*y 就是存取 y 所指向的单元 j 的内容，语句

```
temp=*x;
*x=*y;
*y=temp;
```

是将 x 所指的变量 i 的内容与 y 所指的变量 j 的内容真正做了交换。

通过传递指针变量的值，主调函数和被调用函数可以操作相同的存储单元。

注意：形式参数和实际参数的写法，若没有把形式参数定义为指针类型，或者实际参数不是地址值，都会使被调用函数出现错误。

调用 swap()函数的主函数还有一种方法，请看下面的程序。

```
int main()
{
    int i,j,*p,*q;                              //定义变量
```

```
    i=2;j=4;                                   //变量赋值
    p=&i;q=&j;                                 //p和q分别取i和j的地址
    printf("调用前: i=%d,j=%d\n",i,j);         //输出调用函数之前的值
    swap(p,q);                                 //调用函数
    printf("调用后: i=%d,j=%d\n",i,j);         //输出调用函数之后的值
    return 0;
}
```

在主函数中直接定义了两个指针变量p和q分别指向i和j，也就是说p中存放的是i的地址，q中存放的是j的地址，调用swap()函数时，直接使用p和q传送地址值就行了。因此，调用语句是swap(p,q);。注意，这时的p和q一定是指针变量，并且指向了某个存储空间，不能是不定值或空值。

从效果看，形式参数使用指针变量使得调用函数与被调用函数共享相同的数据存储单元，这使被调用函数在事实上可以传送多个值给调用者。但是从软件工程的视角来看，这一方法使得模块间的耦合度增加，不利于模块间的独立。

【例8-5】 编写一个函数同时计算圆面积和圆周长，在主函数中调用该函数输出结果。

```
#define PI 3.1415926
#include "stdio.h"
double Circle(double r,double *c)   //求圆的面积和周长的函数
{
double area;
       area=PI*r*r;
       *c=2*PI*r;                     //通过指针变量的操作传送圆的周长的计算结果
       return area;                   //函数值返回面积的计算结果
}
int main()
{
double r,cir;
       printf("请输入圆的半径: ");                  //提示用户输入圆的半径
       scanf("%lf",&r);                             //接收输入
       printf("圆的面积是 %.2lf.\n", Circle (r,&cir));//输出圆的面积
       printf("圆的周长是 %.2lf.\n", cir);          //输出圆的周长
return 0;
}
```

程序运行结果：

```
请输入圆的半径: 5↙
圆的面积是78.54.
圆的周长是31.42.
```

说明：在本例中，要求同在一个函数中计算圆的面积和周长，并将结果传给主函数，如果没有指针或全局变量的帮助是不可能实现的。由于被调用函数一次只能返回一个值，所以另一个值要通过共享在主函数中分配的空间来实现数据的传递。

该问题还可以按如下方法解决：

主函数中定义一个double类型的变量cir，这个变量就是主函数和被调用函数共享的存储单元，在主函数中调用Circle()函数时，将cir变量的地址值传送给该函数的形参指针变量c，形参c就指向了主函数定义的变量cir，Circle()函数中的语句"*c=2*PI*r;"是将圆的周长的计算结果

送入形参c所指向的double类型变量cir中。

```
#define PI 3.1415926
#include "stdio.h"
void Circle(double r,double *a,double *c)  //求圆的面积和周长的函数
{
    *a=PI*r*r;              //通过指针变量的操作传送圆的面积的计算结果
    *c=2*PI*r;              //通过指针变量的操作传送圆的周长的计算结果
}
int main()
{
    double r,area,cir;
    printf("请输入圆的半径: ");                //提示用户输入圆的半径
    scanf("%lf",&r);                          //接收输入
    Circle(r,&area,&cir);
    printf("圆的面积是 %.2lf.",area);          //输出圆的面积
    printf("圆的周长是 %.2lf.",cir);           //输出圆的周长
    return 0;
}
```

主函数中定义了double类型的变量area、cir，这两个变量为主函数和被调用函数共享的存储单元，在主函数中调用Circle()函数时，将变量area、cir的地址值分别传送给该函数Circle的形参指针变量a、c，形参指针变量a、c就分别指向了主函数定义的变量area、cir，Circle()函数中的语句“*a=PI*r*r; *c=2*PI*r;”将圆的面积、周长的计算结果分别送入形参a、c所指向的空间double类型变量area、cir中，由此通过指针变量传送多个值给主调函数。

【例8-6】实参和形参的指针类型不匹配的错误程序。

```
#include "stdio.h"
void swap(double *x,double *y)                //形参与实参类型不匹配，错误
{
    double temp;
   temp=*x;                                   //指针所指的内容交换
   *x=*y;
   *y=temp;
}
int main()
{
    int i,j;                                  //定义变量
    i=2;j=4;                                  //变量赋值
    printf("调用前:  i=%d,j=%d\n",i,j);        //输出调用函数之前的值
    swap(&i,&j);                              //调用函数
    printf("调用后:  i=%d,j=%d\n",i,j);        //输出调用函数之后的值
    return 0;
}
```

swap()函数中的形参为指向双精度浮点数的指针，但是调用时实参为整型变量的地址，导致编译时出现警告，在程序执行后导致错误结果。本程序可将主函数中“int i,j;”修改为“double i,j”，形参与实参类型匹配，程序即可运行。

8.3.2 返回值是指针类型的函数

函数的返回值是指针的函数称为指针函数。定义指针函数时的语法如下：

返回的指针指向单元的类型 * 函数名(参数表)

例如：

```
int *add(int x,int y)
```

注意：函数的返回值可以是各种基本数据类型，整型、字符型和浮点型等，但是要返回指针类型时却要特别小心，C 语言不支持在调用函数时返回局部变量的地址，除非定义局部变量为 static 变量。因为局部变量是存储在内存的栈区内，当函数调用结束后，局部变量所占的内存地址就被释放了，因此当其函数执行完毕后，函数内的变量便不再拥有那块内存空间，该块内存可能被其他函数占用，因此无法保证全部结果的正确性。除非将其变量定义为 static 变量，static 变量的值存放在内存中的静态数据区，不会随着函数执行的结束而被清除，故能返回其地址。请看下面的例子：

【例 8-7】 函数返回局部变量地址示例

```
#include "stdio.h"
int *add(int x,int y);              //函数声明
int main()
{
    int a,b,*p;                     //定义变量
    printf("请输入操作数1和操作数2: ");
    scanf("%d%d",&a,&b);
    p=add(a,b);                     //返回和的指针
    printf("\n");//此行printf()函数的调用改变了函数add()所返回地址的那块内存中的
//数据，导致输出结果错误,如果没有此函数直接输出*p,则可能是正确的
    printf("\nsum=%d\n",*p);       //输出和
    return 0 ;
}
int *add(int x,int y)
{
    int sum;                        //修改为static int sum;才能正确返回
    sum=x+y;
    return &sum ;                   //sum的地址作为指针函数的返回值
}
```

指针函数的返回值一定是个地址值，且返回值的类型要与函数类型一致。

8.3.3 指向函数的指针

在C语言中，函数定义是不能嵌套的，即不能在一个函数的定义中包含有其他函数的定义，整个函数也不能作为参数在函数间进行传递。但实际编程中可能需要把一个函数作为参数传给另一个函数，方法是使用指向函数的指针作为参数。

指向函数的指针变量的定义语法如下：

返回值类型 (*指针变量名)(形参类型1 形参1，形参类型2 形参2…);

例如，语句“int (*funp)();”说明 funp 为指向一个函数的指针，函数的返回值是整型。

指向函数的指针变量的定义非常类似于函数的声明。

注意：① “(*funp)”中的圆括号不能省，若省略则成为“int *funp();”，这是一个函数声明。指向函数的指针的内容实际上是函数的代码段在内存中的首地址。

② 函数指针的返回值，形参类型和形参个数必须和它所指向的函数一致。

通过使用指向函数的指针对函数的调用形式：

```
(*指针变量名)(实际参数);
```

例如，有下列程序段：

```
extern double f(float x);          //函数声明，说明 f()是个函数
double (*fp)(float);               //fp 是指向函数的指针，定义时可省略形参名
fp=f;
```

最后一句是将函数 f()在内存中的起始地址赋值给 fp，从而使 fp 指向函数 f()。C 编译对函数名的处理方式是：自动地把函数名转换为指向该函数在内存中的开始地址。

通过函数声明可知，函数 f()有一个 float 型的形式参数，返回值是 double 型。如果是直接调用该函数 f()，可以使用语句“y=f(3.5);”，此时，若使用指向函数的指针，调用函数 f()，调用语句可写为：

```
y=(*fp)(3.5);
```

【例 8-8】由用户指定分别求 x^2-2 和 x^3-2x+5 值。

```
#include "stdio.h"
#include "math.h"
double f1(double x)                    //定义函数求 x*x-2
{
    return(x*x-2);
}
double f2(double x)
{
    return(x*x*x-2*x+5);               //定义函数求 x*x*x-2*x+5
}
int main()
{
    int i;                             //定义变量
    double x;
    double (*fp)(double);              //定义指向函数的指针的原型
    puts("函数 1------x*x-2\n");        //显示一个简易菜单
    puts("函数 2------x*x*x-2*x+5\n");
    puts("请选择 1 或 2:");             //询问用户使用哪个函数计算
    scanf("%d",&i);                    //接收用户的选择
    if(i==1)                           //若用户选择的是 1
        fp=f1;                         //fp 指向函数 f1()
    else
        fp=f2;                         //否则 fp 指向函数 f2()
    puts("请输入 x:");                 //请用户输入 x
    scanf("%lf",&x);                   //接收用户输入的 x
    printf("x=%.2lf , f(x)=%.2lf\n",x,(*fp)(x));  //输出结果
    return 0;
}
```

程序运行结果：

```
函数1------x*x-2
函数2------x*x*x-2*x+5
请选择 1 或 2:2
请输入x:3.0
x=3.00 , f(x)=26.00
```

说明：假定f1()的代码段起始地址是2000，f2的代码段起始地址是4000，若用户选择1，则将fp指向函数f1(),即fp=2000，因此“（*fp）(x)”执行从地址为2000开始的代码段，即调用函数f1()；否则fp=4000，因此“（*fp）(x)”执行地址为4000开始的代码段，即调用函数f2()。

例8-8比较简单，并且不具备通用性，更具通用性的做法是将指向函数的指针作为另一个函数的参数。

假设要将函数2作为参数传递给函数1，那么

对函数1的定义形式是：

```
函数1(指向函数2的指针变量)
{
    (*指向函数2的指针变量)(实际参数);
}
```

对函数1的调用形式是：

```
函数1(函数2);
```

【例8-9】由用户指定分别求 x^2-2 和 x^3-2x+5 值。

```
#include "stdio.h"
double f1(double x)                     //求x*x-2的函数定义
{
    return(x*x-2);
}
double f2(double x)                     //求x*x*x-2*x+5的函数定义
{
    return(x*x*x-2*x+5);
}
void test(double (*f)(double))          //指向函数的指针f作为test()函数的参数
{
    double x;
    printf("请输入x 的值:");             //提示用户输入x
    scanf("%lf",&x);
    printf("x=%.2lf ,f(x)=%.2lf\n",x,(*f)(x)); //调用指向函数的指针f指向的函数
}
int main()
{
    int i;
    printf("函数1------x^2-2\n");       //显示一个简易菜单
    printf("函数2------x^3-2*x+5\n");
    printf("请选择 1 或 2:");             //询问用户使用哪个函数计算
    scanf("%d",&i);                     //接收用户的选择
    if(i==1)                            //若用户选择的是1
        test(f1);                       //f1为 test 的参数
```

```
    else if(i==2)
        test(f2);                              //否则 f2 为 test 的参数
    else
        printf("选择错误!");
    return 0;
}
```

说明：在主函数中将 f1()函数作为另外一个函数 test()的参数进行调用，即“test(f1);”，则实际参数 f1 传递给被调用函数的是函数 f1()的地址，因此，test 的形式参数应该是一个指向函数的指针，函数头定义为“void test(double(*f)(double))；”。通过语句“printf("x=%.2lf, f(x)=%.2lf\n",x,(*f)(x));”中的“(*f)(x)”调用函数 f1()（或 f2()）。

例 8-9 实际上演示了计算机高级编程中的一个重要概念——回调函数。回调函数就是一个通过函数指针调用的函数。如果把函数的指针（地址）作为参数传递给另一个函数，当这个指针被用来调用其所指向的函数时，称为回调。回调函数不是由该函数的实现者自己调用的，而是在特定的事件或条件发生时由系统调用的，用于对该事件或条件进行响应。例如，当点击鼠标的左键时，在操作系统中就触发了一个鼠标左键单击事件。不同软件如何处理该事件呢？根据每个软件设计功能的不同，不同的软件处理此事件的方式可能也不同，由应用程序开发人员在各软件中自定义不同的处理函数并把此函数的地址传递给事件处理函数以供事件处理函数回调，以此来处理该事件。test()就相当于事件处理函数，f1()、f2()则为回调函数。test()只接收与它所声明形参格式一致函数的指针，而不管该函数叫什么名称，内部具体怎么实现。各种可视化编程，如 VB、Delphi、Visual Studio 等中大量使用该机制。

8.4　指针与数组

指针变量可以存储各普通类型变量的地址，也可以存储数组或数组元素的地址。C 语言中数组与普通变量一样也使用内存来存储数据，数组名单独使用时，代表数组在内存中的起始地址，且数组中每一个数据元素在内存中都有独立的地址。当指针变量指向数组时，称该指针变量为数组指针变量。由于数组中各数据元素在内存中是连续存放的，因此，利用数组指针变量来操作数组会更灵活。注意一维数组的指针变量与二维数组的指针变量在定义上有大的差别，一维数组指针变量的定义类似于基本数据类型的指针定义，如 int *p;。而二维数组的指针变量的定义，如指向二维数组 int a[2][3]的指针变量的定义为 int (*p)[3]。

8.4.1　指针与一维数组

指针变量的值是一个地址，不但可以指向一个单独的变量，也可以指向一组连续存放的变量中的某一个变量，甚至是一段代码（指向函数的指针）的首地址。如果在一个指针变量中存放的是某个数组的首地址，就可以通过该数组指针及指针的算术运算，对数组中的所有数据元素进行操作。

在 C 语言中，当定义了一个数组后，数组名本身就代表了该数组的首地址，数组元素的地址计算在内部是用该首地址元素下标值来实现的。所以，可以认为，数组名是指针型的，只不过这个指针是不可修改的，称为静态指针。

假设有下列定义：

```
int a[20],*p;
```

则执行“p=a;”与“p=&a[0];”都表示使指针 p 指向数组 a 的第一个元素。a 和 p 实际上都指向了数组 a 的第一个元素。根据指针的算术运算规则，p+1 指向数组元素 a[1]，p+2 指向数组元素 a[2]，p+i 指向数组元素 a[i]，如图 8.8 所示。

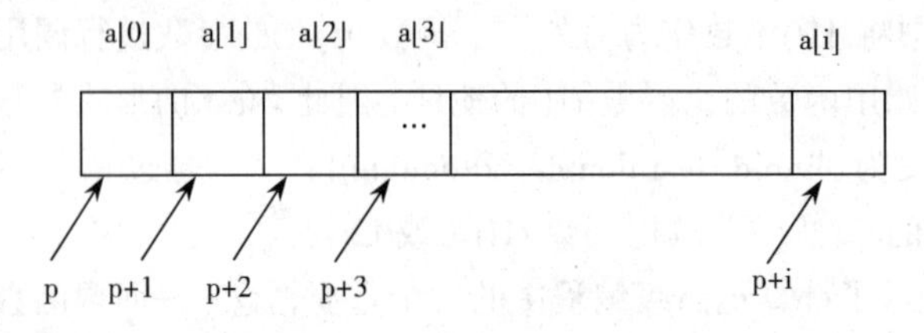

图 8.8 指针 p 指向数组的含义

当一个数组指针指向一个数组时:

```
int a[10];
int *pa=a;
int i;
```

下列的 4 个程序段是等价的。

程序段一:

```
for(i=0;i<10;i++)
   scanf("%d",&a[i]);
for(i=0;i<10;i++)
   printf("  %d",a[i]);
```

程序段二:

```
for(i=0;i<10;i++)
   scanf("%d",a+i);
for(i=0;i<10;i++)
   printf("  %d",*(a+i));
```

程序段三:

```
for(i=0;i<10;i++)
   scanf("%d",&pa[i]);
for(i=0;i<10;i++)
   printf("  %d",pa[i]);
```

程序段四:

```
for(i=0;i<10;i++)
   scanf("%d",pa+i);
for(i=0;i<10;i++)
printf("  %d",*(pa+i));
```

这 4 个程序段的功能都是从键盘输入 10 个整数，存储在数组 a 中，并逐个输出数组 a 中的每个数据元素。

也就是说，可以将数组名用指针方式操作，同时也可以将记录数组首地址的指针用数组方式操作。

当 pa 指向数组 a 的首地址时，pa+i 和 a+i 都表示数组元素 a[i]的地址，*(pa+i)和*(a+i)都表示数组元素 a[i]的内容。

要注意的是 pa 为数组指针变量，其值可以变化；而 a 为数据的数组名，代表数组的首地址，其值不可变。

下面的程序段与上面的 4 个程序段的功能也是一样的。

```
for(pa=a;pa<a+9;pa++)
   scanf("%d",pa);
for(pa=a;pa<a+9;pa++)
   printf("  %d",*pa);
```

指针 pa 的值可以变化，pa++是将 pa 的值增 1，使 pa 指向数组的下一个数据元素。例如，pa 原来的值是 1000，执行 pa++以后，pa 的值将变为 1004，因为 pa 指向整型数据，而一个整型数据占 4 字节。

注意：定义指向数组的指针时，其数据类型应该与数组元素的数据类型一致。例如：

```
short int x[3];
long *px;
px=x;            //错误
```

在 Visual C++6.0 中这种错误可能引起指针操作的混乱，因为 x+1 指向的是 x[1]，而 px+1 按照规则应指向下一个长整型数，根据地址运算，px+1 指向的应该是 x[2]。对于这种错误，有些编译系统会拒绝该语句通过编译，而有些只会以及 short int 类型与 long 类型变量每数据单元占用存储空间大小的不同给出警告信息。

【例 8-10】修改静态指针的错误程序。

```
   #include "stdio.h"
int main()
{
   int a[9];
   int *pa=a;
   for(;a<pa+9;a++)                          //a++错误
      scanf("%d",a);
   for(a=pa; a<pa+9;a++)                     //a++错误
      printf("  %d",*a);
   return 0;
}
```

数组的名称本质上是一个静态指针，表示数组的首地址，其值是不能修改的。例如，“a=pa”、“a++”这样的操作不能通过编译。

在上面的程序中 a 是数组名，pa 是指针变量，指针变量 pa 的值可以修改，也可以通过动态申请空间改变指针的值，但如果动态指针还没有指向任何一个有效空间，则不能通过指针存取数据。

正确的程序如下：

```
#include "stdio.h"
int main()
{
   int a[9];
   int *pa=a;
```

```
    for(;pa<a+9;pa++)
        scanf("%d",pa);
    for(pa=a; pa<a+9;pa++)
        printf("  %d",*pa);
return 0;
}
```

【例 8-11】编写程序，解决 Fibonacci 数列问题，使用指针操作数组。

```
#include "stdio.h"
#define SIZE 20
int main()
{
    int i,*p,*q;                        //定义变量
    int a[SIZE];
    p=a;
    *p=1;
    *(p+1)=1;                           //设置 Fibonacci 数列的前两项
    for(q=p+2;q<p+SIZE;q++)             //循环 size-2 次
        *q=*(q-1)+*(q-2);               //产生 Fibonacci 数列每个值
    for(i=1,q=p;q<p+SIZE;q++,i++)       //循环 size 次
    {
        printf("%10d",*q);              //输出内容
        if(i%5==0) printf("\n");        //换行，每行输出 5 个数据
    }
    return 0;
}
```

如果实参是数组名，形参也应该是数组类型，调用函数与被调用函数存取的将是相同的一组空间，原因是实参传给形参的是一组空间的首地址。因此，指向一段连续空间的首地址的指针变量也可以作为函数参数，其意义与数组名作为参数的意义相同。形参与实参的对应关系可以有 4 种组合，下面通过实例来说明。

【例 8-12】使用指针操作数组，计算数组中负数的个数。

第一种组合：此处（粗体强调的部分），调用时实参是数组名，形参也是数组名。

```
#include "stdio.h"
//-----计算数组中负数的个数使用指针操作数组---------------
int f1(int a[],int size)
{
   int *p=a,sum=0;
    for(;p<a+size;p++)
       if(*p<0)
           sum++;
    return sum;
}
int main()
{
    int a[9]={1,2,3,-1,-2,-3,4,-4,5};             //定义一个数组 a
    printf("%d\n",f(a,9));
    return 0;
}
```

第二种组合：此处（粗体强调的部分），调用时实参是数组名，形参是指针。

```
#include "stdio.h"
int f(int *a,int size)
{
   int *p=a,sum=0;
   for(;p<a+size;p++)
      if(*p<0)
         sum++;
   return sum;
}
int main()
{
   int a[9]={1,2,3,-1,-2,-3,4,-4,5};              //定义一个数组 a
   printf("%d\n",f(a,9));
   return 0;
}
```

第三种组合：此处（粗体强调的部分），调用时实参是指针，形参是数组名。

```
#include "stdio.h"
int f(int a[],int size)
{
   int *p=a,sum=0;
   for(;p<a+size;p++)
      if(*p<0)
         sum++;
   return sum;
}
int main()
{
   int a[9]={1,2,3,-1,-2,-3,4,-4,5};        //定义一个数组 a
   int *p=a;
   printf("%d\n",f(p,9));
return 0;
}
```

第四种组合：此处（粗体强调的部分），调用时实参是指针，形参是也同样是指针。

```
#include "stdio.h"
int f(int *a,int size)
{
   int *p=a,sum=0;
   for(;p<a+size;p++)
      if(*p<0)
         sum++;
   return sum;
}
int main()
{
   int a[9]={1,2,3,-1,-2,-3,4,-4,5};        //定义一个数组 a
   int *p=a;
```

```
    printf("%d\n",f(p,9));
    return 0;
}
```

这 4 种方式的参数传递效果是一样的，都是传送的地址值。

【例 8-13】编写程序输入 5 个学生的成绩，用函数求平均成绩。

```
//------------使用指针操作数组求平均成绩---------
#include "stdio.h"
float average(int *a,int size)              //求平均值的函数定义
{
    float sum=0;                            //累加器定义和赋初值
    int *p;     //通过移动指针 p 来操作数组中每个数据元素，以实现循环累加
    for(p=a;p<a+size;p++)
        sum=sum+*p;
    return sum/size;                        //返回平均值
}

int main()
{
    int i;
    int score[5];                           //定义一个数组
    printf("\nPlease enter 5 scores:");
    for(i=0;i<5;i++)                        //读 5 个成绩到数组中
    {
        scanf("%d",&score[i]);
    }
    printf("aver=%f",average(score,5));     //通过函数调用，求平均值
    return 0;
}
```

本例中，函数 average()中的形式参数使用的是指针变量，而调用语句中的实际参数使用的是数组名。读者可以用另外 3 种方式测试一下该程序。

注意：不论参数是数组名还是指针变量，对连续存储空间的操作既可以用指针方式，也可以用数组方式。

亦可将 average()函数改成数组方式操作：

```
float average(int *a,int size)              //函数定义
{
    float sum=0;
    int i;
    for(i=0;i<size;i++)
        sum=sum+a[i];
    return sum/size;
}
```

8.4.2 指针与二维数组

如果有定义二维数组 int a[2][3]，并且 sizeof(int)的值为 4，假设该数组首地址是 2000，则可

以用图 8.9 表示二维数组 a 在内存中的存储情况，其数据元素在内存中是连续存储的。二维数组名 a 代表了该数组的首地址，因为 a 是指向二维数组的行指针，即它把每一行的 3 个数据元素作为它所指的对象，数组的每一行的大小是 12 字节。因此，a+0 指向第 0 行，a+1 指向第 1 行，等比例变化字节数据为 12 字节。

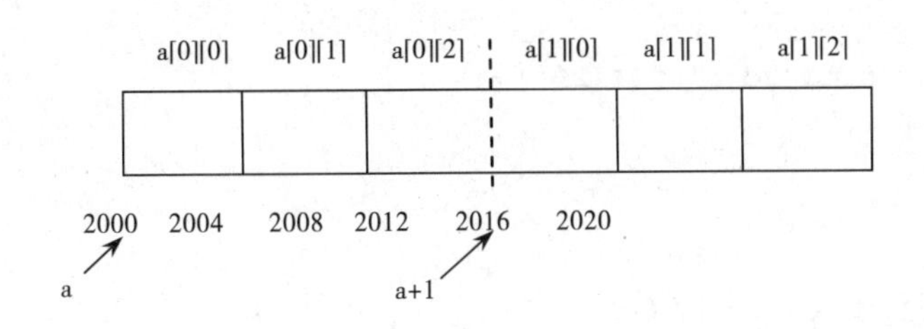

图 8.9 二维数组的存储示意图

在二维数组中，如果将一维的存储方式映射到二维的关系上，即可将二维数组 a 每行分解为一个一维数组，即 a[0]、a[1]不是数据元素，而是一维数组的名字，则 a[0]实际上表示了这个一维数组的首地址，也就是说可以把 a[0]看作是指向第 0 行第 0 个元素 a[0][0]的指针，那么 a[0]+1 则指向 a[0][1]。推而广之，a[i]指向第 i 行第 0 个元素 a[i][0]，a[i]+j 指向第 i 行的第 j 个元素 a[i][j]，因此，*(a[i]+j)就是 a[i][j]。

如果 b 为一维数组，b[k]是 b 数组的一个元素，有 b[k]与 *(b+k)等价。同样，类比到二维数组中，则有 a[i]与*(a+i)等价，因此，a[i]+j 与*(a+i)+j 等价，表示指向二维数组的第 i 行的第 j 个元素 a[i][j]，即 a[i][j]的地址，而*(*(a+i)+j)与 a[i][j]等价，即第 i 行第 j 列的数据元素。也可以说，a[i][j]单元的地址是*(a+i)+j，a[i][j]的内容是*(*(a+i)+j)。这就是用指针操作二维数组的方法。

注意：尽管 a、a[0]的值与&a[0][0]的值相等，但 a 与 a[0]的意义是不相同的。a 代表指向数组首地址的指针；a[0]代表指向第 0 行首地址的指针。

综上所述，如定义了一个二维数组 a，则：

（1）a 为二维数组名，表示二维数组的首地址，是个常量指针。

（2）a+i、&a[i]指向第 i 行，其值为第 i 行的首地址。

（3）&a[i][0]、a[i]、a[i]+0、*(a+i)指向第 i 行第 0 列的数据元素，其值为第 i 行第 0 列的数据元素的地址。

（4）&a[i][j]、a[i]+j、*(a+i)+j 指向第 i 行第 j 列的数据元素，其值为第 i 行第 j 列的数据元素的地址。

（5）a[i][j]、*(a[i]+j)、*(*(a+i)+j)表示第 i 行第 j 列的数据元素。

【例 8-14】输入一个二维数组并输出，用指针方式操作。

```
#include "stdio.h"
int main()
{
    int x[2][3];                                //定义二维数组
    int i,j;
    printf("Please enter %d int: ",2*3);
```

```
    for(i=0;i<2;i++)                                    //读入整数到数组的每个元素中
        for(j=0;j<3;j++)
            scanf("%d",*(x+i)+j);
    putchar('\n');
    for(i=0;i<2;i++)                                    //输出数组的每个元素
    {
        for(j=0;j<3;j++)
            printf("%d  ",*(*(x+i)+j));
        putchar('\n');
    }
    return 0;
}
```

运行时，从键盘输入 1 2 3 4 5 6

屏幕上将显示：

```
1 2 3
4 5 6
```

8.4.3 指向二维数组的指针变量

指向二维数组的指针变量简称为二维数组的指针，指向二维数组的指针变量有两种情况：

（1）指向二维数组中数据元素的指针变量。这种变量的定义与普通指针变量的定义相同。

（2）指向每行含 n 个数据元素的一维数组的指针变量。其定义形式如下：

```
数据类型 (*指针变量名)[n];
```

此处 n 是二维数组的列数，也就是二维数组每行所含的数据元素个数。例如，int (*px)[3]; 中的 px 是一个指针变量，它在内存中占 4 字节的存储空间，可用它指向含 3 个整型数据元素的一维数组的首地址。如果有定义：

```
int a[2][3];
int (*px)[3]=a;
```

其指针示意图如图 8.10 所示。

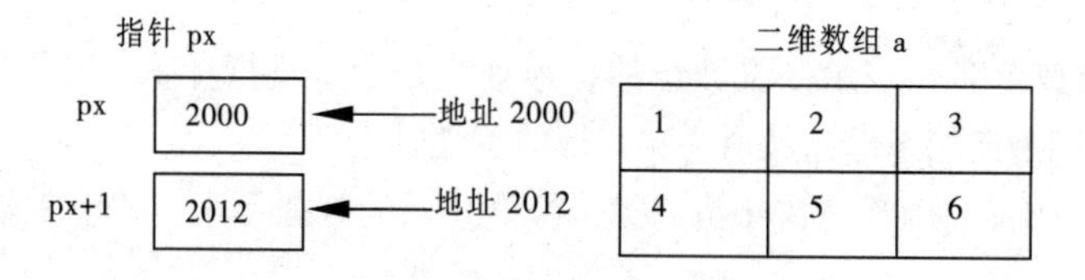

图 8.10　指向数组的指针示意图

图 8-10 表明 px 指向二维数组 a，即 px 指向二维数组 a 的第 0 行，则 px+1 是指向下一个具有 3 个整型数据元素的一维数组，也就是说，px+1 指向二维数组 a 的第 1 行，px+i 指向二维数组 a 的第 i 行。px+i 实际上等于 a+i，也就是说 px+i 等于&a[i]，*(px+i)等于 a[i]，a[i]是二维数组第 i 行的第 0 个元素的地址，a[i]+j 就是二维数组第 i 行的第 j 个元素的地址，则*(px+i)+j 就是二维数组第 i 行第 j 个元素的地址，当然*(*(px+i)+j)就是二维数组第 i 行第 j 个元素的内容。综上所述，如果用一个指向数组的指针操作数组，方法与用二维数组名操作二维数组是一样的。

实际上，二维数组在内存中的存储也是如图 8.9 那样连续存储，为了理解上的方便将其画成二维形式。

【例 8-15】编写程序用指向数组的指针操作二维数组。

```
#include "stdio.h"
int main()
{
    int a[2][3];                              //定义一个二维数组 a
    int (*xa)[3];                             //定义一个指向数组的指针 xa
    int i,j;
    xa=a;                                     //xa 取 a 的首地址，即用 xa 指向 a
    printf("Please enter %d int: ",2*3);
    for(i=0;i<2;i++)                          //读入一个矩阵
        for(j=0;j<3;j++)
            scanf("%d",*(xa+i)+j);            //*(xa+i)+j 为 a[i][j]的地址
    putchar('\n');
    for(i=0;i<2;i++)                          //输出矩阵
    {
        for(j=0;j<3;j++)
            printf("%d  ",*(*(xa+i)+j));
        putchar('\n');
    }
    return 0;
}
```

对指针操作数组的总结：用指针取一维数组的值时，表达式中需要出现一个“*”，用指针取二维数组中元素的值时，表达式中需要出现两个“*”。“*”的数量不足时，表达式的结果就不是值而是某个地址值。

8.4.4　指针与字符串

不论是字符串常量还是存储在字符数组中的字符串，都是一组字符加上终止符'\0'，在内存中是连续存储的，所以，可以方便地用指向字符的指针变量去操作字符串，如通过下面两种方式，让一个指针指向一个字符串的首地址：

（1）先定义一个指向字符的指针变量，再用它取一个字符串常量的首地址：

```
char *ps;
ps="wuyiu.edu.cn";
```

字符指针的定义与初始化一起还可写为：

```
char *str="wuyiu.edu.cn";
```

（2）先定义一个指向字符的指针变量，再定义一个字符数组，然后用指针取字符数组的首地址。

```
char *ps;
char str[13]= "wuyiu.edu.cn";
ps=str;
```

C 语言程序中字符串常量存储在文字常量区的一块连续的内存中。内存区域的分配详见附录 A。

【例 8-16】字符指针与字符串。

```
#include <stdio.h>
int main()
{
    char str[13]="wuyiu.edu.cn";//定义字符数组 s1，大小至少=符串长度+1
    char *ps1=str;                  //指针指向字符串常量首地址
```

```
    char *ps2="wuyiu.edu.cn";    //定义字符型指针直接指向一个字符串常量的首地址
    printf("字符数组的地址&str=%d\n",&str);
    printf("字符指针的地址&ps1=%d\n",&ps1);
    printf("字符指针的地址&ps2=%d\n",&ps2);
    printf("字符串常量地址&\"wuyiu.edu.cn\"=%d\n",&"wuyiu.edu.cn");
    printf("字符指针的值ps1=%d\n",ps1);
    printf("字符指针的值ps2=%d\n",ps2);
    printf("逐个输出字符数组中的元素\n");
    while (*ps1!='\0')
       printf("%c",*ps1++);
    printf("\n%d\n",*ps1++);
}
```

程序运行结果：

```
字符数组的地址&str=1703712
字符指针的地址&ps1=1703708
字符指针的地址&ps2=1703704
字符串常量地址&"wuyiu.edu.cn"=4337812
字符指针的值ps1=1703712
字符指针的值ps2=4337812
逐个输出字符数组中的元素
wuyiu.edu.cn
0
```

根据程序运行结果知：字符数组 str 使用字符串常量“wuyiu.edu.cn”完成了初始化，也就是说将字符串常量复制到了字符数组 str 中；再将字符指针 ps1 指向数组 str 的首地址；字符指针 ps2 直接指向了字符串常量的首地址；利用 while 循环逐个输出字符数组中的元素可知字符串的末尾为'\0'，即 0。根据各变量、常量的地址所属的地址空间范围不同得知，各局部变量存储在栈中，而字符串常量存储在文字常量区。

【例 8-17】自定义一个函数，实现字符串的复制，并在主函数中调用。

```
//-------自定义一个字符串复制函数使用指针操作-----
#include "stdio.h"
void str_cpy(char *s,char *t)   //自定义字符串复制函数
{
    while(*t!= '\0')              //当 t 所指内容不是字符串终止符
    {
       *s++=*t++;                 //复制
    }
    *s='\0'; //最后一个单元赋为字符串终止符,同学们试着注释此行对比前后的输出差别
}
int main()
{
    char *str2;                   //定义一个指针
    char str1[80];                //定义一个数组
    str2="Welcome";               //为指针 str2 赋值
    str_cpy(str1,str2);           //调用自定义的字符串复制函数
    puts(str1);                   //输出结果
    return 0;
}
```

程序运行结果：

```
Welcome
```

事实上，用指针操作字符串与用指针操作一般的一维数组并无太大的区别，需要注意对字符串终止符的应用。

请看下面的程序对字符串终止符的使用：

程序段一：

```
while(*s++=*t++);
```

程序段二：

```
while((*s=*t)!=0) {s++;t++;}
```

程序段三：

```
while(*t!='\0')
   {*s=*t; s++;t++;}
*s='\0';
```

3 个程序段的功能完全一样。程序段一，t 开始时指向一个字符串的首地址，s 开始时指向连续存储空间的首地址，程序段将 t 指向的字符逐个复制到 s 所指向的空间中，直到 t 所指的字符是字符串终止符。由于程序段一和程序段二在循环条件中使用的是赋值号，当 t 所指的字符是字符串终止符时，这个值先被赋值到 s 所指向的空间中，然后再判断其值是否是 0 值，所以“*s='\0';”这一句就不需要了。而程序段三在循环条件中使用的是不等号，当 t 所指的字符是字符串终止符时，循环终止，因此，需要在循环结束时对目标字符串的末尾追加上字符串终止符'\0'，具体使用“*s='\0';”实现。

尽管程序段一和程序段二看起来更简练，但是从程序逻辑上看，程序段三的可读性最好。

【例 8-18】使用指针的操作方法自定义一个字符串连接函数，并在主函数中调用。

```
//-------自定义一个字符串连接函数使用指针操作-----
#include "stdio.h"
void str_cat(char *s,char *t)            //自定义字符串连接函数
{
   while(*s!= '\0')                      //当 s 所指内容不是字符串终止符
      {s++;}                             //移动指针
   while(*t!= '\0')                      //当 t 所指内容不是字符串终止符
      {*s=*t; s++;t++;}                  //复制
   *s='\0';                              //最后一个单元赋为字符串终止符
}
int main()
{
   char str1[80]= "Welcome";             //定义一个数组
   char str2[10]=" you!";;               //定义另一个数组
   str_cat(str1,str2);                   //调用自定义的字符串复制函数
   puts(str1);                           //输出连接以后的结果
   return 0;
}
```

8.4.5　指针数组

如果一个数组中的每个元素都为指针类型，或者说，是由指针变量构成的数组，那么该数组就是指针数组。

指针数组的定义形式：

```
数据类型  *指针数组名[n];
```

这里的数据类型是这组指针变量指向的变量的数据类型。

如有定义：

```
int *px[2];
int a[2][3];
int (*py)[3]=a;
```

注意：不要将指向数组的指针与指针数组混淆，定义“int *px[2];”中的 px 是指针数组，px 首先是一个数组，数组元素的内容才是指针，所以指针数组 px 包含两个指针变量。而“int (*py)[3];”中的“*py”用圆括号括起来，表示(*py)的优先级高，说明 py 首先是一个指针变量，其指向一个一维数组，且这个一维数组有 3 个整型数据元素。

【例 8-19】 输入一个整型数，输出与该整型数对应的星期几的英语名称。例如输入 1，输出 Mon。

```
//----输出与该整型数对应的星期几的英语名称--------
#include "stdio.h"
char *day_name(int n)   //定义返回字符指针类型值的函数
{
    static char *name[]={"illegal day","Mon","Tues","Wen","Thurs",
"Friday","Sat","Sun"};  //静态指针数组，具有记忆特性，多次调用但其只初始化一次
    return ((n<1||n>7)?name[0]:name[n]);
}
int main()
{
    int n;
    printf("请输入整数:");
    scanf("%d",&n);                              //输入一个整型数
    printf("%d day: %s\n",n,day_name(n));    //输出与整型数对应的星期几的英语名称
    return 0;
}
```

存储图如图 8.11 所示。

name[0]	"illegal day"
name[1]	"Mon"
name[2]	"Tues"
name[3]	"Wen"
name[4]	"Thurs"
name[5]	"Friday"
name[6]	"Sat"
name[7]	"Sun"

图 8.11 例 8-19 的存储图

说明：name 是指针数组，每个数组元素指向一个字符串的首地址，name[0]指向"illegal day"，name[1]指向"Mon"，等等。“return ((n<1||n>7)?name[0]:name[n]);”的含义是：当 n<1 或 n>7 成立时，说明 n 不能与一个星期的某一天对应，因此返回 name[0]的内容，name[0]的内容是字符串"illegal day"的首地址；而当 n 是 1～7 之间的一个整数时，返回值是 name[n]，name[n]指向与 n

对应的表示星期几的字符串的首地址。

【例 8-20】 编写程序在内存中存储若干关键字：begin、end、if、else、for 和 while，然后接收用户输入的字符串，判断这个字符串是不是存储的关键字。

```
//-------------寻找关键字----------------------
#include "stdio.h"
#include "string.h"
int lookfor(char *str,char *keyword[7])
{
    int i;
    for(i=1;keyword[i]!=0;i++)
    {
    if(strcmp(str,keyword[i])==0) return i;      //使用字符串库函数字符串比较
    }
    return 0;
}
int main()
{
    int i;char iid[7];
    char *keyword[8],*id=iid;                //keyword 是一个指针数组
    keyword[1]="begin";                      //为指针数组的每个元素赋值
    keyword[2]="end";
    keyword[3]="if";
    keyword[4]="else";
    keyword[5]="for";
    keyword[6]="while";
    keyword[7]=0;
    printf("请输入要查询的字符串:");          //提示用户输入要查询的字符串
    scanf("%s",id);
    i=lookfor(id,keyword);                   //调用查询函数
    if(i==0)
        printf("未找到! ");
    else
       printf("找到  i=%d\n",i);
    return 0;
}
```

程序运行结果 1：

```
请输入要查询的字符串:begin↙
找到 i=1
```

程序运行结果 2：

```
请输入要查询的字符串:began↙
未找到!
```

8.5　指针所指向空间的动态分配

指针变量定义以后，系统为其分配 4 字节的空间，但只有其指向有效的地址才能操纵该地址所在内存空间，下列程序片段会导致程序的崩溃。

```
int *p;
char *pc;
*p=1638216;      //直接对未初始化的指针赋值导致程序崩溃
*pc='a';
```

分析其原因是因为对指针变量 p、pc 未做初始化，指针变量还未指向有效的内存地址。VC++ 中编译器会对未初始化的变量进行特殊处理，会为其赋一个很小的负数，如-858993460，以与有效值进行区分。当然，内存地址不可能为负数，因此效果一目了然。

【例 8-21】 VC 编译器对各类型未初始化变量的处理。

```
int main()
{
   int i,*pi;
   char c,*pc;
   float f,*pf;
   double d,*pd;
   printf("&i=%d,i=%d\n",&i,i);
   printf("&pi=%d,pi=%d\n",&pi,pi);
   printf("&c=%d,c=%d\n",&c,c);
   printf("&pc=%d,pc=%d\n",&pc,pc);
   printf("&f=%d,f=%f\n",&f,f);
   printf("&pf=%d,pf=%d\n",&pf,pf);
   printf("&d=%d,d=%f\n",&d,d);
   printf("&pd=%d,pd=%d\n",&pd,pd);
   return 0;
}
```

程序运行结果：

```
&i=1638212,i=-858993460
&pi=1638208,pi=-858993460
&c=1638204,c=-52
&pc=1638200,pc=-858993460
&f=1638196,f=-107374176.000000
&pf=1638192,pf=-858993460
&d=1638184,d=-92559631349317831000000000000000000000000000000000000000000000.000
000
&pd=1638180,pd=-858993460
```

可见，对于未初始化的变量 VC 编译器会给其一个很小的负值，以代表该变量值的无效。对一个未初始化的指针变量，其所指向地址是无效的，当然不能从该地址存取任何值，如“int *p;*p=100;”，导致程序崩溃。还有“int *p; p=1638216;”虽然程序能够运行，但是指针随意指向内存中某个空间的地址，可能导致程序崩溃，甚至系统崩溃。正确的为指针变量初始化的方法有两种：

一种方法是把一个与指针变量同类型的变量的地址赋给指针变量，例如：

```
int i,*pi;
pi=&i;
```

另一种方法使用库函数申请内存空间并将指针变量指向该空间。

8.5.1 C 语言内存分配与释放函数

C 语言内存动态分配与释放函数在 stdlib 库中，使用前需要使用#include <stdlib.h>将库头文件引入。

1. Malloc()函数

void *malloc(long NumBytes)：该函数分配了 NumBytes 个字节，并返回了指向这块内存的空类型指针，该指针可根据需要强制转换为任何类型的指针。如果分配失败，则返回一个空指针（NULL）。所以，有必要对已分配的内存进行检查，以确保内存成功分配后再使用。该函数使用方法如下：

```
int *p=NULL;
p=(int)malloc(4);
if (NULL!=p)      //也可以写做 p!=NULL，但推荐前者
{
   …              //内存成功分配后，正常使用该块内存
}
else
{
   exit(0);       //否则退出程序
};
```

2. free()函数

在使用完后，应该及时释放已分配的内存，以免造成内存泄漏。

void free(void *FirstByte)：该函数将使用 malloc 分配的空间归还给程序或者操作系统，也就是释放了这块内存。使用方法如下：

```
free(*p);
```

注意：malloc 和 free 是成对使用的。

内存的分配除了 malloc( )函数外还有 calloc( )、realloc( )，请参考相关材料。

8.5.2　内存分配实例

在数组的使用中，可能事先不知道用户最终要存储多少数据，一开始就为其分配大块内存空间（如 int[1000]）是不明智的。允许用户根据需要动态为数据存储创建所需空间才是明智之举。

【例 8-22】 根据需要动态分配内存空间。

```
#include <stdio.h>
#include <stdlib.h>
int main()
{
    int i,n,sum=0,*p;
    printf("请输入要存入的整型数值个数:n=");
    scanf("%d",&n);
    p=(int *)malloc(n*sizeof(int));
    if(p!=NULL)            //内存成功分配
    {
    printf("请输入各数据:");
        for(i=0;i<n;i++)
        {
            scanf("%d",&p[i]);
            sum=sum+p[i];
```

```
        }
        for(i=0;i<n;i++)
            printf("p[%d]=%d\n",i,p[i]);
        printf("sum=%d\n",sum);
        free(p);             //内存释放
    }
    else
    {
        printf("内存分配失败! ");
        exit(0);
    }
    return 0;
}
```

小　结

如果用一个变量记住另一个普通类型变量的地址，该变量即为指针变量。因此，一个指针变量的值就是某个内存单元的地址，称为某内存单元的指针。指针变量的定义语法如下：

指针所指对象的数据类型　*指针变量名 1,*指针变量名 2,...;

如果想让 p 的内容是 i 的地址，需要做一个取地址运算：p=&i，这时可以说 p 指向 i。运算符"*"写在指针变量的前面，就是通过该指针访问它所指向的存储单元；空指针是一个特殊的值，通过"#define NULL 0"定义的符号常量，写作 NULL，数值为 0；对指针可以使用一些有意义的算术运算。例如，在指针上加或减一个整数，比较两个指向连续存储区域的指针的大小等；使用指针类型作为函数的参数，可以实现调用函数与被调用函数对指针所指的变量共享。函数可以返回指针类型；在程序设计中可以使用指向函数的指针作为参数，将一个函数作为另一个函数的参数，为了说明某个变量是指向函数的指针，需要说明"类型(*指针变量名)( )；从逻辑上讲，指向函数的指针就是该函数的代码在内存中的首地址；使用一个指针变量存放一个数组的首地址，就可以通过指针变量所指的数组元素以及指针的算术运算，对数组的所有元素进行操作，数组名本身代表了该数组的首地址，数组名是指针型的，只不过这个指针值是不可修改的；二级指针就是指针的指针；如果一个数组的每个元素都是指针类型，或者说是由指针变量构成的数组，那么该数组就是指针数组，指针数组名是二级指针。有时我们事先不知道用户最终要存储多少数据，如直接为其分配了一大块空间，将造成极大的浪费，这时可利用动态分配空间函数 malloc()，根据用户需要为其存储的数据动态地分配空间，之后及时使用 free()释放空间。

习　题

一、选择题

1. 设已有定义: float x;, 则下列对指针变量 p 进行定义且赋初值的语句中正确的是(　　)。

A. float *p=1024;　　　　B. int *p=(float)x;

C. float p=&x ;　　　　D. float *p=&x;

2. 有下列程序:

```
#include<stdio.h>
main( )
{
   int n,*p=NULL;
   *p=&n;
   printf("Input n:");
   scanf("%d",&p);
   printf("output n: ");
   printf("%d\n",p);
}
```

该程序试图通过指针 p 为变量 n 读入数据并输出，但程序有多处错误，下列语句正确的是（　　）。

A. int n,*p=NULL;　　　　B. *p=&n;

C. scanf("%d",&p);　　　　D. printf("%d\n",p);

3. 设有定义 char *c;，以下选项中能够使字符型指针 c 正确指向一个字符串的是（　　）。

A. char str[ ]="string";c=str;　　　　B. scanf("%s",c);

C. c=getchar();　　　　D. *c="string";

4. 设有如下程序段

```
char s[20]=" Beijing", *p;
p=s;
```

则执行 p=s;语句后，以下叙述正确的是（　　）。

A. 可以用*p 表示 s[0]

B. s 数组中元素的个数和 p 所指字符串长度相等

C. s 和 p 都是指针变量

D. 数组 s 中的内容和指针变量 p 中的内容相同

5. 有下列程序:

```
#include<stdio.h>
void f(int *q)
{
    int i=0;
    for(;i<5; i++)
         (*q)++;
}
main( )
{
    int a[5] ={1,2,3,4,5}, i;
    f(a);
    for(i=0;i<5; i++)
       printf("%d,", a[i]);
}
```

程序运行结果是（　　）。

A. 2,2,3,4,5,　　　　B. 6,2,3,4,5,

C. 1,2,3,4,5, D. 2,3,4,5,6,

6. 设有定义语句 int (*f)(int);，则以下叙述正确的是（ ）。

A. f是基类型为 int 的指针变量

B. f是指向函数的指针变量，该函数具有一个 int 类型的形参

C. f是指向 int 类型一维数组的指针变量

D. f是函数名，该函数的返回值是其类型为 int 类型的地址

7. 下列叙述中错误的是（ ）。

A. 改变函数形参的值，不会改变对应实参的值

B. 函数可以返回地址值

C. 可以给指针变量赋一个整数作为地址值

D. 当在程序的开头包含头文件 stdio.h 时，可以给指针变量赋 NULL

8. 设有定义 char p[ ]={'1', '2', '3'}, *q=p;，下列不能计算出一个 char 型数据所占字节数的表达式是（ ）。

A. sizeof(p) B. sizeof(char)

C. sizeof(*q) D. sizeof(p[0])

9. 若有定义语句 int a[2][3],*p[3];，则下列语句中正确的是（ ）。

A. p=a; B. p[0]=a;

C. p[0]=&a[1][2]; D. p[1]=&a;

10. 有下列程序：

```
#include <stdio.h>
void fun(char **p)
{
    ++p;
    printf("%s\n", *p);
}
main( )
{
    char *a[ ]={"Morning","Afternoon","Evening","Night"};
    fun(a);
}
```

程序的运行结果是（ ）。

A. Afternoon B. fternoon C. Morning D. orning

11. 有下列程序：

```
#include <stdio.h>
void fun(int *a,int n)        /*fun()函数的功能是将 a 所指数组元素从大到小排序*/
{
    int t,i,j;
    for(i=0;i<n-1;i++)
    for(j=i+1;j<n;j++)
        if(a[i]<a[j])
        {
            t=a[i];a[i]=a[j];a[j]=t;
```

```
        }
}
main( )
{
    int c[10]={1,2,3,4,5,6,7,8,9,0},i;
    fun(c+4,6);
    for(i=0;i<10;i++)
        printf("%d,",c[i]);
    printf("\n");
}
```

程序运行结果是（　　）。

A. 1,2,3,4,5,6,7,8,9,0,　　B. 0,9,8,7,6,5,1,2,3,4,

C. 0,9,8,7,6,5,4,3,2,1,　　D. 1,2,3,4,9,8,7,6,5,0,

12. 有下列程序:

```
#include <stdio.h>
int fun(char s[ ])
{
    int n=0;
    while(*s<='9'&&*s>='0')
    {
        n=10*n+*s-'0'; s++;
    }
    return(n);
}
main( )
{
   char s[10]={'6','1','*','4','*','9','*','0','*'};
   printf("%d\n",fun(s));
}
```

程序运行结果是（　　）。

A. 9　　B. 61490　　C. 61　　D. 5

13. 有下列程序:

```
#include <stdio.h>
void fun(int n,int *p)
{
    int f1,f2;
    if(n==1||n==2)
        *p=1;
    else
    {
        fun(n-1,&f1);
        fun(n-2,&f2);
        *p=f1+f2;
    }
}
main( )
{
```

```
    int s;
    fun(3,&s);
    printf("%d\n",s);
}
```

程序运行结果是（　　）。

A. 2　　B. 3　　C. 4　　D. 5

二、填空题

1. 下列程序的功能：利用指针指向 3 个整型变量，并通过指针运算找出 3 个数中的最大值，输出到屏幕上，请填空。

```
#include <stdio.h>
main( )
{
    int x,y,z,max, *px, *py, *pz, *pmax;
    scanf("%d%d%d",&x,&y,&z);
    px=&x;
    py=&y;
    pz=&z;
    pmax=&max;
    ________;
    if(*pmax<*py)
        *pmax=*py;
    if(*pmax<*pz)
        *pmax=*pz;
    printf("max=%d\n",max);
}
```

2. 下列程序中，fun()函数的功能是求 3 行 4 列二维数组每行元素中的最大值，请填空。

```
#include <stdio.h>
void fun(int, int, int(*)[4],int*);
main( )
{
    int a[3][4]={{12,41,36,28},{19,33,15,27},{3,27,19,1}},b[3],i;
    fun(3,4,a,b);
    for(i=0;i<3;i++)
        printf("%4d",b[i]);
    printf("\n");
}
void fun(int m, int n, int ar[ ][4], int *br)
{
    int i, j, x;
    for(i=0;i<m;i++)
    {
        x=ar[i][0];
        for(j=0;j<n;j++)
            if(x<ar[i][j])
                x=ar[i][j];
        _____=x;
    }
}
```

3. 下列程序中 huiwen()函数的功能是检查一个字符串是否是回文，当字符串是回文时，函数返回字符串“yes!”,否则函数返回字符串“no!”，并在主函数中输出。所谓回文即正向与反向的拼写都一样，如 adgda，请填空。

```
#include <stdio.h>
#include <string.h>
char*huiwen(char *str)
{
    char *p1,*p2; int i,t=0;
    p1=str;
    p2=_________;
    for(i=0;i<=strlen(str)/2;i++)
        if(*p1++!=*p2--)
        {
            t=1;
            break;
        }
    if(_________)
        return("yes!");
    else
        return("no!");
}
main( )
{
    char str[50];
    printf("Input:");
    scanf("%s",str);
    printf("%s\n",_________);
}
```

第9章 构造数据类型

课件

构造数据类型

前面学习了基本数据类型、指针类型、字符串、数组等的使用，但在现实世界中经常需要用几种不同数据类型的变量一起来描述某个事物。例如，对学生的描述，学号（字符串）、姓名（字符串）、年龄（整型）、性别（字符串）、成绩（浮点类型）等，同时要定义多个变量比较麻烦，能否仅使用一个变量就代表一个学生呢？

C 语言允许程序员根据需要自定义的新数据类型来描述事物各方面。例如，描述学生就定义一个 Stu 的类型来描述学生的各个属性，定义一个 Score 的类型来描述学生的课程信息。

C 语言中提供了 struct 和 union 两种构造数类型来满足这一需求，构造类型顾名思义，由用户构造的新数据类型。

9.1 结构体（struct）

9.1.1 结构体类型的定义

结构体数据类型定义的语法如下：

```
struct 结构体类型名称
{
    数据类型 成员变量1;
    数据类型 成员变量2;
    数据类型 成员变量3;
    …
};
```

说明：

（1）若几个结构体成员具有相同的数据类型，可在类型名后同时定义，各成员名之间用逗号隔开。

（2）注意结构体类型的定义用一对大括号{ }括起来，最后以分号结束。

（3）外部结构体类型的作用域从定义它的地方开始，其后的函数可以访问；函数内部的结构体类型只在定义它的函数内有效。

（4）对于嵌入式编程中用到结构体的场合，有些设备提供的存储空间有限必须对存储空间的开销严格控制，最大化地压缩成员变量所占用的空间大小，而常规以字节为单位的存储模式对空间的浪费巨大，因此 C 语言在结构体中提供了位域的概念，以精确控制每个成员变量所占空间大小。但使用位域在节省空间的同时会降低程序运行的速度，因为计算机寻址时是以字节为单位寻址，只取一个字节中的某些位需要额外的代码处理，这一“内存空间”与“运行速度”之间的矛盾必须由程序设计人员进行取舍。位域的具体使用可参考相关资料。

定义一个描述学生的结构体类型如下：

```
struct Student
{
   char stuNo[11];
   char *name;
   char sex[3];
   int age:5;          //位域限制成员变量 age 占用 5 个比特位，其存储最大值 2^5-1
   float score;
};
```

定义了一个结构体就是定义了一种新的数据类型，以上代码定义了一个描述学生的新的结构体数据类型 Student，它含有 5 个成员变量。使用这一新数据类型就可以定义结构体类型的变量，其语法如下：

```
struct 结构体类型名称 变量 1,变量 2…;
```

有了结构体类型后可以定义学生结构体变量，也可以定义学生结构体类型数组，存储全班同学的信息，当然还可以定义结构体类型的指针变量等。因为它就是一种新的数据类型，其他基本数据类型有的特性它也有。例如，可以定义结构体类型的以下各类对象：

```
struct Student s1,s2,*ps;
struct Student students[40];
```

结构体类型变量的定义比较灵活，还可以在定义结构体数据类型的同时进行结构体变量的定义。例如：

```
struct Student
{
   char stuNo[11];
   char *name;
   char sex[3];
   int age;
   float score;
} stu1,stu2,students[40],*ps;
```

9.1.2　结构体数据类型的存储结构与初始化

理论上结构体数据类型变量存储时所需要空间的大小是其各成员变量所需空间大小之和，各成员变量存储在一块连续的内存空间中，结构体变量 stu 的存储结构如图 9.1 所示。

char stuNo[11]	char *name	char sex[3]	int age	float score
11 字节	4 字节	3 字节	4 字节	4 字节

图 9.1　结构体类型存储结构图

经过计算，一个 Student 结构体类型变量需要 26 字节。但在实际存储时因操作系统底层存储策略的不同，为了优化程序的运行，提高速度，系统都会对成员变量进行字节对齐处理，从而使结构体实际所要占用的存储空间往往会大于理论空间。所以，计算结构体变量（对象）占用空间大小应使用 sizeof(stuct 结构体名称)查看，而不要自己计算。

【例 9-1】结构体定义与初始化。

```
#include <stdio.h>
#include <string.h>
struct Student
{
   char stuNo[11];        //字符数组也可以使用一个字符指针代替
   char *name;
   char sex[3];
   int age;
   float score;
} stu;                    //定义公共结构体及其变量

int main()
{
   struct Student students[50],stu1,*ps;    //各种结构体变量的定义
   struct Student stu2={"2020130031","王明","男",19,576}; //结构体变量的初始化
   struct Student stu3;
   stu1=stu2;             //结构体变量之间的直接赋值
   strcpy(stu3.stuNo,"2020130032");//stuNo是数组不能直接用stu3.stuNo="2020130032"
   stu3.name="李海阳";
   printf("sizeof(struct Student)=%d\n",sizeof(struct Student));//结构体类型
                                                                //存储空间大小
   printf("stuNo=%s\n",stu1.stuNo);
   printf("name=%s\n",stu1.name);
   printf("sex=%s\n",stu1.sex);
   printf("age=%d\n",stu1.age);
   printf("age=%f\n\n",stu1.score);
   printf("stuNo=%s\n",stu3.stuNo);
   printf("name=%s\n",stu3.name);
}
```

程序运行结果：

```
sizeof(struct Student)=28    //计算机计算得到的结构体占用空间
stuNo=2020130031
name=王明
sex=男
age=19
age=576.000000
stuNo=2020130032
name=李海阳
```

从运行结果可知，结构体类型 Student 的存储空间大小为 28 字节（受操作系统字节对齐的影响结果可能有差别）。

相同类型的结构体变量之间可以相互赋值。但因为结构体类型较复杂，不能进行“==”“>=”“<=”“>”“<”“!=”比较运算。

结构体类型变量的初始化可以先定义结构体变量后，再单独为每个成员变量赋值实现信息的存储，也可以在定义结构体类型变量的同时完成初始化。例如：

```
struct Student
{
```

```
    char stuNo[11];                       //字符数组也可以使用一个字符指针代替
    char *name;
    char sex[3];
    int age;
    float score;
} stu={"2020130033","王海","男",18,605};//定义公共结构体及变量的同时完成初始化
```

9.1.3　结构体成员变量类型为结构体类型

为了存储学生的出生日期，再定义一个名为 Date 的结构体类型，并将其应用于 StudentEX 结构体类型中。

```
struct Date
{
    int year;
    int month;
    int day;
};
struct StudentEX          //学生结构体的升级扩展名
{
    char *stuNo;          //也可以定义为字符数组，但赋值时较麻烦需要使用字符串拷贝函数
    char *name;
    char sex[3];
    struct Date birthday;//结构体类型变量
    float score;
};
```

【例 9-2】结构体成员变量类型为结构体类型示例。

```
void printDate(struct Date date)//结构体类型变量作为形参
{
    printf("\"%d-%d-%d\"\n",date.year,date.month,date.day);//使用转义字符输出“"”
}
int main( )
{
    struct StudentEX stu1={"2020130034","张思雨","女",{2002,5,8},615};
    printf("stuNo=%s\n",stu1.stuNo);
    printf("name=%s\n",stu1.name);
    printf("sex=%s\n",stu1.sex);
    printDate(stu1.birthday);
    printf("score=%f\n",stu1.score);
    return 0;
}
```

程序运行结果：

```
stuNo=2020130034
name=张思雨
sex=女
"2002-5-8"
score=615.000000
```

示例中，使用了在定义结构体变量的同时给各成员变量初始化的方式，为各成员变量赋予了初值，当然也可以先定义变量，再独立地为各成员变量一一赋值的方式实现某个学生信息的

存储，具体的实现由读者自己修改示例程序完成。

9.1.4 typedef 关键字的使用

使用 typedef 定义新类型名来代替已有类型名，即给已有类型重新命名或者称给已有类型一个别名。语法如下：

```
typedef 已有类型 新类型名;
typedef int Integer;      //为整型类型 int 起了个别名 Integer
typedef struct{
   char *stuNo;           //也可以定义为字符数组，但赋值时较麻烦，需要使用字符串复制函数
   char *name;
   char sex[3];
   struct Date birthday;//结构体类型变量
   float score;
} STUDENTEX;              //为结构类型起了个类型名称 STUDENTEX
STUDENTEX stu1,stu2;      //使用新的类型 STUDENTEX 定义变量 stu1、stu2
```

使用 typedef 定义的新类型其作用范围限制在所定义的函数或者文件内。要想在其他文件里也使用 typedef 定义的新类型，常把 typedef 声明单独放一个文件中，在使用时用#include 指令把这个文件包含进来。

9.1.5 结构体数组

数组的类型可以是基本数据类型也可以是结构体类型。结构体类型数组的定义语法如下：

```
结构体类型 数组名称[元素个数];
```

例如：

```
STUDENTEX students[10]={
   {"2020130031","王明","男",{2001,3,2},576},
   {"2020130032","李海阳","男",{2000,5,4},586},
   {"2020130033","王海","男",{2002,6,1},,605},
   {"2020130034","张思雨","女",{2002,5,8},615}
};
```

【例 9-3】结构体数组的定义、初始化与输出。

```
int main( )
{
    int i;
    STUDENTEX students[10]={
        {"2020130031","王明","男",{2001,3,2},576},
        {"2020130032","李海阳","男",{2000,5,4},586},
        {"2020130033","王海","男",{2002,6,1},605},
        {"2020130034","张思雨","女",{2002,5,8},615}
        };
    for(i=0;i<5;i++)      //使用循环输出 4 个已初始化的结构体和 1 个未初始化的结构体
    {
       printf("stuNo=%s\n",students[i].stuNo);
       printf("name=%s\n",students[i].name);
       printf("sex=%s\n",students[i].sex);
       printDate(students[i].birthday);   //调用自定义函数输出出生日期
```

```
        printf("score=%f\n",students[i].score);
    }
    printf("sizeof(student)=%d\n",sizeof(students));  //输出数组的占用大小
    return 0;
}
```

程序运行结果：

```
stuNo=2020130031，name=王明，sex=男，"2001-3-2",score=576.000000
stuNo=2020130032，name=李海阳，sex=男，"2000-5-4",score=586.000000
stuNo=2020130033，name=王海，sex=男，"2002-6-1",score=605.000000
stuNo=2020130034，name=张思雨，sex=女，"2002-5-8",score=615.000000
stuNo=(null)，name=(null)，sex=，"0-0-0",score=0.000000
sizeof(student)=280
```

student 结构体数组中未初始化的数组元素使用 0 或 NULL 以及空字符串初始化。

9.1.6　指向结构体的指针

结构体类型也可以定义指针变量指向某个结构体，称为结构体指针，其语法如下：

```
结构体类型 *指针变量名称;
```

例如：

```
STUDENTEX *ps1;
STUDENTEX student1,student2;
ps1=&student;
student2=*ps1;        //用结构体指针获取结构体变量内容，并赋值给另一个结构体变量
```

结构体指针访问结构体中的成员变量使用“指针变量->成员变量名称”或“(*指针变量).成员变量名称”。例如：

```
ps1->stuNo;  或  (*ps1).stuNo;
```

【例 9-4】结构体指针的使用

```
#include <stdio.h>
#include <String.h>
struct Date
{
    int year;
    int month;
    int day;
};
typedef struct
{
    char *stuNo;       //也可以定义为字符数组，但赋值时较麻烦，需要使用字符串复制函数
    char *name;
    char sex[3];
    struct Date birthday;              //结构体类型变量
    float score;
}STUDENTEX;
void printDate(struct Date date)    //结构体类型变量作为形参
{
    printf("\"%d-%d-%d\"\n",date.year,date.month,date.day); //使用转义字符输出“"”
}
```

```
int main( )
{
   int i;
   STUDENTEX *ps1,stu1;
   ps1=&stu1;
   ps1->stuNo="2020130031";
   ps1->name="王明";
   (*ps1).birthday.year=2001;
   (*ps1).birthday.month=3;
   ps1->birthday.day=2;
   strcpy(ps1->sex,"男");
   (*ps1).score=576;

   printf("stuNo=%s\n",ps1->stuNo);
   printf("name=%s\n",ps1->name);
   printf("sex=%s\n",ps1->sex);
   printDate(ps1->birthday);
   printf("score=%f\n",(*ps1).score);
   return 0;
}
```

9.2 共同体（union）

共同体也称为联合，是另一种构造数据类型，它的定义与结构体类似，提供了一种使不同类型数据成员之间共享存储空间的方法，同时可以实现不同类型数据成员之间的自动类型转换。但是，与结构体不同的是共同体在同一时间只能存储一个成员变量的值。因此，如果同时访问一个共同体对象的多个成员，那么其中最多只有一个成员的值是正确的。其定义语法如下：

```
union 共同体类型名称
{
   数据类型 1 成员变量 1;
   数据类型 2 成员变量 2;
   数据类型 3 成员变量 3;
   …
}
```

在使用共用体时需要注意以下几点：

（1）共同体中的所有成员共用一块内存的，其占用内存空间的大小是由共同体中所占空间最大的成员的类型决定的。

（2）共同体中同一个内存段可以用来存放几种不同类型的成员，但是每一次只能存放其中一种而不是同时存放所有的类型，也就是说在共用体中，任何时刻只有一个成员起作用，其他成员不起作用。

（3）因为最后存入的那个新的成员改变了公用内存中的内容，原有的成员就失去了作用。因此，共同体中有效的成员是最后一次存放的成员。

（4）因为共用一块内存空间，共同体变量的地址和它的各成员的地址相同。

【例 9-5】共同体定义与成员地址。

```
#include <stdio.h>
typedef union
{
   char c;
   short s;
   int i;
} BaseData;
int main()
{
   BaseData bdt;
   //共同体变量的起始地址与其成员变量的起始地址相同
   printf("&bdt=%X\n",&bdt);
   printf("&c=%X\n",&bdt.c);
   printf("&s=%X\n",&bdt.s);
   printf("&i=%X\n",&bdt.i);
   //共同体变量占用空间大小与其占用空间最大的成员变量的相同
   printf("sizeof(bdt)=%d\n",sizeof(bdt));
   //向成员变量赋值，为了清晰，采用十六进制为其赋值
   bdt.i=0x12345678;   //此处，只为占用空间最大的类型赋值
   printf("---输出变量的值---\n");
   printf("bdt.i=%X\n",bdt.i);
   printf("bdt.s=%X\n",bdt.s);
   printf("bdt.c=%X\n",bdt.c);
   //改变变量 c 的值，因共用空间，将会影响所有变量的值，致使其他变量失效
   bdt.c=0x77;
   printf("---再次输出变量的值---\n");
   printf("bdt.i=%X\n",bdt.i);
   printf("bdt.s=%X\n",bdt.s);
   printf("bdt.c=%X\n",bdt.c);
   return 0;
}
```

程序运行结果：

```
&bdt=18FF44
&c=18FF44
&s=18FF44
&i=18FF44
sizeof(bdt)=4
---输出变量的值---
bdt.i=12345678
bdt.s=5678
bdt.c=78
---再次输出变量的值---
bdt.i=12345677
bdt.s=5677
bdt.c=77
```

共同体各成员变量存储空间分配图如图 9.2 所示。

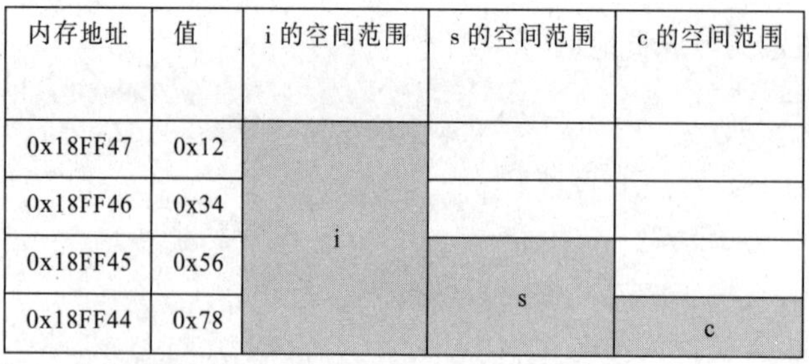

内存地址	值	i的空间范围	s的空间范围	c的空间范围
0x18FF47	0x12	i		
0x18FF46	0x34	i		
0x18FF45	0x56	i	s	
0x18FF44	0x78	i	s	c

图 9.2　共同体各成员共用存储空间图

系统为变量在内存中开辟空间时是从高地址向低地址方向进行的。各变量数值的存储是高位字节存在高地址中，低位字节存在低地址中。所以，有整型变量 i=0x12 34 56 78，共 4 个字节，其高位 0x12 存在该变量 i 的高地址 0x18FF47，依次完成数据在每个字节的存储，直到低地址的 0x18FF44。同一个共同体中各变量的起始地址相同，但因为类型不同所占的内存空间范围不同，但存储规则相同，都是高位字节存在高地址。

从程序运行的结果来看，在改变了占用空间最小的字符变量 c 的值后，所有其他成员变量的值也发生了改变，而变成了无效值。

【例 9-6】现有一张关于学生信息和教师信息的表格。学生信息包括姓名、编号、性别、职业、分数，教师的信息包括姓名、编号、性别、职业、教学科目。f 和 m 分别表示女性和男性，s 表示学生，t 表示教师。如果把每个人的信息都看作一个结构体变量，那么教师和学生的前 4 个成员变量是一样的，第 5 个成员变量可能是 score 或者 course。当第 4 个成员变量的值是 s 时，第 5 个成员变量就是 score；当第 4 个成员变量的值是 t 时，第 5 个成员变量就是 course。

```
#include <stdio.h>
#include <stdlib.h>
#define TOTAL 2     //人员总数
struct{
    char name[20];
    int num;
    char sex;
    char profession;
    union{          //结构体中嵌套共同体
        float score;
        char course[20];
    } sc;
} bodys[TOTAL];
int main(){
    int i;
    //输入人员信息
    for(i=0; i<TOTAL; i++){
        printf("依次输入人员的姓名、编号、性别(男:m,女:f)、人员类别(学生:s,教师:t)、
课程/成绩，各列用空格间隔:\n ");
        scanf("%s %d %c %c", bodys[i].name, &(bodys[i].num), &(bodys[i].sex),
&(bodys[i].profession));
        if(bodys[i].profession == 's'){  //如果是学生
            scanf("%f", &bodys[i].sc.score);
```

```
        }else{          //如果是老师
            scanf("%s", bodys[i].sc.course);
        }
        fflush(stdin);
    }
    //输出人员信息
    printf("\nName\tNum\tSex\tProfession\tScore/Course\n");
    for(i=0; i<TOTAL; i++){
        if(bodys[i].profession == 's'){  //如果是学生
            printf("%s\t%d\t%c\t%c\t\t%f\n", bodys[i].name, bodys[i].num,
bodys[i].sex, bodys[i].profession, bodys[i].sc.score);
        }else{          //如果是老师
            printf("%s\t%d\t%c\t%c\t\t%s\n", bodys[i].name, bodys[i].num,
bodys[i].sex, bodys[i].profession, bodys[i].sc.course);
        }
    }
    return 0;
}
```

程序运行结果:

```
Name    Num     Sex     Profession      Score/Course
 s      1001     m          s            89.000000
 t      9001     f          t           C语言程序设计
```

9.3 枚举类型(enum)

在编程时，常常用整型类表示事物的某种属性，但整型的表示范围很大而事物的属性往往只有那么几个，在处理数据时要检查数据的合法性非常麻烦。例如，表示一周的7天，如果用从0~6的7个数字来表示，其数据的合法范围为day>=0 & day<7；又如，表示红、绿、蓝3种颜色，用数字表示很不直观容易发生错误。在C语言中的枚举类型允许定义一组特殊用途的字符常量来表示整型数据的某个取值范围。其定义语法如下：

```
enum 枚举类型名称 {枚举值1,枚举值2,枚举值3,…}
```

当定义一个枚举类型时，如果不特别指定其中标识符的值，则第一个标识符的值将为 0，后面的标识符将比前面的标识符依次大 1；如果指定了其中某一个标识符的值，那么它后面的标识符自动在前面的标识符值的基础上依次加1，除非也同时指定了它们的值。例如：

```
enmu Week {Mon,Tus=20,Wen,Thu,Fri=70,Sat,Sun};
```

则枚举类型Week中的各字符常量的值分别为：

```
Mon=0,Tus=20,Wen=21,Thu=22,Fri=70,Sat=71,Sun=72
enum color{RED=2,YELLOW=1,BLUE};          //RED和BLUE的值相同
```

9.4 结构体的综合应用(链表实现)

9.4.1 链表的概念

链表是一种物理存储单元上非连续、非顺序的存储结构，数据元素的逻辑顺序是用链表中

的指针链接次序而实现。链表由一系列结点（链表中每一个元素称为结点）组成，结点可以在运行时动态生成。每个结点包括两部分：一是存储数据元素的数据域；二是存储下一个结点地址的指针域。链表的结构如图 9.3 所示。

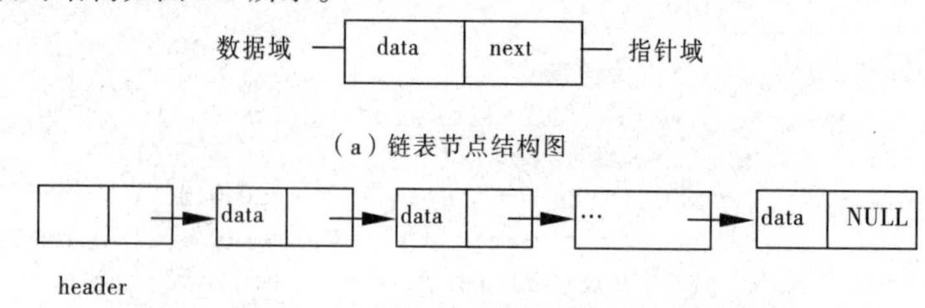

（b）链表结构图

图 9.3 链表结点与结构图

9.4.2 静态链表的实现

【例 9-7】静态链表的创建与输出。

链表的头结点（header）与其他结点有相同的结构，但其值域部分通常不存储值，可作特殊用途，如存储链表元素个数等。最后一个结点的指针域置为 NULL。链表元素使用一个结构体指针遍历所有结点将其输出。

```
#include <stdio.h>
#include <stdlib.h>
struct node
{
    int data;
    struct node *next;          //结构体指针，指向 struct node 类型的结构体变量，初学者应通过实验掌握此用法
};
int main()
{
    struct node header,*p;  //创建静态链表头和节点指针变量
    struct node node1, node2, node3;
    header.next=&node1;         //为头结点的指针变量赋值使其指向 node1
    node1.data=1;
    node1.next=&node2;          //node1 指针指向 node2
    node2.data=2;
    node2.next=&node3;
    node3.data=3;               //node3 的指针置为空，代表链表结束
    node3.next=NULL;
    p=header.next;              //定义指针后一定要让其指向有意义的地址，完成其初始化
    while(p!=NULL)              //使用一个结点指针 p 遍历链表实现链表输出
    {
        printf("%d->",p->data);
        p=p->next;              //结点指针后移
    }
    printf("NULL\n");
 return 0;
}
```

9.4.3　动态链表

静态链表中所有结点都是在程序中定义，无法满足数据灵活存取的需求。动态链表随需而动，动态的为结点分配内存空间，能满足大部分数据动态存储的要求。

【例 9-8】动态链表创建。

```
#include <stdio.h>
struct node
{
    int value;              //定义链表节点结构体
    struct node *next;
};
main()                      //也可以使用 typedef 为结构体类型一个别名，简化后续变量的定义
{
    struct node *list;  //定义链表指针，作为链表的起始结点
    struct node *newNode;
    struct node *currentNode;
    int listLength=10;
    int inputValue;
    int i;

    for(i=0;i<listLength;i++ )
    {
       printf("\nPlease input the node value:");
       scanf("%d", &inputValue);
       newNode=(struct node*)malloc(sizeof(struct node));//为链表结点动态分配空间
       newNode->value=inputValue;
       newNode->next=NULL;
       if(i==0)
       {
          list=newNode;
       }
       else
       {
          currentNode->next=newNode;
       }
       currentNode=newNode;
    }
    currentNode=list;
    for(i =0;i<listLength&&currentNode!= NULL;i++)
    {
       printf("Value of node%d is:%d\n",i,currentNode->value);
       currentNode=currentNode->next;        //结点指针后移
    }
}
```

9.4.4　链表的操作

常见的链表操作有插入结点、删除结点等。

1. 链表的插入

函数名称：insert。

函数功能：在链表中插入元素。

输入：head链表头指针。

输出：无。

```
void insert(Node *head) //向链表的第 p 个节点前插入一个数据域为 x 的新节点
{
    Node *tmp1=head,*tmp2;
    int i,p,x;            //p 新元素插入位置,x 新元素中的数据域内容。
    printf("请输入插入位置以-1 结束:");
    scanf("%d",&p);

    while(p!=-1)
    {
        for(i=0;i<p;i++)//for 循环是为了防止插入位置超出了链表长度
        {
            if(tmp1==NULL)
            {
                printf("插入位置无效，请重新输入以-1 结束:");
                scanf("%d",&p);
                tmp1=head;
                i=-1;
                continue;          //结束本次循环转向 for 的表达式了 i++
            }
            if(i<p-2)
                tmp1=tmp1->next;
        }
        printf("请输入要插入的数据 2:");
        scanf("%d",&x);
        tmp2=(Node *)malloc(sizeof(Node));
        tmp2->data=x;
        tmp2->next=tmp1->next;
        tmp1->next=tmp2;
        tmp1=head;
        show(head);
        printf("请输入插入位置以-1 结束:");
        scanf("%d",&p);
    }
}
```

2. 链表的删除

函数名称：del。

函数功能：删除链表中用户指定位置的元素。

输入：head 链表头指针。

输出：无。

```
void del(Node *head)
{
```

```
    Node *tmp=head;
    Node *delNode;
    int i,p;                          //p新元素插入位置,x 新元素中的数据域内容
    printf("请输入删除节点位置以-1结束:");
    scanf("%d",&p);
    while(p!=-1)
    {
        for(i=0;i<p;i++)              //for循环是为了防止插入位置超出了链表长度
        {
            if(tmp==NULL)
            {
                printf("删除结点位置无效，请重新输入以-1结束:");
                scanf("%d",&p);
                tmp=head;
                i=-1;
                continue;
            }
            if(i<p-2)
                tmp=tmp->next;
        }
        delNode=tmp->next;
        tmp->next=tmp->next->next;
        free(delNode);                //一定不敢忘记释放结点空间
        tmp=head;
        show(head);
        printf("请输入删除结点位置以-1结束:");
        scanf("%d",&p);
    }
}
```

链表的创建、结节插入、删除详见本书例9-8程序代码。

小　　结

基本数据类型的变量只能存储一个值，不能同时存储事物的多个方面的信息，C语言中提供了 struct 和 union 两种构造数类型来满足这一需求；理论上结构体数据类型变量存储时所需要空间的大小是其各成员变量所需空间大小之和。在实际存储时因操作系统底层存储策略的不同，为了优化程序的运行，提高速度，系统都会对成员变量进行字节对齐处理，从而使结构体实际所要占用的存储空间往往会大于理论空间；结构体成员变量的类型可以是基本数据类型，也可以是构造数据类型；使用 typedef 定义新类型名来代替已有类型名，即给已有类型重新命名；结构体数组可以存储多个结构体对象，结构体数组中未初始化的数组元素使用 0 或 NULL 以及空字符串初始化；结构体指针用于指向相同类型的结构体对象；共同体中的所有成员共用一块内存，最后存入的那个成员改变了公用内存中的内容，因此只有最后存入的那个成员的值是有效（正确）的；枚举类型允许定义一组特殊用途的字符常量来表示整型数据的某个取值范围；链表节点由数据域和指针域两部分组成，数据域用于存储数据，指针域指向下一个节点。

习　题

一、选择题

1. 下列对结构体类型变量 td 的定义中，错误的是（　　）。

A.
```
typedef struct aa
{
    int n;
    float m;
}AA;
AA td;
```

B.
```
struct aa
{
    int n;
    float m;
}td;
struct aa td;
```

C.
```
struct
{
    int n;
    float m;
}aa;
struct aa td;
```

D.
```
struct
{
    int n;
    float m;
}td;
```

2. 有下列程序：

```
#include <stdio.h>
#include <string.h>
struct STU
{
   int num;
   float TotalScore;
};
void f(struct STU p)
{
   struct STU s[2]={{20044,550},{20045,537}};
   p.num=s[1].num;
   p.TotalScore=s[1].TotalScore;
}
main( )
{
   struct STU s[2]={{20041,703},{20042,580}};
   f(s[0]);
   printf("%d %3.0f\n",s[0].num,s[0].TotalScore);
}
```

程序运行结果是（　　）。

A. 20045 537　　B. 20044 550　　C. 20042 580　　D. 20041 703

3. 设有下列定义：

```
union data
{int d1; float d2;}demo;
```

则下列叙述中错误的是（　　）。

A. 变量 demo 与成员 d2 所占的内存字节数相同

B. 变量 demo 中各成员的地址相同

C. 变量 demo 和各成员的地址相同

D. 若给 demo.d1 赋 99 后，demo.d2 中的值是 99.0

4. 下列关于 typedef 的叙述错误的是（　　）。

A. 用 typedef 可以增加新类型

B. typedef 只是将已存在的类型用一个新的名字来代表

C. 用 typedef 可以为各种类型说明一个新名，但不能用来为变量说明一个新名

D. 用 typedef 为类型说明一个新名，通常可以增加程序的可读性

5. 设有如下说明:

```
typedef struct ST
{
   long a;
   int b;
   char c[2];
} NEW;
```

则下列叙述中正确的是（　　）。

A. 以上的说明形式非法　　B. ST 是一个结构体类型

C. NEW 是一个结构体类型名　　D. NEW 是一个结构体变量

6. 有下列程序段:

```
typedef struct node
{
   int data;
   struct node *next;
}*NODE;
NODE p;
```

下列叙述中正确的是（　　）。

A. p 是指向 struct node 结构变量的指针的指针

B. NODE p;语句出错

C. p 是指向 struct node 结构变量的指针

D. p 是 struct node 结构变量

7. 有以下程序

```
#include <stdio.h>
main()
{
    struct STU
    {
        char name[9];
        char sex;
        double score[2];
    };
    struct STU a={"Zhao",'m',85.0,90.0}, b={"Qian",'f',95.0,92.0};
    b=a;
    printf("%s,%c,%2.0f,%2.0f\n",b.name,b.sex,b.score[0],b.score[1]);
}
```

程序运行结果是（　　）。

A. Qian,f,95,92　　B. Qian,m,85,90　　C. Zhao,f,95,92　　D. Zhao,m,85,90

8. 有以下程序

```
# include <stdio.h>
# include <string.h>
struct A
{
```

```
    int a;
    char b[10];
    double c;
};
struct A f(struct A t);
main()
{
    struct A a={1001,"ZhangDa",1098.0};
    a=f(a);
    printf("%d,%s,%6.1f\n",a.a,a.b,a.c);
}
struct A f(struct A t)
{
    t.a=1002;
    strcpy(t.b,"ChangRong");
    t.c=1202.0;return t;
}
```

程序运行结果是（　　）。

A. 1001,ZhangDa,1098.0　　B. 1002,ZhangDa,1202.0
C. 1001,ChangRong,1098.0　　D. 1002,ChangRong,1202.0

9. 有以下程序

```
#include <stdio.h>
struct st
{
    int x, y;
}data[2]={1,10,2,20};
main()
{
    struct st *p=data;
    printf("%d,", p->y);
    printf("%d\n",(++p)->x);
}
```

程序运行结果是（　　）。

A. 10,1　　B. 20,1　　C. 10,2　　D. 20,2

10. 有下列程序:

```
#include <stdio.h>
struct tt
{
    int x;
    struct tt *y;
}*p;
struct tt a[4]={20,a+1,15,a+2,30,a+3,17,a};
main( )
{
    int i;
    p=a;
    for(i=1;i<=2;i++)
```

```
    {
        printf("%d,",p->x);
        p=p->y;
    }
}
```

程序运行结果是（　　）。

A. 20,30,　　B. 30,17　　C. 15,30,　　D. 20,15,

11. 有下列程序：

```
#include<stdio.h>
struct S
{
   int n;
   int a[20];
};
void f (struct S *p)
{
   int i,j,t;
   for(i=0;i<p->n-1;i++)
   for(j=i+1;j<p->n;j++)
      if(p->a[i]>p->a[j])
      {
         t=p->a[i];
         p->a[i]=p->a[j];
         p->a[j]=t;
      }
}
main( )
{
   int i; struct S s={10,{2,3,1,6,8,7,5,4,10,9}};
   f(&s);
   for(i=0;i<s.n;i++)
      printf("%d,",s.a[i]);
}
```

程序运行结果是（　　）。

A. 1,2,3,4,5,6,7,8,9,10,　　B. 10,9,8,7,6,5,4,3,2,1,

C. 2,3,1,6,8,7,5,4,10,9,　　D. 10,9,8,7,6,1,2,3,4,5,

12. 有下列程序：

```
#include<stdio.h>
struct STU
{
   char name[10];
   int num;
   float TotalScore;
}*q;
void f(struct STU *p)
{
   struct STU s[2]={{"SunDan",20044,550}, {"Penghua",20045,537}};
```

```
    q=s;
    ++p;
    ++q;
    *p=*q;
}
main( )
{
    struct STU s[3]={{"YangSan",20041,703},{"LiSiGuo",20042,580}};
    f(s);
    printf("%s%d%3.0f\n",s[1].name,s[1].num,s[1].TotalScore);
}
```

程序运行结果是（　　）。

A. SunDan 20044 550　　B. Penghua 20045 537

C. LiSiGuo 20042 580　　D. SunDan 20041 703

13. 有下列程序：

```
#include <stdio.h>
#include <string.h>
struct STU
{
    char name[10];
    int num;
};
void f(char *name,int num)
{
    struct STU s[2]={{"SunDan",20044},{"Penghua",20045}};
    num=s[0].num;
    strcpy(name,s[0].name);
}
main( )
{
    struct STU s[2]={{"YangSan",2004},{"LiSiGuo",20042}},*p;
    p=&s[1];
    f(p->name,p->num);
    printf("%s %d\n", p->name,p->num);
}
```

程序运行结果是（　　）。

A. SunDan 20042　　B. SunDan 20044

C. LiSiGuo 20042　　D. YangSan 20041

14. 有下列程序：

```
#include <stdio.h>
#include <string.h>
struct STU
{
    int num;
    float TotalScore;
};
void f(struct STU p)
```

```
{
   struct STU s[2]={{20044,550},{20045,537}};
   p.num=s[1].num;
   p.TotalScore=s[1].TotalScore;
}
main( )
{
   struct STU s[2]={{20041,703},{20042,580}};
   f(s[0]);
   printf("%d %3.0f\n",s[0]. num,s[0]. TotalScore);
}
```

程序运行结果是（　　）。

A. 20045 537　　B. 20044 550　　C. 20042 580　　D. 20041 703

15. 有下列结构体说明和变量定义，如图 9.4 所示，指针 p、q、r 分别指向此链表中的三个连续结点。

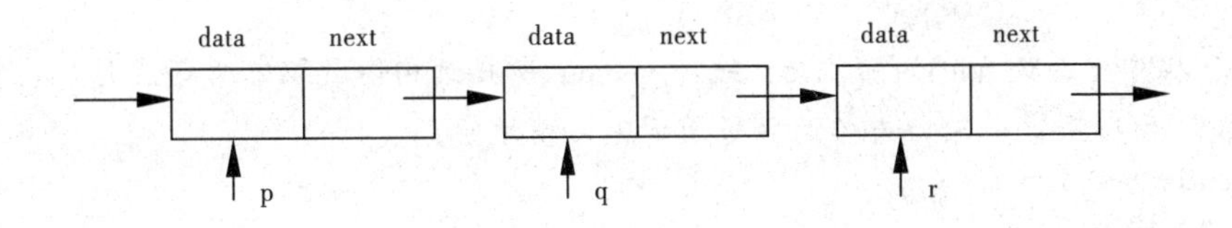

图 9.4　第 15 题图示

```
struct node
{
   int data;
   struct node *next;
}*p,*q,*r;
```

现要将 q 所指结点从链表中删除，同时要保持链表的连续，下列不能完成指定操作的语句是（　　）。

A. p->next=q->next;　　B. p->next=p->next->next;

C. p->next=r;　　D. p=q->next;

二、填空题

1. 设有说明：

```
struct DATE
{
   int year;
   int month;int day;
};
```

请写出一条定义语句____________________；该语句定义 d 为上述结构体类型变量，并同时为其成员 year、month、day 依次赋初值 2006、10、1。

2. 下列程序运行后的输出结果是____________。

```
#include<stdio.h>
struct NODE
```

```
{
    int num;
    struct NODE *next;
};
main( )
{
    struct NODE s[3]={{1, '\0'},{2, '\0'},{3, '\0'}},*p,*q,*r;
    int sum=0;
    s[0].next=s+1;
    s[1].next=s+2;
    s[2].next=s;
    p=s;
    q=p->next;
    r=q->next;
    sum+=q->next->num;
    sum+=r->next->next->num;
    printf("%d\n",sum);
}
```

3. 以下程序中函数fun()的功能是：统计person所指结构体数组中所有性别（sex）为M的记录的个数，存入变量n中，并作为函数值返回，请填空。

```
#include <stdio.h>
#define N 3
typedef struct
{
    int num;
    char nam[10];
    char sex;
}SS;
int fun(SS person[ ])
{
    int i,n=0;
    for(i=0; i<N; i++)
        if(____________=='M')
            n++;
    return n;
}
main()
{
    SS W[N]={{1, "AA",'F'},{2, "BB",'M'},{3, "CC",'M'}};
    int n;
    n=fun(W);
    printf("n=%d\n", n);
}
```

4. 函数min()的功能是在带头结点的单链表中查找数据域中值最小的结点，请填空。

```
#include <stdio.h>
struct node
{
    int data;
```

```
    struct node *next;
};
int min(struct node *first) /* 指针 first 为链表头指针 */
{
    struct node *p; int m;
    p=first->next;
    m=p->data;
    p=p->next;
    for(;p!=NULL;p=____________)
        if(p->data<m)
            m=p->data;
    return m;
}
```

5. 下列程序中 fun()函数的功能是：构造一个如图 9.5 所示的带头结点的单向链表，在结点的数据域中放入具有两个字符的字符串。disp()函数的功能是显示输出该单链表中所有结点中的字符串。请将 fun()函数及 disp()函数补充完整。

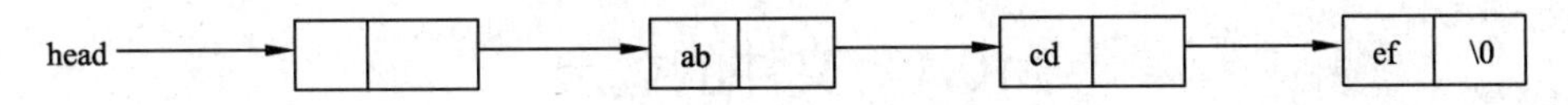

图 9.5　带头节点的单向链表

```
#include <stdio.h>
typedef struct node         /*链表结点结构*/
{
    char sub[3];
    struct node *next;
}Node;
Node fun( )                 /*建立带头结点的单向链表*/
{
    …
}
void disp(Node *h)          /*显示输出该单链表中所有结点中的字符串*/
{
    Node *p;
    p=h->next;
    while(____________)
    {
        printf("%s\n",p->sub);
        p=____________;
    }
}
main( )
{
    Node *hd;
    hd=fun( );
    disp(hd);
    printf("\n");
}
```

第10章 文件操作

课件

文件操作

前面章节中程序对数据的处理都是纯手工输入，输出结果也是直接在屏幕输出。程序一旦运行结束便从内存中消失，无法将数据保存下来，要永久地保存数据就需要使用计算机的外存设备，如硬盘、U 盘、光盘等设备。本章学习讨论 C 语言中数据的永久性存储问题。

10.1 文件的概念

为了将数据保存在外存储设备中以便于管理与检索，人们引入了“文件”的概念。一篇文章、一段视频、一个计算机程序都可以以文件的形式保存在计算机中。操作系统管理计算机中成千上万的文件，为了便于管理将文件根据它们的相互关系、功能等分门别类地放在不同的文件夹中，文件夹就好比存放文件的容器，文件夹中还可以存放子文件夹。

文件是操作系统管理数据的基本单位，文件一般是指存储在外部存储介质上有名字的一系列相关数据的有序集合。文件也是程序对数据进行读写操作的基本对象。在 C 语言中，把输入和输出设备都看作文件，C 语言最初为了 UNIX 操作系统而生，这一思想也被沿用到了 UNIX 操作系统中。

文件的路径、名称、扩展名是文件的三要素。文件的路径表明了文件所在的文件夹，文件名即为文件的名称，文件的扩展名表明了文件的所属类型。由于在 C 语言中 '\' 一般是转义字符的起始标志，故在文件的路径中需要用两个 '\' 表示路径中目录层次的间隔，也可以使用 '/' 作为路径中的分隔符，如 E:\\mytxt.txt，E:/mytxt.txt。

ANSI C 为正在使用的每个文件分配一个文件信息区，该信息区中包含文件描述信息、该文件所使用的缓冲区大小及缓冲区位置、该文件当前读/写到的位置等基本信息。这些信息保存在一个结构体类型变量中，该结构体类型为 FILE，在 stdio.h 头文件中定义，不允许用户改变。每个 C 编译系统 stdio.h 文件中的 FILE 定义可能会稍有差别，但均包含文件读/写的基本信息。VC++6.0 中 stdio.h 文件中的结构体 FILE 定义如下：

```
struct _iobuf{
    char *_ptr;          //文件内部操作指针，表示当前文件操作的位置
    int   _cnt;          //当前缓冲区的相对位置
    char *_base;         //指针的基础位置(即是文件的起始位置)
    int   _flag;         //文件指针是否结尾的标志
    int   _file;         //文件的有效性验证
```

```
int   _charbuf;        //检查缓冲区状况，如果无缓冲区则不读取
int   _bufsiz;         //缓冲区的大小
char *_tmpfname;       //临时文件名
};
typedef struct _iobuf  FILE;
```

从以上定义可知，本章要用到的 FILE 类型，实际上是_iobuf 结构体类型的别名。

10.2　文件的类型与文件存取方式

10.2.1　文件的类型

文件有文本文件、二进制文件、图像文件、视频文件、音频文件、设备文件等很多类型，但从文件存储的本质来讲，所有的文件都是由一个个的字节组成，最终是以 0 和 1 这样的二进制位构成。之所以有不同类型的文件，是因为文件的创建者或解释者（使用该文件的软件）为文件中数据的存储制定了不同的内部存储约定。文件类的不同，对其操作的约定也不同。

Windows 系统中所谓的文本文件(*.txt)可用记事本等编辑软件打开，其内部存储数据的每一个字节都是一个个字符。除了文本文件外的可执行文件(*.exe)、图像文件(*.bmp、*.jpg 等)、视频文件(*.mov,*.mp4 等)都是二进制文件，其数据中的每个字节已远远超过了字符的表示范围，所以强制用文本编辑软件打开这些文件时常常看到的是一堆乱码。例如，数据 123，如果按文本文件形式存储，把数据看成 3 个字符：'1'、'2'、'3' 的集合，文件中依次存储各个字符的 ASCII 码值，格式如表 10.1 所示。

表 10.1　数据 123 的文本存储

字符	'1'	'2'	'3'
ASCII（十进制）	49	50	51
ASCII（二进制）	0011 0001	0011 0010	0011 0011

数据 123 用文本文件格式存储为：0011 0001　　0011 0010　　0011 0011。

如果按照二进制文件形式存储，则把数据 123 看成整型数值，如果该系统中整数类型占 4 个字节，则数据 123 二进制存储形式的 4 个字节如下：

```
0000 0000 0000 0000 0000 0000 0111 1011
```

由此可见，尽管外在表现上相同但类型不同的数据，其内部存储形式以及能够进行的运算操作也不同。例如，数值类型可以进行加、减、乘、除等操作，而文本类型（即字符串类型）可以进行字符串的复制、截取子字符串、字符串比较、求字符串长度等操作。

C 语言中提供了对文本文件和二进制文件操作的库函数，分别来对这两类文件进行操作。

ASCII 码文件和二进制文件的主要区别：

（1）存储形式：ASCII 文件将该数据类型转换为可在屏幕上显示的形式存储，二进制文件是按该数据类型在内存中的存储形式存储的。

（2）存储空间：ASCII 所占空间较多，而且所占空间大小与数值大小有关。

（3）读/写时间：二进制文件读/写时需要转换，造成存取速度较慢。ASCII 码文件则不需要。

（4）作用：ASCII 码文件通常用于存放输入数据及程序的最终结果。二进制文件则不能显

示出来，用于暂存程序的中间结果。

10.2.2 文件的存取方式

文件存取方式：包括顺序存取方式和随机存取方式两种。

顺序读取也就是从上往下，一笔一笔读取文件的内容。保存数据时，将数据附加在文件的末尾。这种存取方式常用于文本文件，而被存取的文件则称为顺序文件。

随机存取方式多半以二进制文件为主。它会以一个完整的单位来进行数据的读取和写入，通常以结构为单位。

10.3 文件流、缓冲区和标准输入/输出

10.3.1 文件流

最初C语言是为了UNIX操作系统而生，伴随UNIX系统的成长而广泛应用。在UNIX及其衍生的系统中把系统资源（含CPU、内存、磁盘、外围设备）都是当作文件看待。C语言也把输入设备(常指键盘)、输出设备（常常为显示器）都当作文件看待。

C语言把文件看作一个字节序列，以字节为单位进行访问，称之为文件流。文件流没有记录界限，即数据的输入和输出的开始和结束仅受程序控制，而不受物理符号（如回车换行符）控制。既然C语言把所有的计算机设备都看作文件，当然也把标准输入/输出设备当作文件看待，把标准输入/输出设备的内容当作“流”来处理。当利用C语言提供的输入/输出函数来进行数据的输入和输出时，标准输入流使得程序可以从键盘读取数据，而标准输出流使得程序可以在屏幕上输出数据。

流借助文件指针的移动来访问数据，文件指针目前所指的位置即是要处理的数据，经过访问后文件指针会自动向后移动。每个文本文件后面都有一个文件结束符号（EOF），用来告知该数据文件到此结束，若文件指针指到EOF便表示数据已访问完毕。但对二进制文件结尾的判断稍微复杂，需要用专门的函数feof()。

10.3.2 缓冲区

缓冲区是指在程序执行时，系统提供额外的内存用来暂时存放程序将要使用的数据。内存的存取速度比磁盘驱动器快得多，设置缓冲区是为了提高程序存取数据的效率。

C语言中文件系统可分为两大类：一类是缓冲文件系统也称为标准文件系统；另一类是非缓冲文件系统。

1. 缓冲文件系统

当使用标准I/O函数（包含在头文件stdio.h中）时，系统会自动为每个打开的文件在内存开辟一块缓冲区，缓冲区的大小一般由系统决定。当程序从磁盘输入（读取）数据时，先把数据输入到缓冲区，待缓冲区满或数据输入完成后，再把数据从缓冲区逐个读入到程序，如图10.1所示。

C语言的标准输入/输出缓冲又分为全缓冲和行缓冲。

（1）全缓冲：全缓冲是指当缓冲区满后才进行 I/O 的读/写操作。一般磁盘文件采用全缓冲方式（缓冲区一般为 4 096 字节）。

（2）行缓冲：行缓冲是指遇到换行符（即'\n'）后进行 I/O 操作，当然缓冲区满了时也要进行 I/O 操作（缓冲区一般为 1 024 字节）。

注意：换行符也被读入缓冲区。

通常，标准输入 stdin 和标准输出 stdout 为行缓冲，标准错误输出 stderr 无缓冲。

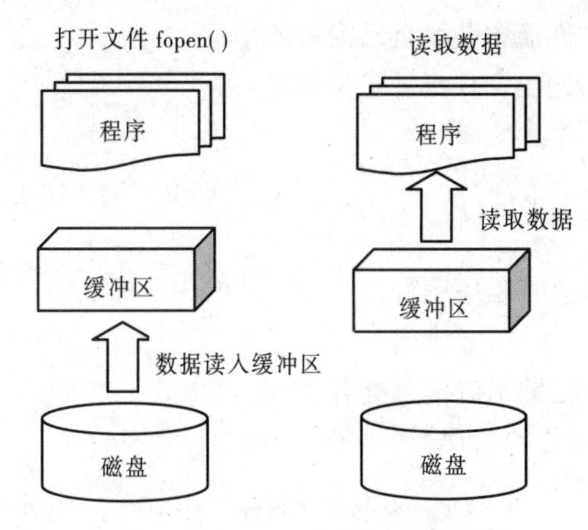

图 10.1　缓冲文件系统输入数据

当程序向磁盘中输出（写入）数据时，程序先把数据输出到缓冲区，待缓冲区满或数据输出完成后，再把数据从缓冲区输出到磁盘，如图 10.2 所示。

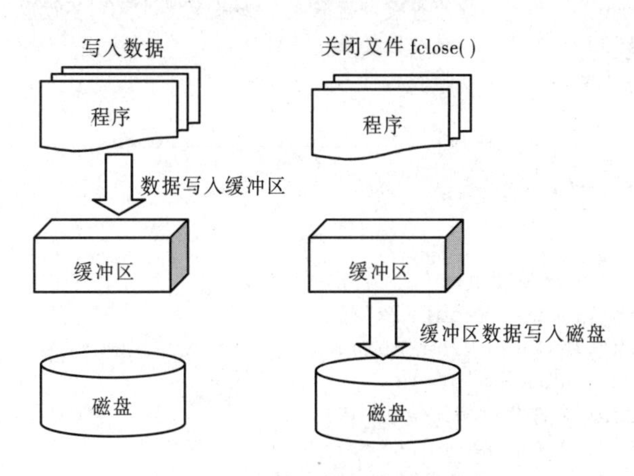

图 10.2　缓冲文件系统输出数据

ANSI C 标准中只采用缓冲文件系统。一般把带缓冲文件系统的输入/输出称作标准输入/输出（标准 I/O），而非缓冲文件系统的输入/输出称为系统输入/输出（系统 I/O）。

2. 非缓冲文件系统

系统不自动为打开的文件开辟内存缓冲区，由程序设计者自行设置缓冲区及大小。由于不设置缓冲区的文件处理方式，必须使用较低级的 I/O 函数（包含在头文件 io.h 和 fcntl.h 中）来直接对磁盘存取，这种方式的存取速度慢，并且由于不是C的标准函数，跨平台操作时容易出问题。所以，在此不做深入的讨论，有兴趣的同学请参考相关文档。

10.3.3 标准输入/输出

在C语言程序运行后，系统会默认自动打开3个设备文件流：标准输入文件流、标准输出设备流和标准错误输出文件流，分别用stdin、stdout、stderr三个文件类型的结构体指针来指向它们，以使程序对相应的文件流进行处理，并把实际输入或输出设备处理的内容映射到文件流中，而C语言程序会从各文件流中获取自己需要的信息。

VC++6.0中，标准输入/输出文件指针定义如下：

```
_CRTIMP extern FILE _iob[ ]
#define stdin  (&_iob[0])
#define stdout  (&_iob[1])
#define stderr  (&_iob[2])
```

下面使用程序来查看C语言程序运行后自动打开的3个标准输入/输出流stdin、stdout、stderr的相关信息。

【例10-1】程序标准输入/输出流信息查看。

```
/*----------------stdio.h中相关内容-----------
struct _iobuf {
    char *_ptr;          //文件内部操作指针，表示当前文件操作的位置。
    int   _cnt;          //当前缓冲区的相对位置。
    char *_base;         //指针的基础位置(即是文件的起始位置)。
    int   _flag;         //文件指针是否结尾的标志。
    int   _file;         //文件的有效性验证。
    int   _charbuf;      //检查缓冲区状况，如果无缓冲区则不读取。
    int   _bufsiz;       //缓冲区的大小。
    char *_tmpfname;     //临时文件名。
};
typedef struct _iobuf  FILE; -------------------------------------------------*/
#include <stdio.h>
main( )
{
   printf("stdin文件指针相关信息\n");
   printf("%d\n",stdin->_bufsiz);
   printf("%d\n",stdin->_charbuf);
   printf("%s\n",stdin->_ptr);
   printf("stdout文件指针相关信息\n");
   printf("%d\n",stdout->_bufsiz);
   printf("%d\n",stdout->_charbuf);
   printf("%s\n",stdout->_base);
   printf("stderr文件指针相关信息\n");
   printf("%d\n",stderr->_bufsiz);
   printf("%d\n",stderr->_charbuf);
   printf("%s\n",stderr->_tmpfname);
}
```

10.4　C 语言文件操作

10.4.1　文件的打开与关闭

C 程序中对任何文件进行操作，都必须先“打开”文件，即打开流；操作完成后，需要“关闭”文件，即关闭流。根据 ANSI C 标准，本节所涉及的文件均指缓冲文件——系统文件，这里的“打开”和“关闭”可调用标准库 stdio.h 中的 fopen() 和 fclose() 函数实现。

1. 函数 fopen() 的原型如下：

```
FILE * fopen(char *filename, char *mode);
```

函数的功能：打开程序要操纵的文件，即打开文件流，如果成功打开文件则返回一个文件结构体类型的指针，以便程序能够对其进行数据的读写操作。

函数参数：

- filename：文件名，包括路径，如果不显式包含文件的路径，则表示为文件存储的当前路径。例如，E:\\f1.txt 表示 E 盘根目录下的文件 f1.txt 文件。f2.txt 表示当前目录下的文件 f2.txt。
- mode：文件打开模式，指出对该文件可进行的操作。常见的打开模式如“r”表示只读，“w”表示只写，“rw”表示读写，“a”表示追加写入。其他更多打开模式如表 10.2 所示。

返回值：打开成功，返回该文件对应的 FILE 类型的指针；打开失败，返回 NULL。故需定义 FILE 类型的指针变量，保存该函数的返回值。可根据该函数的返回值判断文件打开是否成功。

表 10.2　文件打开模式

模式	含 义	说 明
r	只读	文件必须存在，否则打开失败
w	只写	若文件存在，则清除原文件内容后写入；否则，新建文件后写入
a	追加只写	若文件存在，则位置指针移到文件末尾，在文件尾部追加写入，因此该方式不删除原文件数据；若文件不存在，则打开失败
r+	读写	文件必须存在。在只读 r 的基础上加 '+' 表示增加可写的功能。下同
w+	读写	新建一个文件，先向该文件中写入数据，然后可从该文件中读取数据
a+	读写	在“a”模式的基础上，增加可读功能
rb	二进制读	功能同模式“r”,区别：b 表示以二进制模式打开。下同
wb	二进制写	功能同模式“w”。二进制模式
ab	二进制追加	功能同模式“a”。二进制模式
rb+	二进制读写	功能同模式"r+”。二进制模式
wb+	二进制读写	功能同模式”w+”。二进制模式
ab+	二进制读写	功能同模式”a+”。二进制模式

2. 关闭函数 fclose() 的原型如下。

```
int fclose(FILE *fp);
```

- 函数参数：
- fp：已打开的文件指针。

• 返回值：正常关闭，返回；否则返回 EOF，即-1。

【例 10-2】文件的创建与打开。

```
#include <stdio.h>
#include <stdlib.h>
void main()
{
    FILE *fp1,*fp2;                    //定义两个文件指针变量fp1和fp2
    fp1=fopen("E:\\f2.txt","w");       //以只写模式打开文件 f2.txt
    if (fp1==NULL)              //以返回值fp1判断是否打开成功，如果为NULL表示失败
    {
        printf ("文件f2.txt打开失败!\n");
        exit (0) ;                     //终止程序
    }
    else
        printf("文件f2.txt创建成功\n");
    fclose(fp1);                       //关闭fp1指针对应文件（f1.txt)的流

    fp2=fopen ("E:\\f2.txt","a") ;     //以追加写入的模式打开文件f1 .txt
    if(NULL==fp2)
    {
        printf ("文件f2.txt打开失败!\n");
        exit (0);
    }
    else
        printf("文件f2.txt以追加模式打开\n");
    fclose(fp2);                       //关闭fp2指针对应文件（f2.txt)的流
}
```

10.4.2 文件的顺序读写

对文件读取操作完成后，如果从文件中读取到的每个数据的顺序与文件中该数据的物理存放顺序保持一致，则称该读取过程为顺序读取；同理，对文件写入操作完成后，如果文件中所有数据的存放顺序与各个数据被写入的先后顺序保持一致，则称该写入过程为顺序写入。

1. 以字符为单位输入/输出

语言中提供了从文件中逐个输入字符及向文件中逐个输出字符的顺序读写函数 fgetc() 和 fputc() 及调整文件读写位置到文件开始处的函数 rewind()。

（1）字符输入函数 fgetc 的函数原型为：

```
int fgetc (FILE *fp);
```

函数功能：从文件指针 fp 所指向的文件中输入（读入）一个字符。输入成功，返回该字符；已读取到文件末尾或遇到其他错误，即输入失败，则返回文本文件结束标志 EOF（-1）。

注意：由于 fgetc()是以 unsigned char 的形式从文件中输入（读取）一个字节，并在该字节前面补充若干零字节，使之扩展为该系统中的一个 int 型数并返回，而非直接返回 char 型。当读取失败时返回文本文件结束标志 EOF 即-1，也是整数。故返回类型应为 int 型，而非 char 型。由于在 C 语言中把除磁盘文件外的输入/输出设备也当成文件处理，故从键盘输入字符不仅可以使用宏 getchar()实现，也可以使用 fgetc(stdin)实现。其中，stdin 指向标准输入设备——键盘所对应的文件。stdin 不需要人工调用函数 fopen()打开和 fclose()关闭。

（2）字符输出函数 fputc 的函数原型为：

```
int fputc (int c, FILE *fp);
```

函数功能：向 fp 指针所指向的文件中输出字符 c，输出成功，返回该字符；输出失败，则返回 EOF(-1)。向标准输出设备屏幕输出字符变量 ch 中保存的字符，不仅可以使用宏 putchar(ch) 实现，也可以使用 fputc (ch,stdout); 实现。其中，stdout 指向标准输出设备——显示器所对应的文件。stdout 也不需要人工调用函数 fopen() 打开和 fclose() 关闭。

（3）文件读写位置复位函数 rewind()

对一个文件进行读写操作时，经常会把一个文件中读写位置重新调整到文件的开始处，可以使用函数 rewind() 实现。文件读写位置复位函数 rewind() 的函数原型为：

```
void rewind (FILE *fp);
```

函数功能：把 fp 所指向文件中的读写位置重新调整到文件开始处。

【例 10-3】从键盘输入若干个字符，同时把这些字符输出到 E 盘根目录下的文件 dataFile10_3.txt 中同时在屏幕上显示。各个字符连续输入，最后按下【Enter】键结束输入过程。

```
#include<stdio.h>
#include<stdlib.h>
int main (void)
{
    char file_name[20]="E:/dataFile10_3.txt";
    FILE *fp=fopen (file_name, "w") ;    //打开文件
    int chr;     //chr:接收 fgetc 的返回值，定义为 int，而非 char M
    if(NULL==fp)
    {
        printf ("文件创建失败 !\n");
        exit(0);
    }
    printf ("请输入字符，按回车键结束: ");
    while ((chr=fgetc(stdin))!= '\n')    //stdin:指向标准输入设备键盘文件
    {
        fputc (chr,stdout);              //stdout:指向标准输出终端(显示器)的文件指针
        fputc(chr,fp);                   //逐个将输入的字符写入缓冲区或文件
    }
    fputc ('\n', stdout);                //输出换行符,告诉系统将缓冲区数据写入文件
    fclose (fp);                         //关闭文件
    return 0;
}
```

程序运行结果：

```
请输入字符，按回车键结束: 爱祖国，I love my country
爱祖国，I love my country
```

此时，查看 E 盘根目录下生成的 dataFile10_3.txt 文件，并且其内容为：“爱祖国，I love my country”。

2. 常见的字符串输入、输出函数 fgets() 和 fputs()。

（1）字符串输入函数 fgets() 的函数原型为：

```
char *fgets (char *s, int size, FILE *fp);
```

函数功能：从 fp 所指向的文件内，读取若干字符（一行字符串），并在其后自动添加字符串结束标志 '\0' 后，存入 s 所指的缓冲内存空间中（s 可为字符数组名），直到遇到回车换行符或已读取 size-1 个字符或已读到文件结尾为止。该函数读取的字符串最大长度为 size-1。

• 参数 fp：可以指向磁盘文件或标准输入设备 stdin。

• 返回值：读取成功，返回缓冲区地址 s；读取失败，返回 NULL。

说明：fgets() 较之 gets() 字符串输入函数是比较安全规范的。因为 fgets() 函数可由程序设计者自行指定输入缓冲区 s 及缓冲区大小 size。即使输入的字符串长度超过了预定的缓冲区大小，也不会因溢出而使程序崩溃，而是自动截取长度为 size-1 的串存入 s 指向的缓冲区中。

（2）字符串输出函数 fputs 的函数原型为：

```
int fputs (const char *str, FILE *fp);
```

函数功能：把 str（str 可为字符数组名）所指向的字符串，输出到 fp 所指的文件中。返回值：输出成功，返回非负数；输出失败，返回 EOF(-1)。

【例 10-4】 从键盘输入若干字符串存入 E 盘根目录下文件 file10_4.txt 中，然后从该文件中读取所有字符串并输出到屏幕上。

```
#include<stdio.h>
#include<stdlib.h>
#define N 2//字符串个数
#define MAX_SIZE 15              //字符数组大小，要求每个字符串长度不超过15
int main ( )
{
    char file_name[30]="E:  \\file10_4.txt";
    char str[MAX_SIZE];
    FILE *fp;
    int i;
    fp=fopen (file_name, "w+"); //"w+"模式: 先写入后读出
    if(NULL==fp)    //因为无法把一个变量赋值给字面常量，所以推荐同学们也这样进行比较
                    //运算，从而避免把“==”写成“=”而带来的潜在错误
    {
        printf ("Failed to open the file !\n");
        exit (0);
    }
    printf ("请输入%d个字符串: \n",N);
    for(i=0;i<N;i++)
    {
        printf ("字符串%d:",i+1);
        fgets (str,MAX_SIZE, stdin);      //从键盘输入字符串，存入str数组中
        fputs (str, fp);                  //把str中字符串输出到fp所指文件中
    }
    rewind (fp);                          //把fp所指文件的读写位置调整为文件开始处
    while (fgets(str,MAX_SIZE,fp) !=NULL)
    {
        fputs (str, stdout);              //把字符串输出到屏幕
    }
    fclose(fp);
    return 0;
}
```

程序运行结果：

```
请输入2个字符串:
字符串1:How old are you?
字符串2:I'm eight.
How old are you?
I'm eight.
```

此时，E 盘目录下已生成 file10_4.txt 文件，其内容同输出结果完全相同。

3. 按格式化输入/输出

文件操作中的格式化输入/输出函数 fscanf()和 fprintf() 一定意义上来讲就是 scanf() 和 printf() 的文本版本。程序设计者可根据需要采用多种格式灵活处理各种类型的数据，如整型、字符型、浮点型、字符串、自定义类型等。

（1）文件格式化输出函数 fprintf() 的函数原型为：

```
int fprintf (文件指针，格式控制串，输出表列);
```

函数功能：把输出表列中的数据按照指定的格式输出到文件中。

返回值：输出成功，返回输出的字符数；输出失败，返回一负数。

【例 10-5】 向当前目录文件 E:\file10_5.txt 中输入一名员工的姓名、工号、年龄和备注，采用文本方式存储。

```
#include<stdio.h>
#include<stdlib.h>
int main (void)
{
   FILE *fp=fopen("E:/file10_5.txt","w");
   char name[10] ="李文亮";
   char no[15]="7228";
   int age=34;
   char mem[30]="抗疫吹哨人";
   if(NULL==fp)
    {
       printf ("文件创建失败!\n");
       exit (0);
    }
    fprintf(fp,"%s\t%s\t%d\t%s\n",name,no,age,mem);
    fprintf(stdout,"数据写入完成!\n");
    fclose(fp);
    return 0;
}
```

运行程序后，E:\file10_5.txt 文件的内容为：

```
李文亮    7228    34  抗疫吹哨人
```

（2）文件格式化输入函数 fscanf() 的函数原型为：

```
int fscanf (文件指针，格式控制串，输入地址表列);
```

函数功能：从一个文件流中执行格式化输入，当遇到空格或者换行时结束。注意该函数遇到空格时也结束，这是其与 fgets() 的区别，fgets() 遇到空格不结束。

返回值：返回整型，输入成功时，返回输入的数据个数；输入失败，或已读取到文件结尾处，返回 EOF。故一般可根据该函数的返回值是否为 EOF 来判断是否已读到文件结尾处。

【例 10-6】 若文件 E:\file10_5.txt 中保存了若干数据，各整数之间用\t 间隔，从文件中各个数据依次保存到各变量中。

```
#include <stdio.h>
int main()
{
   char name[10],no[15],mem[30];
   int age;
   FILE *fp=fopen("E:/file10_5.txt","r+");
   if(NULL==fp)
   {
```

```
        printf ("打开文件失败!\n");
        exit (0);
    }
    while(!feof(fp))      //feof()函数判断文件指针是否已指向文件末尾
    {
        fscanf(fp,"%s\t%s\t%d\t%s",name,no,&age,mem); //注意fscanf后的是各变
                                                       //量的地址
        fprintf(stdout,"%s\t%s\t%d\t%s\n",name,no,age,mem);//屏幕输出
    }
    fclose(fp);
}
```

如果文件中的整数用逗号间隔，则读取数据时，函数 fscanf() 的调用格式如下：

```
fscanf (fp,"%d, %d", &a, &b);        //两个%d之间也必须用逗号隔开。
```

10.4.3 按二进制方式读写数据块

二进制文件的读写是按块来读写数据的。C 语言中使用函数 fread() 和 fwrite()来操作，不建议在文本文件中使用。在使用 fread() 读取二进制文件时，还要判断是否已经到达文件结尾，使用 feof()函数来判读。

（1）数据块读取（输入）函数 fread 的函数原型为：

```
unsigned fread(void *buf, unsigned size, unsigned count, FILE* fp);
```

函数功能：从 fp 指向的文件中读取 count 个数据块，每个数据块的大小为 size。把读取到的数据块存放到 buf 指针指向的内存空间中。

返回值：返回实际读取的数据块（非字节）个数，如果该值比 count 小，则说明已读到文件尾或有错误产生。这时一般采用函数 feof() 及 ferror() 来辅助判断。

函数参数：

- buf：指向存放数据块的内存空间，该内存可以是数组空间，也可以是动态分配的内存。void 类型指针，故可存放各种类型的数据，包括基本类型及自定义类型等。
- size：每个数据块所占的字节数。
- count：预读取的数据块最大个数。
- fp：文件指针，指向所读取的文件。

（2）数据块写入（输出）函数 fwrite() 的函数原型为：

```
unsigned fwrite(const void *buf,unsigned size,unsigned count,FILE* fp);
```

函数功能：将 buf 所指向内存中的 count 个数据块写入 fp 指向的文件中。每个数据块的大小为 size。

返回值：返回实际写入的数据块（非字节）个数，如果该值比 count 小，则说明 buf 所指空间中的所有数据块已写完或有错误产生。这时一般采用 feof 及 ferror 来辅助判断。

函数参数：

- buf：前加 const 的含义是 buf 所指的内存空间的数据块只读属性，避免程序中有意或无意的修改。
- size：每个数据块所占的字节数。
- count：预写入的数据块最大个数。
- fp：文件指针，指向所要写入的文件。

注意：使用 fread() 和 fwrite() 对文件进行读写操作时，一定要记住使用“二进制模式”打开文件，否则，可能会出现意想不到的错误。

（3）feof() 函数的函数原型为：

```
int feof (FILE * fp);
```

函数功能：检查 fp 所关联文件流中的文件结束标志(_flag)是否被置位，如果该文件的结束标志已被置位，返回非 0 值；否则，返回 0。

通过前面的学习可知 EOF 是文本文件结束的标志。在文本文件中，数据是以字符的 ASCII 代码值的形式存放，普通字符的 ASCII 代码的范围是 32 ~ 127（十进制），EOF 的十六进制代码为 0xFF（十进制为-1），因此可以用 EOF 作为文本文件结束标志。当把非文本数据以二进制形式存放到文件中时，就有极大的可能会有-1 值的出现，因此不能采用 EOF 作为二进制文件的结束标志。为解决这一个问题，ANSI C 提供了 feof()函数用来判断文件是否结束。

在 stdio.h 中 feof( )的相关定义如下：

```
#define _IOEOF  0x0010
#define feof(_stream)((_stream)->_flag & _IOEOF)
```

也就是说，函数 feof()的值来自于文件流指针结构体成员变量_flag 与字符常量_IOEOF 按位“与”运算的结果。当文件指针达到文件末尾并被再次读出时才能传递给函数 feof()。

注意：

（1）在文本文件和二进制文件中，均可使用该函数判断是否到达文件结尾。

（2）文件流指针中的文件结束标志（_flag）是最近一次调用输入等相关函数（如 fgetc()、fgets()、fread()及 fseek()等）时设置的，在 VC++6.0 中该标志位被置位为十六进制的 0x0019，即十进制的 25。只有最近一次操作输入的是非有效数据时，文件结束标志才被置位；否则，均不置位。

【例10-7】从键盘输入若干名学生的姓名、学号、语数外三门课成绩并计算平均成绩，将这些学生信息以二进制方式保存到 E:\ StaticStuInfo.dat 中。采用 fwrite() 函数写入数据。存储空间要求采用数组形式。采用静态数组形式，仅为了复习数组作为函数参数的情况，且便于理解，实际编程中不建议采用这种方案。

```
#include<stdio.h>
#include<stdlib.h>
typedef struct
{
   char name[10];
   char no[15];
   int sc[3];
   float aver;
}STU;
void Input_Info(STU a[],int n) ;     //输入函数原型声明
void Write_Info(STU a[],int n) ;     //文件写入函数原型声明
#define N 10                         //最多可存储的学生数，可调整
int main(void)
{
   int n;
   STU a[N];                         //学生结构体数组，最多容纳 N 人
```

```
    printf ("输入学生人数:");
    scanf("%d",&n);
    Input_Info(a,n) ;          //输入学生信息
    Write_Info(a,n);           //写人文件
    return 0;
}
void Input_Info(STU a[], int n)
{
    int i;
    for(i=0;i<n;i++)
    {
        printf("%dth stu (姓名、学号、语数外):",i+1);

scanf("%s%s%d%d%d",a[i].name,a[i].no,&a[i].sc[0],&a[i].sc[1],&a[i].sc[2]
);
        a[i].aver=(a[i].sc[0]+a[i].sc[1]+a[i].sc[2])/3.0;
    }
}
void Write_Info (STU a[], int n)
{
    FILE *fp=fopen("E:/StaticStuInfo.dat","wb"); //"wb":二进制文件写操作
    if(NULL==fp)
    {
        printf ("Failed to open the file !\n");
        exit (0);
    }
    fwrite(a, sizeof(STU) ,n, fp) ; //把 a 数组中 n 个学生信息写入文件
    fclose(fp);
}
```

由于采用二进制形式存储，故打开生成的二进制文件 Stu_Info.dat 可能是“乱码”。通过判断文件的生成以及文件中部分显示正常的数据，可判断代码是否运行正确。

10.4.4 文件的随机读/写

以上介绍的都是文件的顺序读写操作，即每次只能从文件头开始，从前往后依次读写文件中的数据。在实际的程序设计中，经常需要从文件的某个指定位置处开始对文件进行选择性的读写操作，这时，首先要把文件的读写位置指针移动到指定处，然后再进行读写，这种读写方式称为对文件的随机读写操作。

C 语言程序中常使用 rewind()、fseek() 函数移动文件读写位置指针。使用 ftell() 获取当前文件读写位置指针。

（1）函数 fseek() 的函数原型为：

```
int fseek(FILE *fp, long offset, int origin);
```

函数功能：把文件读写指针调整到从 origin 基点开始偏移 offset 处，即把文件读写指针移动到 origin+offset 处。

函数参数：

- origin：文件读写指针移动的基准点（参考点）。基准位置 origin 有 3 种常量取值：SEEK_SET、SEEK_CUR 和 SEEK_END，取值依次为 0，1，2。

SEEK_SET：文件开头，即第一个有效数据的起始位置。

SEEK_CUR：当前位置。

SEEK_END：文件结尾，即最后一个有效数据之后的位置。

注意：此处并不能读取到最后一个有效数据，必须前移一个数据块所占的字节数，使该文件流的读写指针到达最后一个有效数据块的起始位置处。

- offset：位置偏移量，为 long 型，当 offset 为正整数时，表示从基准 origin 向后移动 offset 个字节的偏移；若 offset 为负数，表示从基准 origin 向前移动 offset 绝对值个字节的偏移。

返回值：成功，返回 0；失败，返回 -1。

例如，若 fp 为文件指针，则 fseek (fp,10L,0); 把读写指针移动到从文件开头向后 10 个字节处。fseek(fp,10L,1)，把读写指针移动到从当前位置向后 10 个字节处。fseek(fp,-20L,2); 把读写指针移动到从文件结尾处向前 20 个字节处。调用 fseek()函数时，第三个实参建议不要使用 0、1、2 等数字，最好使用可读性较强的常量符号形式，使用如下格式取代上面三条语句。

```
fseek(fp,10L,SEEK_SET);
fseek(fp,10L,SEEK_CUR);
fseek(fp,-20L,SEEK_END);
```

（2）函数 ftell() 的函数原型：

```
long ftell(FILE *fp);
```

函数功能：用于获取当前文件读写指针相对于文件头的偏移字节数。

例如，分析以下程序，输出其运行结果。

```
#include<stdio.h>
#include<stdlib.h>
#define N 3          //员工数
typedef struct
{
   char name[10];
   int age;
   char duty[20];
}Employee;
int main ()
{
    Employee a[N] = {{"张凯",35, "总经理"}, {"李明", 30, "副总经理"},{"刘芳",32,
"财务总监"}};
   Employee t;
    int i;
    FILE *fp=fopen("e:/employeeInfo.bat", "wb+");
    if(NULL==fp)
    {
       printf("打开创建并打开文件失败!\n");
       exit (0);
    }
    fwrite(a,sizeof(Employee),N,fp);    //数据以块的形式写入文件
    fprintf (stdout, "%s\t%s\t%s\n", "名字","年龄","职务");
    for(i=1;i<=N;i++)
    {
```

```
        fseek(fp,0-i*sizeof(Employee),SEEK_END);    //反向移动内部指针
    fread(&t,sizeof(Employee),1,fp);    //每次读出一个数据块并放入到结构体t中
        fprintf (stdout,"%s\t%d\t%-s\n", t.name,t.age,t.duty);//结构体各成员变
                                                              //量输出到屏幕
    }
    fclose(fp);
    return 0;
}
```

程序运行结果：

```
名字    年龄    职务
刘芳    32      财务总监
李明    30      副总经理
张凯    35      总经理
```

小　结

文件是操作系统管理数据的基本单位，文件一般是指存储在外部存储介质上有名字的一系列相关数据的有序集合；C 语言中提供了对文本文件和二进制文件操作的库函数，分别来对这两类文件进行操作；在C程序运行后，系统会默认自动打开3个设备文件流：标准输入文件流、标准输出设备流和标准错误输出文件流，分别用 stdin、stdout、stderr 三个文件类型的结构体指针来指向它们。以供C程序从中获取所需的信息。

习　题

一、填空题

1. 下列关于C 语言文件的叙述中正确的是（　　）。
   A. 文件由一系列数据依次排列组成，只能构成二进制文件
   B. 文件由结构序列组成，可以构成二进制文件或文本文件
   C. 文件由数据序列组成，可以构成二进制文件或文本文件
   D. 文件由字符序列组成，其类型只能是文本文件
2. 以下叙述中错误的是（　　）。
   A. gets() 函数用于从终端读入字符串
   B. getchar() 函数用于从磁盘文件读入字符
   C. fputs() 函数用于把字符串输出到文件
   D. fwrite() 函数用于以二进制形式输出数据到文件
3. 读取二进制文件的函数调用形式为 fread(buffer,size,count,fp);，其中 buffer 代表的是（　　）。
   A. 一个文件指针，指向待读取的文件
   B. 一个整型变量，代表待读取的数据的字节数
   C. 一个内存块的首地址，代表读入数据存放的地址
   D. 一个内存块的字节数
4. 下列叙述中正确的是（　　）。
   A. C语言中的文件是流式文件，因此只能顺序存取数据

B. 打开一个已存在的文件并进行了写操作后，原有文件中的全部数据必定被覆盖

C. 在一个程序中当对文件进行了写操作后，必须先关闭该文件然后再打开，才能读到第 1 个数据

D. 当对文件的读（写）操作完成之后， 必须将它关闭，否则可能导致数据丢失

5. 有下列程序：

```
#include <stdio.h>
void WriteStr(char *fn,char *str)
{
   FILE *fp;
   fp=fopen(fn,"w");
   fputs(str,fp);
   fclose(fp);
}
main( )
{
   WriteStr("t1.dat","start");
   WriteStr("t1.dat","end");
}
```

程序运行后，文件 t1.dat 中的内容是（　　）。

A. start　　B. end　　C. startend　　D. endrt

6. 有以下程序

```
#include <stdio.h>
main()
{
   FILE *pf;
   char *s1="China",*s2="Beijing";
   pf=fopen("abc.dat","wb+");
   fwrite(s2,7,1,pf);
   rewind(pf);        /*文件位置指针回到文件开头*/
   fwrite(s1,5,1,pf);
   fclose(pf);
}
```

以上程序执行后 abc.dat 文件的内容是（　　）。

A. China　　B. Chinang　　C. ChinaBeijing　　D. BeijingChina

7. 有以下程序

```
#include <stdio.h>
main()
{
    FILE *fp; int a[10]={1,2,3},i,n;
    fp=fopen("d1.dat","w");
    for(i=0;i<3;i++)
        fprintf(fp,"%d",a[i]);
    fprintf(fp,"\n");
    fclose(fp);
    fp=fopen("d1.dat","r");
    fscanf(fp,"%d",&n);
    fclose(fp);
    printf("%d\n",n);
}
```

程序运行结果是（　　）。

A. 12300　　B. 123　　C. 1　　D. 321

8. 有下列程序：

```
#include <stdio.h>
main( )
{
    FILE *fp; int a[10]={1,2,3,0,0},i;
    fp=fopen("d2.dat","wb");
    fwrite(a,sizeof(int),5,fp);
    fwrite(a,sizeof(int),5,fp);
    fclose(fp);
    fp=fopen("d2.dat","rb");
    fread(a,sizeof(int),10,fp);
    fclose(fp);
    for(i=0;i<10;i++)
       printf("%d,",a[i] );
}
```

程序运行结果是（　　）。

A. 1,2,3,0,0,0,0,0,0,0,　　B. 1,2,3,1,2,3,0,0,0,0,

C. 123,0,0,0,0,123,0,0,0,0,　　D. 1,2,3,0,0,1,2,3,0,0,

9. 有下列程序：

```
#include<stdio.h>
main( )
{
   FILE *fp;int k,n,a[6]={1,2,3,4,5,6};
   fp=fopen("d2.dat","w");
   fprintf(fp,"%d%d%d\n",a[0],a[1],a[2]);
   fprintf(fp,"%d%d%d\n",a[3],a[4],a[5]);
   fclose(fp);
   fp=fopen("d2.dat","r");
   fscanf(fp,"%d%d",&k,&n);printf("%d%d\n",k,n);
   fclose(fp);
}
```

程序运行结果是（　　）。

A. 12　　B. 14　　C. 1234　　D. 123456

10. 有下列程序：

```
#include<stdio.h>
main( )
{
    FILE *fp;
    int i,a[6]={1,2,3,4,5,6};
    fp=fopen("d3.dat","w+b");
    fwrite(a,sizeof(int),6,fp);
    /*该语句使读文件的位置指针从文件头向后移动 3 个 int 型数据*/
    fseek(fp,sizeof(int)*3,SEEK_SET);
    fread(a,sizeof(int),3,fp);
    fclose(fp);
    for(i=0;i<6;i++)
       printf("%d,",a[i]);
}
```

程序运行结果是（　　）。

A. 4,5,6,4,5,6,　　B. 1,2,3,4,5,6,　　C. 4,5,6,1,2,3,　　D. 6,5,4,3,2,1,

11. 执行下列程序后，test.txt 文件的内容是（若文件能正常打开）（　　）。

```
#include <stdio.h>
main( )
{
   FILE *fp;
   char *s1="Fortran",*s2="Basic";
   if((fp=fopen("test.txt","wb"))==NULL)
   {
      printf("Can't open test.txt file\n");
      exit(1);
   }
   fwrite(s1,7,1,fp);          /*把从地址 s1 开始的 7 个字符写到 fp 所指文件中*/
   fseek(fp,0L,SEEK_SET);      /*文件位置指针移到文件开头*/
   fwrite(s2,5,1,fp);
   fclose(fp);
}
```

A. Basican　　B. BasicFortran　　C. Basic　　D. FortranBasic

12. 有下列程序：

```
#include <stdio.h>
main( )
{
   FILE *fp; int i,k,n;
   fp=fopen("data.dat","w+");
   for(i=1;i<6;i++)
   {
      fprintf(fp,"%d ",i);
      if(i%3==0)
         fprintf(fp,"\n");
   }
   rewind(fp);
   fscanf(fp,"%d%d",&k,&n);
   printf("%d%d\n",k,n);
   fclose(fp);
}
```

程序运行结果是（　　）。

A. 0　0　　B. 123　45　　C. 1　4　　D. 1　2

13. 下列与函数 fseek(fp,0L,SEEK_SET)有相同作用的是（　　）。

A. feof(fp)　　B. ftell(fp)

C. fgetc(fp)　　D. rewind(fp)

14. 有下列程序：

```
#include <stdio.h>
main( )
{
   FILE *fp; int i;
   char ch[ ]="abcd",t;
   fp=fopen("abc.dat","wb+");
   for(i=0;i<4;i++)
```

```
        fwrite(&ch[i],1,1,fp);
    fseek(fp,-2L,SEEK_END);
    fread(&t,1,1,fp);
    fclose(fp);
    printf("%c\n",t);
}
```

程序运行结果是（　　）。

A. d　　B. c　　C. b　　D. a

二、填空题

1. 以下程序从名为 filea.dat 的文本文件中逐个读入字符并显示在屏幕上，请填空。

```
#include <stdio.h>
main()
{
    FILE *fp; char ch;
    fp=fopen(____________);
    ch=fgetc(fp);
    while (!feof(fp))
    {
        putchar(ch);
        ch=fgetc(fp);
    }
    putchar("\n");
    fclose(fp);
}
```

2. 设有定义 FILE *fw;，请将以下打开文件的语句补充完整，以便可以向文本文件 readme.txt 的最后追加（续写）内容。

```
fw=fopen("readme.txt",____________);
```

3. 有下列程序，其功能是：以二进制"写"方式打开文件 d1.dat，写入 1～100 这 100 个整数后关闭文件。再以二进制"读"方式打开文件 d1.dat，将这 100 个整数读入到另一个数组 b 中，并打印输出。请补充完整程序。

```
#include <stdio.h>
main( )
{
    FILE*fp;
    int i,a[100],b[100];
    fp=fopen("d1.dat","wb");
    for(i=0;i<100;i++)
        a[i]=i+1;
    fwrite(a,sizeof(int),100,fp);
    fclose(fp);
    fp=fopen("d1.dat",____________);
    fread(b,sizeof(int),100,fp);
    fclose(fp);
    for(i=0;i<100;i++)
        printf ("%d\n",b[i]);
}
```

第11章 计算机算法基础

通过前面各章节的学习，应该已基本掌握了C语言的基本语法、程序流程控制，能够根据需要选用不同的数据类型，能较熟练分析阅读别人编写的程序代码，并能根据数据处理任务要求独立编写一些简单程序。本章一起讨论另一个话题——算法。

课件

计算机算法基础

11.1 算法的概念

算法是对解决问题步骤的描述，这种描述可以用自然语言、流程图、程序伪代码等。算法实际无处不在，下面用一幅图来展示算法的重要性，如图11.1所示。

问题
算法
处理步骤 1
处理步骤 2
…
处理步骤 n
解决

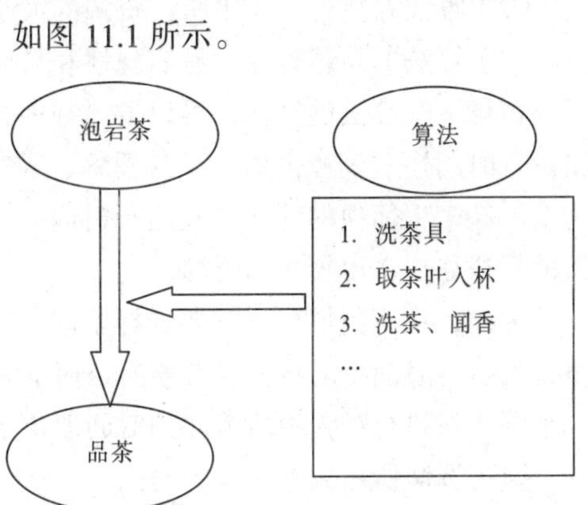

图11.1 日常生活中的算法

直观地看，算法就是对每个处理步骤的描述，各步骤的顺序很关键，不能错位、不能顺序混乱，必须有开始又有结束。计算机中算法有如下特性：

（1）确定性：算法的每一步骤必须有确定的含义，无二义性。

（2）有穷性：算法在有限的步骤之后会自动结束，不会无限循环（死循环），并且每一个步骤可以在可接受的时间内完成。

（3）可行性：算法的每一步都是可行的，也就是说每一步都能够在执行有限次数后完成。

（4）输入：算法有0个或多个输入值。

（5）输出：算法有1个或多个输出值。

对于同样一个问题的解决，可能不同人能够给出不同的解决步骤，即不同的算法。解决同一问题的不同算法也有优劣之分。例如，在一组具有 n 个数的有序数列（假设各数从小到大排列）中查找某个数 x，就有很多种算法，一种按顺序依次逐个去查找，最好的情况只需 1 次就能找到，最坏的情况下需要找 n 次；另一种采用二分法查找，取数列中间位置的数（即中位数）m，然后把数列从中间一分为二成两个子数列，再把 x 与 m 相比较，如果 $x>m$，则保留数列的后半部分而舍弃前半部分，把后半部分继续从中间一分为二继续前面的方法直到在数列中找到数 x 或数列中根本就没有 x，最好的情况只需 1 次就能找到 x，最坏的情况下需要找 $\log_2(n)$次。同样是查找某个数 x，两种算法所需的查找次数有着很大的差别，这就是算法的优劣。

11.2 算法的复杂度

11.2.1 算法的时间复杂度

对于一个给定的算法，通常要评估运行效率的高低。每一种算法都可以达到解决问题的目的，但花费的成本和时间不尽相同，从节约成本和时间的角度考虑，需要找出最优算法。那么，如何衡量一个算法的好坏呢？

显然，选用的算法应该是正确的。除此之外，通常有三方面的考虑：

（1）算法在执行过程中所消耗的时间。

（2）算法在执行过程中所占资源的大小，例如，占用内存空间的大小。

（3）算法的易理解性、易实现性和易验证性等。

衡量一个算法的好坏，可以通过前面提出的三个方面进行综合评估。从多个候选算法中找出运行时间短、资源占用少、易理解、易实现的算法。然而，现实情况却不尽人意。往往是，一个看起来很简便的算法，其运行时间要比一个形式上复杂的算法慢得多；而一个运行时间较短的算法往往占用较多的资源。

因此，在不同情况下需要选择不同的算法。在实时系统中，对系统响应时间要求高，则尽量选用执行时间少的算法；当数据处理量大，而存储空间较少时，则尽量选用节省空间的算法。一个算法在执行过程中所消耗的时间取决于下面的因素：

（1）算法所需数据输入的时间。

（2）算法编译为可执行程序的时间。

（3）计算机执行每条指令所需的时间。

（4）算法语句重复执行的次数。

其中（1）依赖于输入设备的性能，若是脱机输入，则输入数据的时间可以忽略不计。（2）、（3）取决于计算机本身执行的速度和编译程序的性能。因此，习惯上将算法中基础性语句重复执行的次数作为算法的时间量度。例如：

```
(a) void add(int x)
{
    x=x+1           //执行一次
}
(b) void madd(int x,int n)
{
    int i;
```

```
    for(i=0;i<n; i++)
    {
        x=x+1;          //执行 n 次
    }
}
(c) void loopadd(int x,int n)
{
    int i=0,j=0;
    for(i=0;i<n;i++)
       for(j=0;j<n;j++)
          x=x+1;      //执行 n*n 次
}
```

add()函数仅包含一条语句，执行次数为 1 次；madd()函数包含 n 次的单重 for 循环，每次循环都执行 x=x+1 语句，因此执行次数为 n 次；loopadd()函数包含 n 次的双重循环，在第二层循环执行 x=x+1 语句，因此执行次数为 n*n 次，即 n^2次。

上面的例子并没有把循环本身执行的次数算进去，下面给出 2 个执行次数计算较为精确的例子。

```
int sum(int arr[ ], int n)              //执行次数
{
   int i,total=0;                       //1
   for (i=0;i<n;i++)                    //n+1
    total+=arr[i];                      //n
   return total;                        //1
}                                       //执行总次数: 2n+3
```

上面的代码片段总的执行次数为 2n+3 次。

再看看假设两 n*n 的矩阵 a,b 的加法的执行次数。

```
void add(int a[][],int b[][],int c[][],int n)
{                                       //执行次数
   int i,j;                             //1
   for(i=0;i<n;i++)                     //n+1
     for(j=0;j<n;j+)                    //n(n+1)
         c[i][j]=a[i][j]+b[i][j];       //n*n
}                                       //执行总次数: 2n^2+2n+2
```

矩阵相加的执行次数为 $2n^2+2n+2$。

一般情况下，n 为问题规模（大小）的量度，如数组的长度、矩阵的阶、图中的顶点数等。对于前面 add()函数来说，问题规模量度为常数 1；对于数组排序问题来说，问题规模量度为输入数组的长度（记为 n）；对于 n 阶矩阵相加来说，问题规模量度为矩阵阶数的平方（记为 n^2）。

为了给出算法通用的时间量度，用数学概念来描述算法的执行次数，可以把一个算法中基础语句的执行次数称为语句频度或时间频度，记为 $T(n)$。当问题规模 n 不断变化时，时间频度 $T(n)$也会不断变化，我们需要评估当 n 不断变化时，时间频度 $T(n)$的变化规律。

若有某个辅助函数 $f(n)$，当 n 趋向于无穷大时，如果 $T(n)/f(n)$的极限为不等于零的常数，则认为 $T(n)$与 $f(n)$是同量级的函数，记作：

$$T(n)=O(f(n))$$

$O(f(n))$称为算法的渐进时间复杂度，简称时间复杂度。

渐进时间复杂度表示的意义：

（1）在较复杂的算法中，进行精确分析是非常复杂的。

（2）一般来说，人们并不关心 $T(n)$的精确度量，而只是关心其量级。

$T(n)=O(f(n))$表示存在一个常数 C，当 n 趋于正无穷大时，总有 $T(n) \leqslant C*f(n)$，其意义是 $T(n)$在 n 趋于正无穷大时跟 $f(n)$基本接近，因此完全可以用 $f(n)$来表示 $T(n)$。

$O(f(n))$通常取执行次数中最高次方或最大指数部分的项。例如：

（1）阵列元素相加为 $2n+3 = O(n)$。

（2）矩阵相加为 $2n^2+2n+1 = O(n^2)$。

（3）矩阵相乘为 $2n^3+4n^2+2n+2 = O(n^3)$。

在各种不同的算法中，若算法语句的执行次数为常数，则算法的时间复杂度为 $O(1)$，按数量级递增排列，常见的时间复杂度量有：

（1）$O(1)$：常量阶，运行时间为常量。

（2）$O(\log n)$：对数阶，如二分搜索算法。

（3）$O(n)$：线性阶，如 n 个数内找最大值。

（4）$O(n\log n)$：对数阶，如快速排序算法。

（5）$O(n^2)$：平方阶，如选择排序，冒泡排序。

（6）$O(n^3)$：立方阶，如两个 n 阶矩阵的乘法运算。

（7）$O(2^n)$：指数阶，如 n 个元素集合的所有子集的算法。

（8）$O(n!)$：阶乘阶，如 n 个元素全部排列的算法。

图 11.2 所示为随着 n 的变化，不同量级的时间复杂度变化曲线。

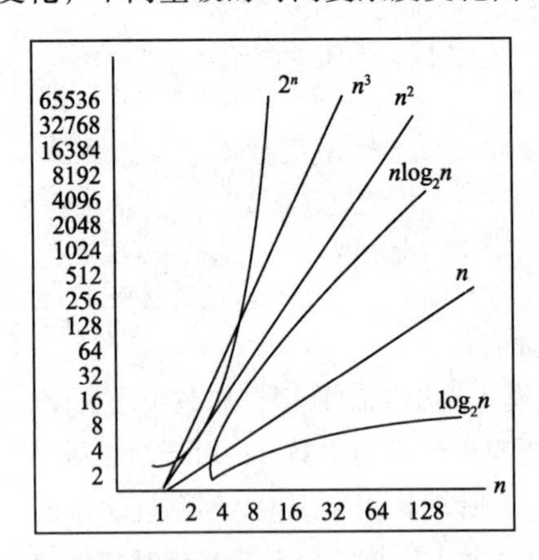

图 11.2　算法时间复杂度对比图

评估算法时间复杂度的具体步骤：

（1）找出算法中重复执行次数最多的语句的频度来估算算法的时间复杂度。

（2）保留算法的最高次幂，忽略所有低次幂和高次幂的系数。

（3）将算法执行次数的数量级放入大 O 记号中。

例如，前面三段简单的程序段中，在程序段（a）中，语句 x=x+1 不在任何一个循环体内，则它的时间频度为 1，其执行时间是个常量；而（b）中，同一语句被重复执行 n 次，其时间频度为 n；显然在（c）中，该语句的频度为 n^2。由此，这三个程序段的时间复杂度为 $O(1)$、$O(n)$、$O(n^2)$，分别为常量、线性阶和平方阶。

对于较为复杂的算法，可以将它们分割成容易估算的几部分，然后利用 O 的求和原则得到整个算法的时间复杂度。例如，若算法的两个部分的时间复杂度分别为 $T_1(n)=O(f(n))$ 和 $T_2(n)=O(g(n))$，则总的时间复杂度为:

$$T(n)= T_1(n)+ T_2(n)=O(\max(f(n), g(n)))$$

然而，很多算法的运行时间不仅依赖于问题的规模，也与处理的数据集有关。例如，有的排序算法对某些原始数据（如自小至大有序），则其时间复杂度为 $O(n)$，而对另一些数据可达 $O(n^2)$。因此，在估算算法的时间复杂度时，均以数据集中最坏的情况来估算。

11.2.2　算法的空间复杂度

算法的存储量包括:

（1）程序本身所占空间。

（2）输入数据所占空间。

（3）辅助变量所占空间。

输入数据所占空间只取决于问题本身，和算法无关，则只需要分析除输入和程序之外的辅助变量所占额外空间。空间复杂度是对一个算法在运行过程中临时占用的存储空间大小的量度，一般也作为问题规模 n 的函数，以数量级形式给出，记作：

$$S(n) = O(f(n))$$

其中，n 为问题的规模，$f(n)$为语句关于 n 所占存储空间的函数。

空间复杂度分析 1:

```
int fun(int n)
{
    int i,j,k,s;
    s=0;
    for(i=0;i<=n;i++)
        for(j=0;j<=i;j++)
            for (k=0;k<=j;k++)
                s++;
    return(s);
}
```

由于算法中临时变量的个数与问题规模 n 无关，所以空间复杂度均为 $S(n)=O(1)$。

空间复杂度分析 2:

```
void fun(int a[], int n, int k)        //数组 a 共有 n 个元素
{
    int i;
    if (k==n-1)
    for(i=0;i<n;i++)
        printf("%d\n", a[i]);          //执行 n 次
```

```
    else
    {
        for(i=k;i<n;i++)
            a[i]=a[i]+i*i;          //执行n-k次
        fun(a,n,k+1);
    }
}
```

此函数为递归函数，每次调用本身都要分配空间，fun(a,n,0)的空间复杂度为 $O(n)$。

注意：

（1）空间复杂度相比时间复杂度分析要少。

（2）对于递归算法来说，代码一般都比较简短，算法本身所占用的存储空间较少，但运行时需要占用较多的临时存储空间。

若写成非递归算法，代码一般可能比较长，算法本身占用的存储空间较多，但运行时将可能需要较少的存储单元。

写代码时也可以采用空间来换取时间以解决特定条件下的问题。例如，要判断某年是不是闰年，可能会花一点心思来写一个算法，每给一个年份，就可以通过这个算法计算得到是否闰年的结果。另外一种方法是，事先建立一个 3 000 个元素的数组，然后把所有的年份和数组下标的数字对应，如果是闰年，则此数组对应元素的值置为 1，如果不是闰年则对应数组的元素的值置为 0。这样，所谓的判断某一年是否为闰年就变成了查找这个数组中某一个元素的值的问题。

第一种方法相比起第二种来说很明显非常节省空间，但每一次查询都需要经过一系列的计算才能知道是否为闰年。第二种方法虽然需要在内存里存储 3 000 个元素的数组，但是每次查询只需要一次索引判断即可。这就是通过一笔空间上的开销来换取计算时间开销的小技巧。到底哪一种方法好？其实还是要看用在什么地方。

通常，都是用“时间复杂度”来指运行时间的需求，用“空间复杂度”指空间需求。当直接求“复杂度”时，通常指的是时间复杂度。显然对时间复杂度的追求属于算法的潮流。

11.3 排序算法

由前面的学习可知，二分查找法是有前提条件的，这个条件就是数列的有序性，对于无序的数列是无法使用二分查找法的。计算机最早的用途就是帮助人们简化公式求解，而后又有了数据管理等。在数据操作中，排序是真正的基石。下面看几个简单、常用的排序算法。

11.3.1 冒泡排序算法

冒泡排序（Bubble-Sort）是一种简单的排序算法。它重复地访问要排序的数列，一次比较两个元素，如果它们的排序顺序错误就把它们相互交换。访问数列的工作是重复进行的，直到没有再需要交换的元素为止，即数列从小到大排序完成。此算法的名字由来是因为越小的元素会经过交换慢慢“浮”到了数列的顶端。

1．算法的具体描述

（1）比较相邻的元素。如果第一个比第二个大，则交换它们两个。

（2）对每一对相邻元素做同样的工作，从开始的第一对到结尾的最后一对，这样在最后的元素应该会是最大的数。

（3）针对所有的元素重复以上的步骤，除了最后一个。

（4）重复步骤（1）~（3），直到排序完成。

2．程序的代码实现

【例 11-1】冒泡排序算法示例。

```
#include <stdio.h>
void bubbleSort(int a[ ],int n)     //a 存储数列的元素，n 数组的长度
{
    int i,j,temp,s=0;
    for(i=0;i<n;i++)
    {
        for(j=0;j<n-i-1;j++)
        {
            if (a[j]>a[j+1])           //相邻元素两两对比
            {
                temp=a[j+1];           //元素交换
                a[j+1]=a[j];
                a[j]=temp;
                    s+=1;
            }
        }
    }
    printf("数据交换总次数=%d\n",s);
    return 0;
}
int main( )
{
    int a[]={1,3,6,5,2,4,0,7,8,9};
    int i;
    printf("排序前数组各元素：\n");
    for(i=0;i<10;i++)
    {
        printf("a[%d]=%d\t",i,a[i]);
    }
    bubbleSort(a,10);
    printf("排序后数组各元素：\n");
    for(i=0;i<10;i++)
    {
        printf("a[%d]=%d\t",i,a[i]);
    }
    printf("\n");
    return 0;
}
```

从程序中可以看出，外循环循环 n 次，而内循环每趟的循环次数都在减少，而且每趟少循环 1 次。最大的数先“沉”到最底下，然后次大的数次之，直到最后最小的数“浮”到最上面。

冒泡排序法的平均时间复杂度为 $O(n^2)$，最坏情况也为 $O(n^2)$，最好情况为 $O(n)$。

冒泡排序算法有没有改进之处呢？如果使用一个标志变量记下内循环每趟中最后一次交换的位置，此位置之后的元素已经是排序好的，则不用再去执行比较运算，从而减少了 CPU 执行指令的次数，提高算法的效率。

【例 11-2】冒泡排序算法的改进示例。

```
#include <stdio.h>
void bubbleSort2(int a[ ],int n)     //a 存储数列个元素，n 数组的长度
{
    int i,temp,s=0,pos=0;
    while(n>0)
    {
        pos=0;
        for(i=0;i<n;i++)
        {
            if (a[i] > a[i+1])           //相邻元素两两对比
            {
                temp = a[i+1];           //元素交换
                a[i+1] = a[i];
                a[i] = temp;
                    s+=1;                //记录交换发生的次数
                    pos=i;               //记录最后一次发生交换的位置
            }
        }
        n=pos;
    }
    printf("总共交换次数=%d\n",s);
}
```

11.3.2 选择排序法

选择排序（Selection-sort）是一种简单直观的排序算法。其工作原理是：首先在未排序序列中找到最小（大）元素，存放到排序序列的起始位置，然后，再从剩余未排序元素中继续寻找最小（大）元素，然后放到已排序序列的末尾。依此类推，直到所有元素均排序完毕。

1. 算法的具体描述

具有 n 个元素的数列的选择排序可经过 $n-1$ 趟直接选择排序得到有序结果。具体算法描述如下：

（1）初始状态：无序区为 $R[1..n]$，有序区为空。

（2）第 i 趟排序($i=1,2,3...,n-1$)开始时，当前有序区和无序区分别为 $R[1..i-1]$和 $R(i..n)$。该趟排序从当前无序区中选出关键字最小的记录 $R[k]$，将它与无序区的第 1 个记录 $R[i]$交换，使 $R[1..i]$和 $R[i+1..n)$分别变为记录个数增加 1 个的新有序区和记录个数减少 1 个的新无序区。

（3）n−1 趟结束后数列变为有序数列。

2. 程序的代码实现

【例 11-3】选择排序算法。

```
void selectSort(int a[], int n)
{
    int i,j,temp;
    for(i=0;i<n-1;i++)
    {
        int index = i;          //假想的最小元素的位置
        for (j=i+1;j<n;j++)   //内循环寻找未排序区中最小元素
        {
            if (a[j]<a[index])
            {
                index=j;        //未排序区最小元素的位置
            }
        }

        temp=a[index];          //交换未排序区第一个元素与最小元素
        a[index]=a[i];          //每趟寻找中 i 前的元素已经排序好，成为已排序区
        a[i]=temp;
    }
}
```

选择排序法的时间复杂度为 $O(n^2)$。

11.3.3　快速排序法

快速排序法（Quick-Sort）通过一趟排序将待排记录分隔成独立的两部分，其中一部分记录的关键字均比另一部分的关键字小，则可分别对这两部分记录继续进行排序，以达到整个序列有序。该算法的特点就是快，而且效率高，它是处理大数据最快的排序算法之一。

1. 算法的具体描述

快速排序使用分治法来把一个串分为两个子串。具体算法描述如下：

（1）从数列中挑出一个元素，称为“基准”。

（2）重新排序数列，所有元素比基准值小的摆放在基准前面，所有元素比基准值大的摆在基准的后面（相同的数可以到任一边）。在这个分区退出之后，该基准就处于数列的中间位置。

（3）递归地把小于基准值元素的子数列和大于基准值元素的子数列排序。

2. 程序的代码实现

【例 11-4】快速排序算法。

```
void Quicksort(int *a,int low,int high)
{
    int first=low;
    int last=high;
    int key=a[low];

    if(low>=high)
```

```
        return;
    printf("start:%d  end:%d\n",low,high);
    while(first<last)
     {
        while(first<last && a[last]>=key)
           --last;
        a[first] = a[last];
          while(first<last && a[first]<=key)
            ++first;
        a[last]=a[first];
     }
     a[first]=key;
     Quicksort(a,low,first-1);
     Quicksort(a,first+1,high);
}
```

快速排序算法的时间复杂度：最佳情况 $T(n) = O(n\log n)$，最差情况：$T(n) = O(n^2)$，平均情况：$T(n) = O(n\log n)$。

11.4 查找算法

查找（Searching）就是根据给定的某个值，在查找表中确定一个其关键字等于给定值的数据元素。

11.4.1 顺序查找

顺序查找又称线性查找，是一种最简单的无序查找方法，适合存储结构为顺序存储或链式存储的线性表。

1. 顺序查找的基本思想

顺序查找从数列中的第一个元素 m 开始逐个与需要查找的值 x 进行比较，当比较到与 x 的值相同的元素（即 m=x）时返回元素 m 的下标，如果比较到最后都没有找到任何元素，则返回-1。

2. 顺序查找的代码实现

【例 11-5】顺序查找算法示例。

```
int SequenceSearch(int *a, int key, int n)        //a为存储数列的数组;key为要查
                                                  //找的值，n为数组长度
{
    int i;
    for(i=0; i<n; i++)
        if(a[i]==key)
            return i;
    return -1;
}
void printA(int *a,int n)
{
    int i;
    for(i=0;i<n;i++)
```

```
        {
            printf("a[%d]=%d\t",i,a[i]);
        }
}
int main( )
{
    int a[]={1,3,6,5,2,4,0,7,9,8};
    int index,x;            //查找到的元素在数组中的位置
    printf("数组各元素: \n");
    printA(a,10);
    printf("请输入要查找的数值:");
    scanf("%d",&x);
    index=SequenceSearch(a,x,10);
    if(index!=-1)
        printf("要找的数据是数组中的第%d个",index);
    else
        printf("要找的数据不在数组中");
    printf("\n");
    return 0;
}
```

顺序查找算法的时间复杂度为 $O(n)$。

11.4.2　二分查找算法

二分查找法也称折半查找法，属于有序查找算法。

1．二分查找算法的基本思想

用给定值 x 先与数列中间元素的值比较，中间结点把数列分成两个子表，若比较结果相等则查找成功；若不相等，再根据 x 与该数列中间元素值的比较结果确定下一步在哪个子表中查找，这样递归进行，直到找到要查找的元素或查找发现表中没有要找的元素。

2．二分查找算法的代码实现

【例 11-6】二分查找算法示例。

```
//二分查找法的非递归版本
int BinarySearch1(int a[], int key, int n)      //a为存储数列的数值,key为要查
                                                //找的值, n为数组长度
{
    int low, high, mid;
    low=0;
    high=n-1;
    while(low<=high)
    {
        mid=(low+high)/2;
        if(a[mid]==key)
            return mid;
        if(a[mid]>key)
            high = mid-1;
        if(a[mid]<key)
```

```
            low = mid+1;
        }
        return -1;
    }
    //二分查找的递归版本
    int BinarySearch2(int a[], int key, int low, int high)
    {
        int mid=low+(high-low)/2;
        if (low>high) return -1;
        else if(a[mid]==key)
            return mid;
        else if(key<a[mid])
            return BinarySearch2(a, key, low, mid-1);
        else if(key>a[mid])
            return BinarySearch2(a, key, mid+1, high);
    }
```

二分查找算法的时间复杂度为 $O(\log_2 n)$。

11.4.3 插值查找算法

在二分查找算法中，程序始终将数列或子数列一分为二查找 key 值，直到找到或未找到。二分查找算法适用的是有序数列查找，如果能够根据 key 值预测其在数列中的大概位置确定范围后再实施查找应该更高效，插值查找就是根据这一思想而来。

二分法始终严格使用元素的位置来确定中位数，即

```
mid=(low+high)/2
```

而插值查找根据 key 值自适应地确定“中位数”，即

```
mid=low+(key-a[low])/(a[high]-a[low])*(high-low)
```

1. 插值查找算法的基本思想

基于二分查找算法，将中位数位置的选择改进为自适应选择，可以提高查找效率。当然，差值查找也属于有序查找。

2. 插值查找算法的代码实现

【例 11-7】插值查找算法。

```
int InsertionSearch(int a[], int key, int low, int high)
{
    int mid=low+(key-a[low])/(a[high]-a[low])*(high-low);
    if(low>high) return -1;
    if(a[mid]==key)
        return mid;
    if(a[mid]>key)
        return InsertionSearch(a, key, low, mid-1);
    if(a[mid]<key)
        return InsertionSearch(a, key, mid+1, high);
}
```

插值查找算法比较适合较大的数组，还有数组中分布的值大小要比较均匀。最坏时间复杂度 $O(n)$，最好时间复杂度 $O(1)$，平均时间复杂度 $O(\log_2(\log_2 n))$。

小　　结

算法是对解决问题步骤的描述，计算机中算法有确定性、有穷性、可行性、输入、输出；习惯上将算法中基础性语句重复执行的次数作为算法的时间量度；空间复杂度是对一个算法在运行过程中临时占用的存储空间大小的量度；排序与查找是计算机中最基础的两类操作。

习　　题

选择题

1. 算法的时间复杂度是指（　　）。
   A. 算法的执行时间
   B. 算法所处理的数据量
   C. 算法程序中的语句或指令条数
   D. 算法在执行过程中所需要的基本运算次数
2. 算法的空间复杂度是指（　　）。
   A. 算法在执行过程中所需要的计算机存储空间
   B. 算法所处理的数据量
   C. 算法程序中的语句或指令条数
   D. 算法在执行过程中所需要的临时工作单元数
3. 下列对于线性链表的描述中正确的是（　　）。
   A. 存储空间不一定连续，且各元素的存储顺序是任意的
   B. 存储空间不一定连续，且前件元素一定存储在后件元素的前面
   C. 存储空间必须连续，且前件元素一定存储在后件元素的前面
   D. 存储空间必须连续，且各元素的存储顺序是任意的
4. 算法具有 5 个特性，下列选项中不属于算法特性的是（　　）。
   A. 有穷性　　B. 简洁性　　C. 可行性　　D. 确定性
5. 下列叙述中正确的是（　　）。
   A. 用 C 程序实现的算法必须要有输入和输出操作
   B. 用 C 程序实现的算法可以没有输出但必须要有输入
   C. 用 C 程序实现的算法可以没有输入但必须要有输出
   D. 用 C 程序实现的算法可以既没有输入也没有输出
6. 算法的有穷性是指（　　）。
   A. 算法程序的运行时间是有限的
   B. 算法程序所处理的数据量是有限的
   C. 算法程序的长度是有限的
   D. 算法只能被有限的用户使用
7. 下列叙述中正确的是（　　）。
   A. 一个算法的空间复杂度大，则其时间复杂度也必定大

B. 一个算法的空间复杂度大，则其时间复杂度必定小

C. 一个算法的时间复杂度大，则其空间复杂度必定小

D. 上述3种说法都不对

8. 下列叙述中错误的是（　　）。

A. 算法正确的程序最终一定会结束

B. 算法正确的程序可以有零个输出

C. 算法正确的程序可以有零个输入

D. 算法正确的程序对于相同的输入一定有相同的结果

9. 冒泡排序在最坏情况下的比较次数是（　　）。

A. $n(n+1)/2$　　B. $n\log_2 n$　　C. $n(n-1)/2$　　D. $n/2$

10. 在长度为 n 的有序线性表中进行二分查找，最坏情况下需要比较的次数是（　　）。

A. $O(n)$　　B. $O(n^2)$　　C. $O(\log_2 n)$　　D. $O(n\log_2 n)$

11. 对长度为 n 的线性表排序，在最坏情况下，比较次数不是 $n(n-1)/2$ 的排序方法是（　　）。

A. 快速排序　　B. 冒泡排序

C. 简单插入排序　　D. 堆排序

第12章 国际计算机协会—国际大学生程序设计竞赛（ACM-ICPC）

国际计算机协会—国际大学生程序设计竞赛(Association Computing Machinery-International Collegiate Programming Contest，简称 ICPC）是由国际计算机协会（ACM）主办的，是一项旨在展示大学生创新能力、团队精神和在压力下编写程序、分析和解决问题能力的年度竞赛，截至2019年底已经成功举办43届。

12.1 ACM-ICPC 的历史

ACM 国际大学生程序设计竞赛的历史可以追溯到1970年，当时在美国得克萨斯 A&M 大学举办了首届比赛。当时的主办方是 the Alpha Chapter of the UPE Computer Science Honor Society。作为一种全新的发现和培养计算机科学顶尖学生的方式，竞赛很快得到美国和加拿大各大学的积极响应。1977 年，在 ACM 计算机科学会议期间举办了首次总决赛，并演变成为一年一届的多国参与的国际性比赛。

最初几届比赛的参赛队伍主要来自美国和加拿大，后来逐渐发展成为一项世界范围内的竞赛。特别是自 1997 年 IBM 开始赞助赛事之后，赛事规模增长迅速。1997 年，总共有来自 560 所大学的 840 支队伍参加比赛。而到了 2004 年，这一数字迅速增加到 840 所大学的 4109 支队伍并以每年 10%～20%的速度在增长。

20 世纪 80 年代，ACM 将竞赛的总部设在位于美国得克萨斯州的贝勒大学。在赛事的早期，冠军多为美国和加拿大的大学获得。而进入 90 年代后期以来，俄罗斯和其他一些东欧国家的大学连夺数次冠军。来自中国的上海交通大学代表队则在 2002 年美国夏威夷的第 26 届、2005 年上海的第 29 届和 2010 年在哈尔滨的第 34 届的全球总决赛上三夺冠军。浙江大学参赛队在美国当地时间 2011 年 5 月 30 下午 2 时结束的第 35 届 ACM 国际大学生程序设计竞赛全球总决赛荣获全球总冠军，成为除上海交通大学之外唯一获得 ACM 国际大学生程序设计竞赛全球总决赛冠军的亚洲高校。这也是目前为止亚洲大学在该竞赛上取得的最好成绩。赛事的竞争格局已经由最初的北美大学一枝独秀演变成当前的亚欧对抗局面。

2015 年，ACM-ICPC 全球总决赛，圣彼得堡国立资讯科技、机械与光学大学成功提交了所有题目（13 道）的答案，成为了 ACM-ICPC 历史上第一支在全球总决赛中 AK（All-Killed，在比赛中成果提交了所有比赛题目并获得满分之意）的队伍，也成为了历史上获得 ACM-ICPC 全球总决赛冠军次数最多（6 次）的队伍。2018 年 4 月，ACM-ICPC 在中国北京举行，由北京大学承办，最终北京大学最后时候完成 G 题夺得金牌。

12.2 比赛规则

ACM-ICPC 以团队的形式代表各学校参赛，每队由至多 3 名队员组成，每位队员必须是在校学生，有一定的年龄限制。为了保证比赛的公平公正，每个学生每年只能参加 2 个赛点的比赛，终生只能参加 5 次大赛、2 次世界总决赛，这些规则为选拔更多的计算机优秀人才创造了条件，使大赛成为培养未来计算机领军人物的重要平台之一。

比赛期间，每队使用 1 台计算机需要在 5 小时内使用 C/C++、Java 和 Python 中的一种编写程序解决 7～13 个问题。程序完成之后提交裁判运行，运行的结果会判定为正确或错误两种并及时通知参赛队。而且有趣的是每队在正确完成一题后，组织者将在其位置上升起一只代表该题颜色的气球，每道题目第一支解决掉它的队还会额外获得一个 First Problem Solved 的气球。

最后的获胜者为正确解答题目最多且总用时最少的队伍。每道试题用时将从竞赛开始到试题解答被判定为正确为止，其间每一次提交运行结果被判错误的话将被加罚 20 分钟时间，未正确解答的试题不记时。

与其他计算机程序竞赛（例如国际信息学奥林匹克，IOI）相比，ACM-ICPC 的特点在于其题量大，每队需要在 5 小时内完成 7 道或以上的题目（每年的题目总是不同，要求不同）。另外，一支队伍 3 名队员却只有 1 台计算机，使得时间显得更为紧张。因此除了扎实的专业水平，良好的团队协作和心理素质同样是获胜的关键。

12.3 赛事构成

赛事由各大洲区域预赛和全球总决赛两个阶段组成。决赛安排在每年的 3～5 月举行，而区域预赛一般安排在上一年的 9～12 月举行。原则上一个大学在一站区域预赛最多可以有 3 支队伍，但只能有一支队伍参加全球总决赛。入围世界总决赛名额（WF Slots）分为参与名额（Participation Slots）、奖牌名额（Medal Bonus Slots）和其他红利名额（Other Bonus Slots）三类。其中，参与名额是从 ICPC 总部分配给各大洲区的参与名额中，由各大洲洲区主席确定并分配给洲子赛区的部分，其中各预赛区第一名自动获得参加全球总决赛的资格；奖牌名额是 ICPC 总部根据上一年度总决赛结果直接分配给获得奖牌的特定学校的名额；其他红利名额是各大洲区主席从 ICPC 总部争取到的额外奖励名额。

全球总决赛第一名将获得奖杯一座。另外，成绩靠前的参赛队伍也将获得金、银和铜牌。解题数在中等以下的队伍会得到确认但不会进行排名。

12.4 评分标准

竞赛进行 5 小时，一般有 7 道或以上试题，由同队的三名选手使用同一台计算机协作完成。当解决了一道试题之后，将其提交给评委，由评委判断其是否正确。若提交的程序运行不正确，则该程序将被退回给参赛队，参赛队可以进行修改后再一次提交该问题。程序判定结果有如下7种：

（1）Accepted——通过！(AC)

（2）Wrong Answer——答案错。(WA)

（3）Runtime Error——程序运行出错，意外终止等。(RE)

（4）Time Limit Exceeded——超时，程序没在规定时间内出答案。(TLE)

（5）Presentation Error——格式错，程序没按规定的格式输出答案。(PE)

（6）Memory Limit Exceeded——超内存，程序没在规定空间内出答案。(MLE)

（7）Compile Error——编译错，程序编译不过。(CE)

竞赛结束后，参赛各队以解出问题的多少进行排名，若解出问题数相同，按照总用时的长短排名。总用时为每个解决了的问题所用时间之和。一个解决了的问题所用的时间是竞赛开始到提交被接受的时间加上该问题的罚时（每次提交通不过，罚时20分钟）。没有解决的问题不记时。例如，A、B两队都正确完成两道题目，其中A队提交这两题的时间分别是比赛开始后1:00和2:45，B队为1:20和2:00，但B队有一题提交了2次。这样A队的总用时为1:00+2:45=3:45，而B队为1:20+2:00+0:20=3:40，所以B队以总用时少而获胜。美国英语为竞赛的工作语言，竞赛的所有书面材料（包括试题）将用美国英语写出，区域竞赛中可以使用其他语言。总决赛可以使用的程序设计语言包括Pascal、C、C++及Java，也可以使用其他语言。具体的操作系统及语言版本各年有所不同。

12.5　比赛的意义

竞赛规定每支参赛队伍至多由三名在校大学生组成，他们需要在规定的5小时内解决5个或更多的复杂实际编程问题。每队使用一台计算机，参赛者争分夺秒，与其他参赛队伍拼比逻辑、策略和心理素质。

团队成员将在多名专家裁判的严格督察下通力合作，对问题进行难度分级、推断出要求、设计测试平台并构建软件系统，最终成功地解决问题。对于一名精通计算机科学的学生而言，有些问题只是精确度的问题；而有些则需要学生了解并掌握高级算法；还有一些问题是普通学生无法解决的，不过对于那些最优秀的学生而言，这一切都不在话下。

竞赛的评判过程十分严格。评委分发给学生的是问题陈述，而不是要求须知。参赛队伍会收到一个测试数据实例，但无法获得裁判的测试数据和接受标准方面的信息。若每次提交的解决方案出现错误，就会受到加时惩罚。毕竟，在处理顶级计算问题时，谁也不想浪费客户的时间。在最短的累计时间内，提交次数最少、解决问题最多的队伍就是最后的胜利者。

ICPC竞赛的意义不止停留在竞赛本身。参与这样的竞赛其实能够很好地提升一个人面对问题时的算法设计能力，这不论是对于科研领域还是在工业界都是很有帮助的。其实，很多如今的互联网公司都能找到一些端倪。搜狗CEO王小川是区域赛的金牌得主，入围过ICPC World Final；小马智行的创始人楼天城获得过两次WF亚军；旷视科技的创始人唐文斌也获得过WF银牌。在科研领域，清华大学陈丹琦曾获2010年WF银牌，如今已经是普林斯顿助理教授；清华大学陈立杰也曾获得WF的两块奖牌，2019年获得了理论计算机科学领域最顶级的国际会议——STOCS的最佳学生论文奖。

12.6 OJ 在线平台

Online Judge 系统（简称 OJ）是一个在线的判题系统。用户可以在线提交多种程序（如 C、C++）源代码，系统对源代码进行编译和执行，并通过预先设计的测试数据来检验程序源代码的正确性。

一个用户提交的程序在 Online Judge 系统下执行时将受到比较严格的限制，包括运行时间限制，内存使用限制和安全限制等。用户程序执行的结果将被 Online Judge 系统捕捉并保存，然后再转交给一个裁判程序。该裁判程序或者比较用户程序的输出数据和标准输出样例的差别，或者检验用户程序的输出数据是否满足一定的逻辑条件。最后系统返回给用户一个状态：通过(Accepted,AC)、答案错误(Wrong Answer,WA)、超时(Time Limit Exceed,TLE)、超过输出限制(Output Limit Exceed,OLE)、超内存(Memory Limit Exceed,MLE)、运行时错误(Runtime Error,RE)、格式错误(Presentation Error,PE)、无法编译(Compile Error,CE)或者未知错误(Unknown Error,UKE)，并返回程序使用的内存、运行时间等信息。国内外在线判题系统如表 12.1 所示。

表 12.1　国内外在线判题系统

华东地区（浙江）	杭州电子科技大学（HDU）	http://acm.hdu.edu.cn/
华东地区（浙江）	浙江工业大学（ZJUT）	http://cpp.zjut.edu.cn/Default.aspx
华东地区（浙江）	浙江师范大学（ZJNU）	http://acm.zjnu.edu.cn/CLanguage/
华东地区（浙江）	浙江工商（ZJGSU）	http://acm.zjgsu.edu.cn/
华东地区（浙江）	宁波理工（NIT）	https://www.nitacm.com/index.php
华东地区（上海）	华东师范大学（ECNU）	https://acm.ecnu.edu.cn/
华东地区（上海）	同济大学（TJU）	http://acm.tongji.edu.cn/
华东地区（福建）	福州大学（FZU）	http://acm.fzu.edu.cn/
华东地区（安徽）	中国科技大学（USTC）	http://acm.ustc.edu.cn/
华北地区（北京）	北京大学（PKU）	http://acm.pku.edu.cn/
华北地区（天津）	南开大学（NAIKAI）	http://acm.nankai.edu.cn/
东北地区（黑龙江）	哈尔滨工业大学（HIT）	http://acm.hit.edu.cn/
港澳台地区（香港）	香港大学(HKOI)	http://judge.hkoi.org/
俄罗斯（Russia）	乌拉尔大学（URAL）	http://acm.timus.ru/
美国（America）	USACO	http://train.usaco.org/usacogate
吉尔吉斯斯坦（Kirgizstan）	KRSU	http://www.olymp.krsu.edu.kg/GeneralProblemset.aspx
其他	任青信息学在线测评系统（RQNOJ）	http://www.rqnoj.cn/
其他	TopCder	http://www.topcoder.com/tc
港澳台地区（台湾）	C Programming 2007, National Taiwan University.（judgegirl)	http://judgegirl.csie.org/

以上在线判题站点有可能域名改变，所以请大家查阅互联网以获取更多信息。

除了国际大学生计算机程序设计竞赛外，我国每年还有举行中国大学生计算机程序设计竞赛（CCPC）有关信息，欢迎大家参阅相关网络资料。

附录A　C程序内存区域分配

一个由C/C++编译的程序占用的内存分为以下几部分：

（1）栈区（stack）：由编译系统自动分配占位符，程序运行时或函数调用时由操作系统分配实际内存。存放函数的形参、局部变量等，其操作方式类似于数据结构中的栈，函数调用结束或程序运行结束后由系统释放。

（2）堆区（heap）：通常为指针类型或 C++的对象类型在内存开辟的一块存储区域。一般由程序员使用malloc动态分配，使用free释放，若程序员不释放，程序结束时可能由系统回收。

（3）静态区与全局区（简称静态全局区 static）：由编译系统分配占位符，程序运行时由操作系统分配实际内存。全局变量和静态变量的存储是放在同一块区域，程序结束后由系统释放。

（4）文字常量区：常量字符串、字面常量、数组名称就是放在这里，程序结束后由系统释放。

（5）程序代码区：存放函数体的二进制代码。

【例A-1】C程序内存区域分配。

```
#include <stdio.h>
#include <stdlib.h>
#include <string.h>
int a=0;                      //全局初始化区
char *p1;                     //全局未初始化区
main( )
{
   int b;                     //栈
   char s[] = "abc";          //s[ ]在栈中，"abc"存放在文字常量区
   char *p2;                  //栈
   char *p3 = "123456";       //"123456\0"存放在常量区，p3在栈上。
   static int c =0;           //全局（静态）初始化区
   p1= (char *)malloc(10);
   p2 = (char *)malloc(20); //有系统动态分配地10和20字节的空间区域就在堆区。
   strcpy(p1, "123456");      //123456\0放在常量区，编译器可能会将它与p3所指向
                              //的"123456"优化为同一个
}
```

C 语言中全局变量、局部变量、静态全局变量、静态局部变量的区别。

从作用域看：

（1）全局变量具有全局作用域。全局变量只需在一个源文件中定义，就可以作用于所有的源文件。当然，其他不包含全局变量定义的源文件需要用extern 关键字再次声明这个全局变量。

（2）静态局部变量具有局部作用域，它只被初始化一次，自从第一次被初始化直到程序运行结束都一直存在，它和全局变量的区别在于全局变量对所有的函数都是可见的，而静态局部变量只对定义自己的函数体始终可见。

（3）局部变量也只有局部作用域，它是自动对象（auto），它在程序运行期间不是一直存在，

而是只在函数执行期间存在，函数的一次调用执行结束后，变量被撤销，其所占用的内存也被收回。

（4）静态全局变量也具有全局作用域，它与全局变量的区别在于如果程序包含多个文件，它作用于定义它的文件里，不能作用到其他文件里，即被static关键字修饰过的变量具有文件作用域。这样即使两个不同的源文件都定义了相同名字的静态全局变量，它们也是不同的变量。

从分配内存空间看：

（1）全局变量、静态局部变量、静态全局变量都在静态存储区分配空间，而局部变量在栈里分配空间。

（2）全局变量本身就是静态存储方式，静态全局变量当然也是静态存储方式，这两者在存储方式上并无不同。这两者的区别虽在于非静态全局变量的作用域是整个源程序，当一个源程序由多个源文件组成时，非静态的全局变量在各个源文件中都是有效的。而静态全局变量则限制了其作用域，即只在定义该变量的源文件内有效，在同一源程序的其他源文件中不能使用它。由于静态全局变量的作用域局限于一个源文件内，只能为该源文件内的函数公用，因此可以避免在其他源文件中引起错误。

附录 B　程序单步调试技术

C 语言源程序要经过预处理、编译、连接后生成可执行程序后运行得到结果。复杂的算法不可能一次性就能编写成功，初学者往往仅通过了程序的编译、连接后，没有看到警告、错误消息就欣喜若狂，但未使用测试数据对程序中算法的正确性进行验证而导致最终错误，这种现象在上机考试过程中屡见不鲜。

对一个复杂的算法，常常要使用单步调试技术，分步地执行并查看算法中各变量的值以验证算法是否与最初的设计意图一致。掌握程序的单步调试技术可以起到事半功倍的效果，可以快速地找到程序的 bug，提高编程的效率。

VC++6.0 中程序调试常用的快捷键：

（1）F9：在当前光标所在的行下断点，如果当前行已经有断点,则取消断点。

（2）F5：以调试状态运行程序，程序执行到有断点的地方会停下来。

（3）F10：执行下一句话（不进入函数）。

（4）F11：执行（进入函数）。

（5）Ctrl+F10：运行到光标所在行。

（6）Shift+F5：退出调试。

F11 和 F10 的区别是,如果当前执行语句是函数调用，则会进入函数里面。

下面以 VC++6.0 为平台，介绍程序的单步调试技术。

（1）如果程序比较长，可以先在程序中设置断点，然后按【F5】键开始调试，程序遇到断点就会停下来，之后按一次【F10】键程序运行一行。

（2）如果想进入到某个自定义函数的内部，在要执行到调用语句的哪行代码时将原来按【F10】键改为按【F11】键进入到函数的内部（注意对于系统的库函数因为 VC++6.0 并没有提供源代码，所以不要使用 F11，否则将会弹出一个窗体让你选择该库函数的源文件）；对于已经调试好确认没有 bug 的自定义函数就不要在进入到函数内部了，按【F10】键直接调用执行；而对于没有调试好的自定义函数才需要按【F11】键进入到函数内部，并观察各内部变量的值确认函数中算法是否正确。

（3）编辑窗口的下面会有两个查看变量的子窗口，左边的是随着程序的运行与函数调用动态地出现相关变量；右边的为一个自定义变量查看窗口，可以把一直要检测的变量放在此窗口以查看其值变化。

（4）按【Shift+F5】组合键退出调试。

图 B.1 所示为 VC++6.0 调试窗口。

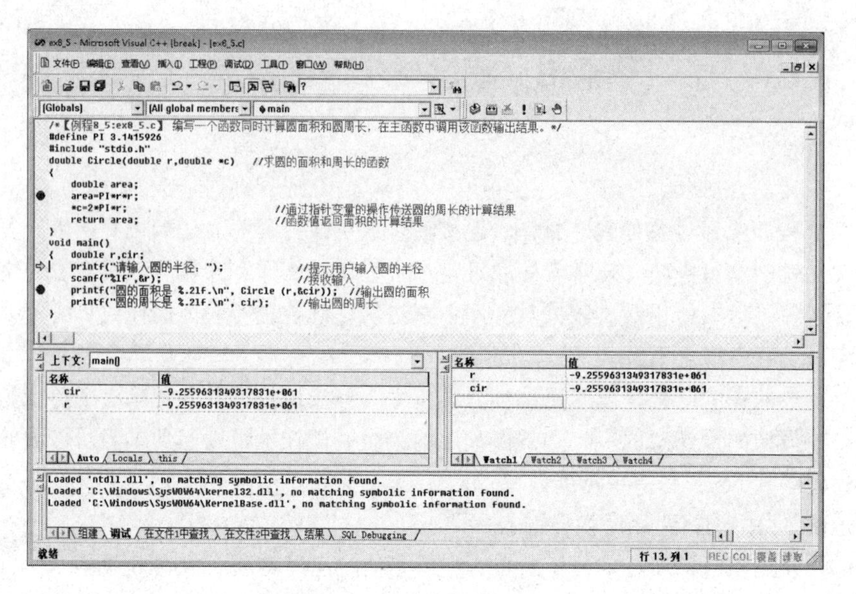

图 B.1 VC++6.0 调试窗口

参 考 文 献

[1] 陈荣旺，刘瑞军. 大学计算机应用教程[M]. 北京：北京邮电大学出版社，2017.

[2] 郭炜. 新标准. C++程序设计教程[M]. 北京：清华大学出版社，2012.

[3] 林锐，韩永泉. 高质量程序设计指南 C++/C 语言[M]. 3 版. 北京：电子工业出版社，2007.